先进制造装备选用
系列丛书

金属加工油液选用指南

金属加工杂志社
清华大学天津高端装备研究院 ◎编著

机械工业出版社
CHINA MACHINE PRESS

本书旨在介绍金属加工领域各类工业介质，全面而系统地阐述了金属切削油液、润滑剂、轧制油液、热处理油液、防锈油液、清洗剂及其他工业润滑油（脂）的分类、机理、应用、选用和维护知识，将理论与实践经验相结合，为实际生产过程中金属加工油液的选择和使用提供指导。本书适合于机械加工行业，尤其适合对金属加工油液研发生产及行业应用有实际需求的工程技术人员、科研人员和管理人员参考阅读。

图书在版编目（CIP）数据

金属加工油液选用指南/金属加工杂志社，清华大学天津高端装备研究院编著.—北京：机械工业出版社，2021.5

（先进制造装备选用系列丛书）

ISBN 978-7-111-68102-1

Ⅰ.①金… Ⅱ.①金… ②清… Ⅲ.①金属加工－油剂－选择－指南 Ⅳ.①TG－62

中国版本图书馆 CIP 数据核字（2021）第 077050 号

机械工业出版社（北京市百万庄大街 22 号 邮政编码 100037）

策划编辑：王建宏 责任编辑：王建宏 李亚肖

责任校对：曹胜玉 责任印制：高长刚

北京联兴盛业印刷股份有限公司印刷

2021 年 6 月第 1 版第 1 次印刷

185mm×260mm · 14 印张 · 333 千字

标准书号：ISBN 978-7-111-68102-1

定价：78.00 元

电话服务	网络服务
客服电话：010-88361066	机 工 官 网：www.cmpbook.com
010-88379833	机 工 官 博：weibo.com/cmp1952
010-68326294	金 书 网：www.golden-book.com
封底无防伪标均为盗版	机工教育服务网：www.cmpedu.com

编写委员会

主　任： 雒建斌

副主任： 栗延文　王长清

编　委（按姓氏拼音排序）：

冯军勇　高　嵩　蒋亚宝　李　奋　刘　刚　刘晋伟　汤仪芳

主　编： 张晨辉　戴媛静

副主编： 李小磊　王建宏

主　审： 于淑香

总策划： 曹雪雷　郭　佳

编写组成员：

第一章： 戴媛静　王亚丹

第二章： 刘腾飞　戴媛静　马　璞

第三章： 王亚丹

第四章： 鲁　斐

第五章： 李小磊　程慧杰

第六章： 马　千

第七章： 尹延超

第八章： 张继平

第九章： 马　千　尹延超　刘腾飞

第十章： 张继平

序

从远古时代人类使用青铜制造工具、器皿起，金属加工就服务于人类的生活起居和生产劳动，是推动社会发展进步的强力引擎。18世纪中叶开启工业文明以来，随着汽车、轨道交通、船舶、航空航天、机械制造等行业的飞速发展，金属加工行业也经历了井喷式爆发。在此过程中，作为制造行业的“血液”——金属加工油液，一直被认为是金属加工行业提升产品质量和降低制造能耗的关键。特别是随金属加工不断向“尺寸精密化、结构复杂化、材质多样化、性能优越化”发展，金属加工油液的重要性日趋凸显，并贯穿于金属的加工、保存、使用等各个环节，应用于铸造、成形、切削、清洗、防锈、热处理等各个工艺过程中。

“中国制造”现今逐步向高质量发展，这为中国金属加工行业及润滑油液技术的高速、高质发展带来了新的契机。时来天地皆同力，近年来国内的润滑油液行业获得了令人欣喜的蓬勃发展，中高端市场也出现了中国品牌的身影。

值此之时，金属加工油液领域的文献期刊和技术专著亟待完善，一线的工程技术人员需要更为先进、详实、实用的资料作参考，以便实现润滑油液的创新发展。知之愈明，则行之愈笃，为此，金属加工杂志社经策划组织，与清华大学天津高端装备研究院润滑技术研究所的研发团队共同编著了本书。

本书编著过程中结合了润滑所团队自身在金属加工油液领域配方开发、实际应用和现场维护的丰富经验，具有明确的现实指导意义。第一，对各类加工工艺及工业油液介质进行了较为全面的介绍，在一定程度上填补了目前金属加工油液选用参考书籍上的空缺；第二，在油液分类介绍和合理选用的内容基础上，增加了详实的日常管理维护内容，能够指导实现油液的全寿命周期高效管理；第三，理论指导实践，将摩擦学理论、机械制造工艺及油液介质产品进行“三位一体”的结合阐述，预期可为机械加工行业，尤其是对金属加工油液研发生产及行业应用有实际需求的技术和管理人员提供参考和借鉴。

不忘初心，砥砺前行，愿本书能为机械加工和润滑油液行业从业的相关人员提供详实而有价值的理论与实践参考！

雒建斌

中国科学院院士

2021年3月10日

前　言

近年来，随着机械加工技术的发展与应用，润滑油液技术和产品也在不断发展和进步。其中以金属加工油液为代表的工业润滑介质在金属切削、塑性成形、热处理、防锈及清洗等方面的应用日益广泛，作用不容小觑。金属加工油液种类繁多，应用场景和加工工艺各不相同。基于理论基础与实践经验，特对油液分类、典型性能、工艺作用、选油及油品的管理和服务等方面的知识与信息进行归纳和梳理。

清华大学天津高端装备研究院润滑技术研究所长期致力于金属加工油液的创新型技术研发和应用型产品开发，取得了一系列具有自主知识产权的金属加工油液技术成果，并在机械制造领域多个企业进行技术和产品的产业化落地与合作推广，获得了合作企业的一致好评。在润滑所技术团队前期研发成果的基础上，通过金属加工杂志社策划，组织行业企业反复编修，共同携手完成了本书的编著，旨在对金属加工油液选用的基础知识进行系统的梳理，结合具体产品的功能特点分析和典型应用案例，突出“选用指导”的特点，将金属加工油液的“产、学、研、用”有机地结合起来，满足机械制造行业一线技术人员和油液管理人员的实际技术需求。

本书共十章，其中第一章，概述，作为起点范畴篇，对金属加工油液的分类、市场情况及其发展趋势做了基本阐述。第二章，金属切削油液，论述了金属切削加工的润滑状态及金属切削油液分类，对各类金属切削油液的特性、组成等进行了说明，介绍了金属切削油液的选用过程管理，简述了切削液废液的处理及再生方法。第三章，金属塑性加工润滑剂，介绍了锻造润滑剂、挤压润滑剂、冲压润滑剂、拉拔润滑剂的工艺条件、润滑要求及相应的润滑剂种类、性能、组成和使用。第四章，金属轧制油液，对板带钢热轧轧制油、板带钢冷轧乳化油、铝轧制油、铜轧制油、不锈钢轧制油、无缝钢管热轧润滑剂的类别、性能、组成、选用和维护等分别进行了详细叙述。第五～第八章，分别介绍了热处理油液、防锈油液、金属清洗剂、其他工业润滑油（脂）的相关概念分类及选用标准。第九章工业用油服务及第十章工业油品（剂）评定分析，系统整理了工业油品的管理和服务等方面的应用知识。

本书具有较强的技术性和针对性，适合机械加工行业，尤其适合对金属加工油液研发生产及行业应用有实际需求的工程技术人员、科研人员和油液管理人员参考阅读。

本书编著过程中参考了相关教材、标准、专著及国内外文献资料，在此对这些著作的作者表示感谢。

限于作者水平和编著时间，书中难免有不足和疏漏之处，敬请读者批评指正。

编著者

2020 年 3 月

目　　录

第三章　金属塑性加工润滑剂

第四章　金属轧制油液

第五章　热处理油液

第六章　防锈油液

第七章　金属清洗剂

第八章　其他工业润滑油（脂）

第九章 工业用油服务

第十章　工业油品（剂）评定分析

第一章 概述

近年来，我国的制造业迅猛发展，特别是汽车制造、工程机械、航空航天等行业的发展迎来了明显的增速期。同时，金属材料作为“工业的骨骼”，其消耗量也逐年攀升。金属材料需要经过不同的加工过程，以达到满足使用要求的形状、尺寸、表面质量和力学性能等。随着各行各业对金属加工精度和加工质量要求的提高，金属加工过程中配套的金属加工油液的重要性日益凸显，其需求量和消耗量逐年增加。

金属加工油液（Metalworking Fluid）是指在铸造、塑性加工、切削加工、热处理、清洗等各个金属加工工艺流程中配套使用的工业介质，如润滑剂、清洗剂和防锈剂等，其目的是满足工件和机床在加工过程中对润滑、防锈、冷却、清洗、表面质量等性能的要求。

一、金属加工及其类型

根据加工方式，可以将金属加工分为塑性加工和去除加工两大类。

1）塑性加工是通过塑性变形改变金属形状，其加工类型包括轧制、挤压、拉拔、锻造等。塑性加工还可根据成形温度分为热加工和冷加工。

2）去除加工是通过去除多余金属改变坯料形状及尺寸，其加工类型有铣、刨、车、镗、磨和攻螺纹等。

日本工业标准 JIS B0122—1978 对金属加工方法的分类见表 1-1，主要包括铸造、塑性加工和机械加工等。

表 1-1　JIS B0122—1978 对金属加工方法的分类

加工方法	具体分类
铸造	—
塑性加工	锻造
	轧制
	压延
	挤压
	拉拔

（续）

加 工 方 法	具 体 分 类
机械加工	切削
	磨削
	特种加工
光整加工	—
焊接	—
热处理	—
表面处理	—
组装	—
其他	—

二、金属加工油液的分类

金属加工油液的分类方法有很多种，主要包括国际标准化组织 ISO 分类、美国 ASTM 分类等，以下进行逐一介绍。

（一）国际标准化组织 ISO 的分类

ISO 6743-7《润滑剂、工业润滑油和有关产品（L 类）分类 第 7 部分：M 组（金属加工)》是 ISO 于 1986 年通过的针对金属加工油液的分类标准。该标准将金属加工油液分为 MH 和 MA 型两大类。其中，MH 为油基加工液，MA 为水基加工液，又根据产品类型和使用要求将两者分别分为 8 类和 9 类，一共涵盖了 17 种加工油液类型，见表 1-2。我国的 GB 7631. 5—1989《润滑剂和有关产品(L 类)的分类 第五部分：M 组（金属加工)》为 ISO 6743-7 的等效标准。

表 1-2 金属加工油液分类

类别字母符号	总应用	特殊用途	更具体应用	产品类型和（或）最终使用要求	符号	备 注
M	金属加工	用于切削、研磨或放电等金属去除工艺；用于冲压、拉深、压延、强力旋压、拉拔、冷锻和热锻、挤压、模压、冷轧等金属成形工艺	首先要求润滑性的加工工艺	具有耐蚀性的液体	MHA	使用这些未经稀释液体具有抗氯性，在特殊成形加工中可加入填充剂
				具有减摩性的 MHA 型液体	MHB	
				具有极压性（EP）无化学活性的 MHA 型液体	MHC	
				具有极压性（EP）有化学活性的 MHA 型液体	MHD	
				具有极压性（EP）无化学活性的 MHB 型液体	MHE	
				具有极压性（EP）有化学活性的 MHB 型液体	MHF	
				用于单独使用或用 MHA 液体稀释的脂、膏和蜡	MHG	对于特殊用途，可以加入填充剂
				皂、粉末、固体润滑剂等或其他混合物	MHH	使用此类产品不需要稀释

（续）

<table>
<tr><th>类别字母符号</th><th>总应用</th><th>特殊用途</th><th>更具体应用</th><th>产品类型和（或）最终使用要求</th><th>符号</th><th>备 注</th></tr>
<tr><td rowspan="9">M</td><td rowspan="9">金属加工</td><td rowspan="9">用于切削、研磨等金属去除工艺；用于冲压、拉深、压延、旋压、线材拉拔、冷锻和热锻、挤压、模压等金属成形工艺</td><td rowspan="9">首先要求冷却性的加工工艺</td><td>与水混合的浓缩物，具有防锈性的乳化液</td><td>MAA</td><td></td></tr>
<tr><td>具有减摩性的 MAA 型浓缩物</td><td>MAB</td><td></td></tr>
<tr><td>具有极压性（EP）的 MAA 型浓缩物</td><td>MAC</td><td></td></tr>
<tr><td>具有极压性（EP）的 MAB 型浓缩物</td><td>MAD</td><td></td></tr>
<tr><td>与水混合的浓缩物，具有防锈性半透明的乳化液（微乳化液）</td><td>MAE</td><td rowspan="2">使用时，这类乳化液会变成不透明</td></tr>
<tr><td>具有减摩性和（或）极压性（EP）的 MAE 型浓缩物</td><td>MAF</td></tr>
<tr><td>与水混合的浓缩物，具有防锈性的透明溶液</td><td>MAG</td><td rowspan="3">对于特殊用途可以加入填充剂</td></tr>
<tr><td>具有减摩性和（或）极压性（EP）的 MHG 型浓缩物</td><td>MAH</td></tr>
<tr><td>润滑脂和膏与水的混合物</td><td>MAI</td></tr>
</table>

表 1-2 中的 17 类金属加工油液（MHA、MHB、MHC 等）可分别服务于不同的金属加工方式，不同金属加工油液对应的加工方式可参照表 1-3。例如：L-MHA 润滑剂经常用于切削加工、电火花加工和轧制加工；L-MHD 润滑剂经常用于切削加工和变薄拉深旋压加工；L-MAE 润滑剂只经常用于切削加工。

表 1-3 不同金属加工油液对应的加工方式

品 种	切削	研磨	电火花加工	变薄拉深旋压	挤压	拉丝	锻造模压	轧制
L-MHA	○		○					○
L-MHB	○			○	○	○	○	○
L-MHC	○	○		○		●	●	
L-MHD	○			○				
L-MHE	○	○		○	○			
L-MHF	○	○		○				
L-MHG				○		○		
L-MHH						○		
L-MAA	○			○				●

（续）

品　种	切削	研磨	电火花加工	变薄拉深旋压	挤压	拉丝	锻造模压	轧制
L-MAB	○			○		○	●	○
L-MAC	○			●		●		
L-MAD	○			○	○			
L-MAE	○	●						
L-MAF	○	●						
L-MAG	●	○		●			○	○
L-MAH	○	○					○	
L-MAI				○		○		

注：○为主要使用，●为可能使用。

金属加工油液按照成分又可以分为纯油型和水溶液型两种，其具体分类和代表符号见表 1-4 和表 1-5。

表 1-4　金属加工油液产品分类——纯油型

	符号	产品类型和主要性质					
		精制矿物油①	其他	减摩性	EP②（cna）③	EP②（ca）④	备注
纯油	L-MHA	○					
	L-MHB	○		○			
	L-MHC	○			○		
	L-MHD	○				○	
	L-MHE	○		○	○		
	L-MHF	○		○		○	
	L-MHG		○				润滑脂
	L-MHH		○				皂

① 或合成液。
② 极压性。
③ 无化学活性。
④ 有化学活性。

表 1-5　金属加工油液产品分类——水溶液型

	符号	产品类型和主要性质						
		乳化液	微乳化液	全合成	其他	减摩性	EP①	备注
水溶液	L-MAA	○						
	L-MAB	○				○		
	L-MAC	○						
	L-MAD	○				○		
	L-MAE		○					
	L-MAF		○			○和（或）	○	
	L-MAG			○				
	L-MAH			○		○和（或）	○	
	L-MAI							润滑脂、膏

① 极压性。

（二）美国 ASTM 的分类

美国材料与试验协会（ASTM）于 1973 年制定了 ASTM D 2881—1973《金属加工润滑剂及有关产品的分类标准》，其对金属加工油液及相关产品的分类见表 1-6。该标准按照金属加工油液及相关产品的成分组成将其分为油和油基液体、乳化液和分散型液体、化学溶液、固体润滑剂和其他共五类。

表 1-6 金属加工油液及相关产品的分类

A 油和油基液体	1. 矿物油	
	2. 脂肪油	（1）纯脂肪油
		（2）含氯脂肪油
		（3）含硫脂肪油
		（4）含氯含硫脂肪油
	3. 复合油	（1）矿物油复合脂肪油
		（2）矿物油复合硫化脂肪油或硫化非脂肪油
		（3）硫化或氯化矿物油
		（4）矿物油复合氯化脂肪油或氯化非脂肪油
		（5）矿物油复合硫化、氯化脂肪油或硫化、氯化非脂肪油
		（6）复合（2）、（4）的矿物油
		（7）矿物油或脂肪油复合含磷或含氯润滑剂或固体润滑剂
B 乳化液和分散型液体	1. 水包油型	（1）矿物油型乳化液
		（2）矿物油或复合脂肪乳化油
		（3）重负荷或 EP 型乳化液
	2. 油包水型	（1）矿物油型乳化液
		（2）矿物油或复合脂肪乳化油
		（3）重负荷或 EP 型乳化液
	3. 胶体乳化液	（1）普通型乳化液
		（2）脂肪型乳化液
		（3）重负荷或 EP 型乳化液
	4. 分散型	（1）物理法分散型（液体）乳化液
		（2）物理法分散型（固体）润滑液
C 化学溶液（胶体或真溶液）	1. 有机型	水溶性有机物低表面张力透明液体
	2. 无机型	
	3. 混合型	（1）高表面张力（$>45\times10^{-5}$mN/m）
		（2）中表面张力（$36\times10^{-5}\sim44\times10^{-5}$mN/m）
		（3）低表面张力（$<35\times10^{-5}$mN/m）
D 固体润滑剂	1. 粉状	（1）晶体型
		（2）聚合物聚乙烯、PTFE
		（3）无定基皂蜡
		（4）（1）、（2）、（3）混合物

（续）

<table>
<tr><td rowspan="9">D
固体润滑剂</td><td rowspan="3">2. 透明膜</td><td>（1）硼化物</td></tr>
<tr><td>（2）玻璃</td></tr>
<tr><td>（3）硝酸盐</td></tr>
<tr><td>3. 脂和糊状物</td><td></td></tr>
<tr><td rowspan="3">4. 干膜</td><td>（1）粒状涂层</td></tr>
<tr><td>（2）树脂涂层</td></tr>
<tr><td>（3）透明涂层，盐和玻璃类</td></tr>
<tr><td rowspan="2">5. 化学转化涂层</td><td>（1）磷酸盐</td></tr>
<tr><td>（2）草酸盐</td></tr>
<tr><td rowspan="4">E
其他</td><td colspan="2">1. 氯化非油状物</td></tr>
<tr><td colspan="2">2. 硫化非油状物</td></tr>
<tr><td colspan="2">3. 1、2 的混合物</td></tr>
<tr><td colspan="2">4. 有机物：醇、乙二醇、聚乙二醇、醚、磷化物，其他固体材料</td></tr>
</table>

（三）按照使用方法分类

除了国际标准化组织 ISO 的分类和美国 ASTM 的分类，金属加工油液产品也可根据使用方法进行分类，比如，其产品经常被分为金属切削液、金属成形液、热处理油液、防锈油液、清洗油液等。

三、金属加工油液的市场情况

我国是全球制造业第一大国，钢铁、主要有色金属产量及工程机械销售量等都已位居世界前列。我国钢铁产量早已突破 1 亿 t，机床保有量不断提高，每年还需消耗大量的各种有色金属，促进了我国金属加工行业的迅猛发展。同时，金属加工产业的快速发展极大地刺激了金属加工油液需求量和消耗量的增长，呈现出逐年攀升的趋势。Grand View Research 公司的报告显示：2018 年全球金属加工油液的年产值为 107.5 亿美元，到 2025 年，年产量预计将达到 365 万 t，价值 140 亿美元。就我国而言，目前国内金属加工机床保有量约为 400 万台，其中数控机床和加工中心约占 25%，需要的切削液和切削油使用量约为 40 万 t，需要的清洗剂、防锈油和成形油使用量也是 40 万 t 左右。根据中国化工协会、润滑油品行业协会和 CMRN 的数据，2018 年我国金属加工油液行业产值规模为 160.07 亿元，比 2017 年增长 3.71%。

目前，我国金属加工油液市场的构成见表 1-7，其中切削液占 45% 左右，成形液占 30% 左右。可以看到，金属切削液和金属成形液均占据份额较大，两者总量占总消耗的 70% ~80%，其加工产品主要分布在汽车、航天、船舶及通用制造等领域。

表 1-7　我国金属加工油液市场的构成

分类方式	具体分类	分类占比（%）
按加工油液类型	金属成形	30
	金属处理	8
	金属保护	17
	金属切削	45

（续）

分类方式	具体分类	分类占比（%）
按服务行业	钢铁行业	11
	有色金属	14
	汽车零部件	26
	通用制造	21
	军工、航天、船舶行业	18
	其他行业	10

在专利申请方面，2016、2017和2018年我国在金属加工切削液方面的相关专利分别申请了996项、1107项和1290项，相关专利申请数量的逐年增加，说明了我国在工艺润滑介质领域已经具有了一定的自主研发和生产基础。然而，就目前高端金属加工油液市场来看，几乎完全被国外品牌占据，国内品牌繁多，但主要集中在低端市场，产品的附加值较低。2018年我国金属加工油液消耗量共50万t，其中，国外产品约占20%，其市场份额约10万t。目前，我国航空、风电、高铁等诸多重要领域的装备用润滑介质主要依赖进口，随时有可能遭遇“卡脖子”的问题。因此，具有自主知识产权的高性能工业润滑介质亟待开发，打破国外品牌在高端制造业的理论和技术钳制，解决“核心技术及关键耗材国产化”的问题，这也是润滑行业为适应我国制造业高速发展需要解决的关键问题。

四、金属加工油液的发展趋势

（一）高普适性、长寿命的金属加工油液

在金属加工行业，随着人们对加工效率、加工质量要求的日益提高，传统加工方式已无法满足目前的行业需求，金属加工自动化、集成化成了行业发展的必然趋势。使用自动化加工代替手工操作，可节约劳动力，提高生产效率，减少生产不确定性，从而缩短整个加工周期。当然，金属加工的自动化、集成化同样对金属加工油液提出了新的发展需求。

1）金属加工油液应具有一定的普适性，满足多种加工方式、多种被加工材质的适应性要求。

2）金属加工工艺的集成化要求金属加工油液应具有更好的稳定性和更长的使用寿命，以保证加工的顺利进行。

3）金属加工油液应兼具良好的润滑、清洗和防锈功能，以简化生产步骤，进一步保证金属加工工艺集成化、自动化的顺利进行。

（二）绿色化的金属加工油液

随着国家各类环保法规的出台，绿色制造已成为加工行业的主要发展趋势。在金属加工和金属加工油液领域，节能环保和绿色加工也成了重点发展的方向。目前，金属加工油液领域存在许多环保问题，如金属加工油液常使用的含氯极压剂、有机碱及杀菌剂等，这不可避免地会对环境造成危害，也可能引起操作人员呼吸道、皮肤及其他健康问题，因此需要对该类成分的使用进行一定的限制。此外，加工油液的安全排放及废液处理也必须符合相关法律法规的要求，尽量减少

其对生态环境的影响。总而言之，需注重开发环境友好、对皮肤温和、低气味、低生物毒性、寿命较长且易于处理降解的金属加工油液产品。目前，具体需要采取的措施包括如下四点。

1. 控制有害物质的使用

实现金属加工油液绿色化、环保化的首要前提就是控制有害物质的使用，防止金属加工油液对操作人员造成皮肤伤害、致癌等风险，同时防止其废液排放时对环境造成危害。在GB/T 32812—2016《金属加工液　有害物质的限量要求和测定方法》中对金属加工油液中禁用物质清单及限量要求做了规定，具体内容见表1-8。另外，金属加工油液产品中的受控物质还应包括硼酸、四硼酸钠和中长链氯化石蜡（C14～C17，＞C18）等。

表1-8　金属加工油液中禁用物质清单及限量要求

物质名称	限量要求
亚硝酸根 NO_2^-（蒸馏水新配制的5%稀释液）	≤20mg/L
壬基酚聚氧乙烯醚	≤0.1%（质量分数）
C10～C13短链氯化石蜡	≤1%（质量分数）
多环芳烃	≤3%（质量分数）
二乙醇胺	≤0.2%（质量分数）
铅	≤0.1%（质量分数）

注：1. 除亚硝酸根 NO_2^- 外，其他物质均使用原液（浓缩液）进行检测。
2. 亚硝酸根 NO_2^-、壬基酚聚氧乙烯醚、二乙醇胺仅适用于水基金属加工液。
3. 禁用物质包含但不限于以上物质。

2. 发展水基金属加工液

水基金属加工液的主要成分是水，来源丰富，且对人体和环境没有危害；同时，在废液处理时可以进行回收利用，减少排放。相对于加工油，水基金属加工液更符合绿色环保的要求。但目前水基金属加工液的使用面临两个主要问题：一是相对于加工油，水基金属加工液的润滑性和防锈性较差；二是目前所使用的部分水基金属加工液添加剂有一定的生态毒性，应选用更环保的添加剂。

3. 提高金属加工油液的生物降解性

一般来说，矿物油的生物降解性较差，不利于金属加工油液的绿色化。目前，许多国家正在利用加工后的动植物油脂作为新型润滑剂，以代替矿物油的使用，从而提高金属加工油液的生物降解性。此外，合成酯类产品作为润滑剂的方法也可以提高金属加工油液的生物降解性。

4. 提高金属加工油液的气雾安全性

在加工过程中，金属加工油液在压力喷射、高温等条件下很容易生成油雾，油雾的尺寸越小，越容易分散在空气中，一旦被操作人员吸入，容易引发呼吸道疾病、癌症等。许多国家针对加工车间空气中的油雾含量制定了标准，进行规范控制。美国政府工业卫生学家协会（ACGIH）于20世纪60年代初就提出了5mg/m³的车间油雾最高限值。随后，英国、澳大利亚、比利时、意大利、荷兰、瑞士等国家也都相继规定了5mg/m³的金属加工润滑车间油雾限值，日本、芬兰、瑞典规定的油雾限制为3mg/m³。我国在GBZ 2.1—2019和GBZ 2.2—2019中规定了329种化学物质的最高限量，但在实际生产中，一般也参考 5mg/m^{3}的限制规定。

除了对加工工艺和车间结构进行优化以外，还可着重开发低油雾的加工润滑剂产品，如使用精制基础油、油雾抑制添加剂等。

（三）新材料、新工艺的应用

随着加工工业的发展，不断有新的材料问世，不断有新的加工技术投入使用，这些新材料、新工艺的应用对加工润滑剂提出了新的需求。例如：钛合金、高强度结构钢、高锰钢等难加工金属日益广泛的使用，铝合金、镁合金、铜合金等有色金属的发展，陶瓷、玻璃、塑料等材料的应用及高速切削、微量润滑等新技术的出现，都对新型加工润滑剂的开发和发展提出了要求。

参考文献

[1] 工作机械部会 加工方法记号专门委员会．加工方法记号：JIS B 0122—1978［S］．东京：日本工业标准调查会，1978.

[2] 国际标准化组织．润滑剂、工业润滑油和有关产品（L类）分类 第7部分：M组（金属加工）：ISO 6743-7:1986［S］．日内瓦：国际标准化组织，1986.

[3] 美国材料与试验协会．金属加工润滑剂及有关产品的分类标准：ASTM D 2881—1973［S］．西康舍霍肯：美国材料与试验协会，1973.

[4] 全国绿色制造技术标准化技术委员会．金属加工液 有害物质的限量要求和测定方法：GB/T 32812—2016［S］．北京：中国标准出版社，2017.

[5] 韩志峰．机加工车间油雾产生的危害及其控制技术［J］．河南科技，2010（5）：70-71.

第二章

金属切削油液

一、概述

切削加工是重要的材料加工手段，一般是指使用切削工具去除待加工工件上多余材料，使工件达到要求的形状、尺寸和精度等的加工方法。

（一）切削加工类型

金属材料的切削加工有多种分类方法，常见的分类方法有以下三种。

1. 按工艺特征分类

切削加工的工艺特征由切削工具的结构以及切削工具与工件的相对运动形式来决定。按工艺特征的不同，切削加工一般可分为车削、铣削、钻削、镗削、铰削、刨削、插削、拉削、锯切、磨削、研磨、珩磨、超精加工和抛光等。

2. 按切除率和加工精度分类

按切除率和加工精度的不同，切削加工可分为：

（1）粗加工　大的背吃刀量，经一次或少数几次走刀从工件上切去大部分或全部加工余量的加工工艺，如粗车、粗刨、粗铣、钻削和锯切等，其特点是加工效率高而加工精度较低，一般用作预加工，偶尔用作最终加工。

（2）半精加工　一般作为粗加工与精加工之间的中间工序，在对精度和表面粗糙度要求不高的情况下，也可以用作最终加工。

（3）精加工　用小进给量切削的方式加工，使工件表面达到较高精度和表面质量，如精车、精刨、精铰、精磨等，一般用作最终加工。

（4）精整加工　一般在精加工后进行，目的是为了获得更小的表面粗糙度，并微调精度，其加工余量小，如珩磨、研磨、超精磨削和超精加工等。

（5）修饰加工　为了减小表面粗糙度，提高防蚀、防尘性能和改善外观而进行的加工，一般不要求提高精度，如抛光、砂光等。

（6）超精密加工　在某些尖端技术领域（如航天、激光、电子、核能等）需要精密度特别高的零部件，如精度要求高达 IT4 以上、表面粗糙度（Ra）要求≤0. 01μm 等，这就需要进行超精密加工，如镜面车削、镜面磨削和软磨粒机械化学抛光等。

3. 按表面形成方法分类

按表面形成方法，切削加工可分为以下三类。

（1）刀尖轨迹法 依靠刀尖相对于工件表面的运动轨迹来获得工件所要求的表面几何形状，如车削外圆、刨削平面、磨削外圆、车削成形面等。

（2）成形刀具法，简称为成形法 用与工件的最终表面轮廓相匹配的成形刀具或成形砂轮等加工出成形面，加工时机床的部分成形运动被切削刃的几何形状所代替，如成形车削、成形铣削和成形磨削等；其缺点在于成形刀具制造困难，工艺系统（机床–夹具–工件–刀具）所能承受的切削力有限，故一般只用于加工短的成形面。

（3）展成法，又称为滚切法 加工时切削工具与工件做相对展成运动，刀具（或砂轮）和工件的瞬心线相互做纯滚动，两者之间保持确定的速比关系，所获得加工表面就是切削工具在展成运动中的包络面，如齿轮加工中的滚齿、插齿、剃齿、珩齿和磨齿（不包括成形磨齿）等。

（二）切削加工中的摩擦

切削加工时，加工区域的摩擦机理会因为切削刀具的不同而相差迥异，以刀具加工、磨具加工和电火花加工为例，其不同的摩擦机理如下。

1. 刀具加工

刀具切削加工过程的实质，就是被加工金属被切削刀具的切削刃切除的过程，金属被切削层在切削力的作用下发生形变，从基体金属上脱落，形成切屑，从而达到去除加工的目的。在切削加工过程中，刀具与被切削金属直接接触，并发生相对运动，这个过程中会形成切削力。切削过程中，加工区域包含三个变形区，如图 2-1 所示，其中，第Ⅰ变形区为靠近切削刃处，金属被切削层发生内部剪切滑移，进而产生塑性变形的区域，金属变形发生内摩擦；在第Ⅱ变形区内，刀具前刀面对金属切屑产生挤压，发生变形，进而产生变形抗力，且切屑沿前刀面排出也需克服刀具对切屑挤压产生的摩擦力；第Ⅲ变形区为刀具后刀面与被加工金属接触区域，刀具与金属加工面产生滑动摩擦。在切削过程中，刀具与切屑和工件间的外摩擦以及金属工件自身发生变形产生的内摩擦均会产生切削热，产生的切削热经由刀具、工件、切屑和切削油液传出。

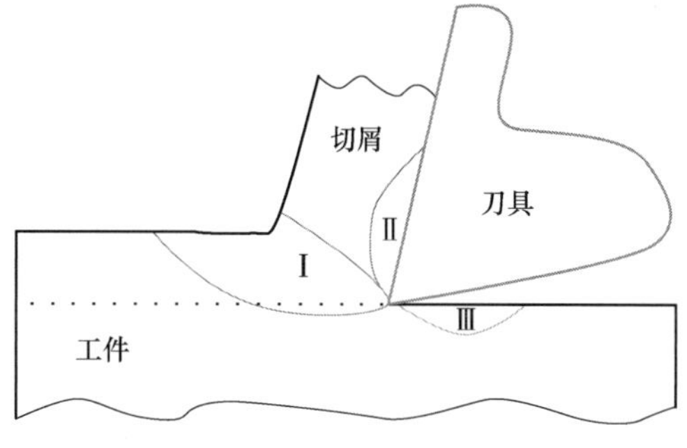

图 2-1 切削过程摩擦区域

金属切削加工时，切屑、工件与刀具之间的摩擦可分为干摩擦、液体润滑摩擦和边界润滑摩擦。切削时常处于高速、高温、高压或黏结等状态，刀具–工件–切屑相互之间常处于混合-边界润滑摩擦状态，其中主要为边界润滑摩擦。

2. 磨具加工

用磨具进行切削加工的方式通常称为磨削，一般用于精加工，加工去除量较少，加工精度高。其中，砂轮是用量最大、使用范围最广的磨具。砂轮的材质包括刚玉、碳化硅、金刚石等。

磨削加工后的工件表面常出现磨具砂粒留下的明显犁沟、工件表面微凸体与砂轮砂粒剪切挤压产生的塑性变形痕迹以及金属黏着磨损的痕迹。一般而言，磨削加工的润滑状态多为混合润滑。

对磨削加工来说，适当的摩擦力是保证磨削去除顺利进行的必要条件，但是，在磨削过程中会产生大量的热，使工件和磨具发生显著温升，易产生工件氧化、黏附、表面粗糙以及磨具寿命变短等问题。

3. 电火花加工

对于电火花加工，其原理主要是工作电极与待加工金属间可形成脉冲性电流，产生瞬间高温，熔化局部金属达到切割加工的目的，属于非接触式切割加工，无明显的摩擦区域。

（三）金属切削油液的作用

为改善切削加工区域的摩擦状态，以提高加工质量和加工效率，并延长切削刀具使用寿命，一般需使用金属切削油液作为润滑介质。在传统的切削加工中，切削油液所起的作用主要为润滑、冷却、防锈及清洗。

1. 润滑作用

切削油液的使用可以防止切削工具和被加工工件的直接接触，在两者之间形成一层润滑膜，减小摩擦和磨损，同时防止切屑的黏附和切削工具的划伤与断裂，保证加工质量，延长切削工具寿命。

2. 冷却作用

切削过程中，切削工具与被加工材料之间的摩擦和工件的塑性变形均会带来摩擦热的产生，使切削工具及工件温度升高。过高的温度会造成切削工具寿命的缩短及工件表面质量的恶化，并且会影响工件的尺寸精度，严重时甚至会造成工件粘连无法拆卸。切削油液通过带走切削热量对摩擦区域起到冷却作用，其中，水基切削液的冷却性能较好，因为水的比热容较大。对于油基切削液而言，其黏度越小，越容易带走热量，冷却效果越好。

3. 防锈作用

防锈是切削油液的重要作用，在加工及存储过程中，机床及工件容易发生腐蚀，切削油液中含有防锈剂，可有效抑制腐蚀的产生。

4. 清洗作用

切削油液可以带走切削产生的加工碎屑和颗粒，避免其划伤工件表面，并使工件及机床表面保持清洁。

除以上四种主要作用之外，切削油液还应具有低泡沫、长寿命、性质稳定、对人体皮肤及呼吸道无刺激、安全环保和易于储存等性能。

（四）金属切削油液的发展

切削油液的使用贯穿于人类的整个发展历程之中，据考证，早在石器时代，人类远祖在制作石器时，就发现使用水来降温，并冲走磨屑，可有效提高制作效率，此时人类已在无意中掌握了切削油液的使用。随着社会的发展进步，青铜器、铁器等金属逐渐代替石器作为工具，但对于金属锐器而言，其刃部需要经常磨拭，以保持锋利，此时仍是使用水来降温，以提高效率并改善磨拭质量。然而，在此阶段人们对于切削油液并没有形成系统的认识，对切削油液的使用也仅停留在经验阶段，并未展开深入的研究。

第一次工业革命后，金属加工行业得到迅速发展，原始的加工手段已不能满足需求。为提高金属加工效率和加工精度，机床工业开始兴起，同时，作为金属加工中必不可少的介质，切削油液也获得了快速的发展。第二次工业革命时期，生产力获得了更大的提升，对金属加工的需求除了数量的增长，还有质量的提升。为满足种类丰富的产品需求，适用于不同加工工艺的专业化机床开始出现，如车床、铣床、磨床、攻螺纹机等。不同加工工艺对金属切削油液的需求不尽相同，使得切削油液的种类得到了极大的丰富，同时人们也开始广泛关注切削油液并开始了对切削油液的系统研究。19 世纪 80 年代，含硫切削油开始用于难加工金属的加工，另外，水基切削液也在此时开始出现。进入 20 世纪以后，水基切削液得到了迅速发展。1915 年乳化型切削液被研发出来并用于实际加工中，且取得了良好的加工效果，但此时乳化液还不能用于难加工金属的加工；1947 年，半合成型切削液出现，并被广泛应用；1948 年，全合成型切削液被美国科学家发明，但并未得到大力推广。直到 20 世纪 70 年代，由于石油危机的出现，人们才对全合成型切削液给予了更多的关注。此时，切削油液的发展已走向成熟，切削油液被分为油基切削液和水基切削液，水基切削液又被分为乳化型切削液、半合成型切削液和全合成型切削液，这种分类方法沿用至今。

进入 21 世纪以来，机械加工行业开始向高效率、高质量和高精度发展，并且随着环保观念的增强和日益严苛的环保法规的制定，人们对切削油液的发展提出了新的要求。除了在功能上需要满足高质量、高效率的加工需求，还需要在组成及使用上向绿色、无害化的方向发展。绿色、无害化的切削油液需不含对生物及环境不友好的添加剂，尽可能少地使用不可再生资源，使用寿命长，产生废液少且废液易于处理等特点将是切削油液未来发展的主流趋势。

相比于发达国家，我国切削油液发展较为落后，这与我国机械加工行业的发展水平息息相关。20 世纪五六十年代，我国机械加工行业处于起步阶段，机床精度差、加工效率低，此时，对切削油液也没有太高需求，一般使用亚硝酸盐溶液，主要起冷却和防锈的作用。改革开放后，机械加工行业得到了迅猛发展，以往的加工工艺与加工机床已不能满足加工需求，于是大量的高精度机床和先进加工工艺被引进国内。为了提高先进机床的加工质量和加工效率，需要更高品质的切削油液作为加工介质，因此很多国外进口切削油液产品开始进入我国市场。进入 21 世纪后，我国机械加工行业开始出现产能过剩的现象，机械加工行业逐渐从粗放式生产转向精细化生产，这也对切削油液的性能提出了更高的要求。但目前国产切削油液主要集中在中低端市场，高端市场仍由国外品牌所占据，这就要求国产切削油液不断改进，快速向精细化、高品质化方向发展。

二、金属切削油液

常用的金属切削油液（以下简称为切削液）根据主要成分不同，可以分为油基切削液和水基切削液。其中，水基切削液又可分为乳化型、半合成型和全合成型，三者之间的主要区别是基础油含量不同，乳化型切削液中基础油含量较高，半合成型切削液中基础油含量较低，全合成型切削液中则不含基础油，其各方面性能均依靠水溶性添加剂实现。

（一）油基切削液

油基切削液也称为切削油、非水溶性切削液或者油溶性切削液，其主要成分是基础油以及具有防锈、抗氧等功能的各类添加剂。

1. 油基切削液（又称为切削油）的分类

在 GB 7631.5—1989（等效采用 ISO 6743-7:1986）中把油基切削液分为以下几类，见表 2-1。

表 2-1　油基切削液分类

符号	类型和要求	产品类型		主要性质		
		精制矿物油	其他	减摩性	极压性	化学活性
MHA	具有耐蚀性的液体	○				
MHB	具有减摩性的 MHA	○		○		
MHC	具有极压性无化学活性的 MHA	○			○	
MHD	具有极压性有化学活性的 MHA	○			○	○
MHE	具有极压性无化学活性的 MHB	○		○	○	
MHF	具有极压性有化学活性的 MHB	○		○	○	○
MHG	单独使用或使用 MHA 液体稀释的脂、膏、蜡		○			
MHH	皂类、粉末、固体润滑剂或其他混合物		○			

另外，根据切削油的性能，切削油还可以分为普通切削油和极压切削油两类。

（1）普通切削油　普通切削油即 ISO 分类中的 MHA 和 MHB 两类，其主要成分为矿物油，包括煤油、柴油、轻质润滑油馏分，其中加入 5% ~20%（质量分数）的动植物油便称为复合油，有时也用合成酯类产品代替动植物油。根据烃类组成，矿物油可分为石蜡基、环烷基及芳烃基三类。芳香烃含量少的矿物油黏指较高，性能稳定，适合用作切削液的基础油，为改善其性能，还需加入防锈剂、抗氧剂等。普通切削油适用于有色金属和加工条件不苛刻但对工件表面粗糙度要求较高的工况。

（2）极压切削油　极压切削油是在普通切削油中加入含 S、P、Cl 等元素的极压剂，从而具有极压抗磨性能的切削油。

含有活性硫极压剂的切削油称为活性极压切削油。活性极压切削油有良好的切削性能，且可有效抑制积屑瘤的产生。硫的活性越高，切削性能越好，适合条件苛刻或者硬度较高金属材料的加工，如高合金钢材料的深孔钻、攻螺纹等，也可用于切削速度较低但对表面粗糙度要求高的工况，如拉削加工。但活性极压切削油易产生腐蚀问题，不适用于铜、锌等有色金属的加工。此外，在高速切削时，由于加工区域温度较高，活性极压切削油会引起刀具的化学磨损，降低刀具寿命。

含氯极压切削油价格低、性能较好，但热稳定性差，切削区域温度较高时其润滑效果会有明显下降，不适用于高速加工；此外，含氯极压剂在使用过程中可分解出 HCl，污染环境，危害人体健康，并会造成金属腐蚀。

含磷极压切削油兼具极压、抗磨、减摩性能，且热稳定性好、耐蚀性好，可广泛用于黑色金属和有色金属的切削加工，但价格较高。

2. 切削油的性能特点

切削油具有诸多优点，其性能较为稳定，具有良好的润滑性能和防锈性能，使用寿命长，可再生利用，对操作人员的皮肤没有腐蚀作用，且维护费用低，即便使用中有导轨油、液压油等的混入也不会对其性能有明显影响。但切削油易发生氧化变质，冷却性能差，故不适用于高速加工；高温下易挥发产生油烟，危害操作人员健康，且安全性较差，具有燃爆风险，所以使用时应在车间内添加油雾收集装置。

3. 切削油氧化问题及解决方法

切削油氧化会导致如下问题。

1）酸值增加，腐蚀工件和机床。

2）氧化生成高聚物，形成油泥，并在工件和机床表面发生黏结吸附，阻碍机床运转，堵塞循环系统。

3）因氧化而产生泡沫，阻碍切削油渗透进入加工区域，降低其润滑及冷却性能，甚至发生溢槽现象。

4）因氧化而发生高聚反应，使切削油黏度增高，影响其渗透性和清洗性，并因切削油更易黏附在切屑上被带走而增加切削油损耗。

使切削油发生氧化反应而导致变质的主要原因及解决方法如下。

1）与空气中的氧气接触发生氧化反应。应对切削油实行密封存储，尽可能避免与氧气接触。

2）光照是氧化反应的诱发条件。应尽量避光使用和存储。

3）某些金属会促进切削油氧化，油品中的金属盐类更甚。应及时清除切削油中的加工碎屑等。

4）选用的基础油抗氧性不佳。在制备基础油时，应尽量选用抗氧性好的石蜡基基础油或芳香烃，避免使用抗氧性差的环烷烃，尤其是多支链的烷烃；应使用精制程度深的基础油。

5）高温易引发氧化。使用和储存时应尽量避免高温。

6）添加抗氧剂可提升抗氧性能。抗氧剂主要分为芳香胺类抗氧剂，如辛基丁基二苯胺（L57）；受阻酚类抗氧剂，如2，6-二叔丁基对甲酚（T501）和辅助抗氧剂，如二亚磷酸双十八酯季戊四醇酯（DPD）。另外，部分极压剂也具备一定的抗氧性能，如二烷基二硫代磷酸锌（ZDDP）。

（二）水基切削液

随着切削技术的发展，特别是切削速度的提高，切削油已不能满足其更高的冷却性及清洗性需求。此外，石油产品价格的持续上涨，日益严苛的环保法规也极大地限制了切削油的使用，因此，用水稀释后使用的水基切削液得到了越来越广泛的应用。水基切削液可分为乳化型、半合成型、全合成型三类，其组分区别见表2-2。

表 2-2　各类水基切削液的组分区别

<table>
<tr><th>添加剂</th><th>乳化液</th><th>半合成-高含油</th><th>半合成-低含油</th><th>全合成</th></tr>
<tr><td>含水情况</td><td>含微量或不含</td><td>5% ~20% （质量分数）</td><td>20% ~60% （质量分数）</td><td>40% ~80% （质量分数）</td></tr>
<tr><td rowspan="2">基础油</td><td colspan="4">矿物油、合成油、植物油等</td></tr>
<tr><td colspan="4">高含量←——————→低含量</td></tr>
<tr><td rowspan="2">极压抗磨剂</td><td colspan="4">硫系（硫化脂肪酸等）、氯系（氯化石蜡等）、磷系（磷酸酯等）、高分子合成酯、有机金属化合物（有机钼化合物等）、水溶性添加剂（磷、硫、硼等的盐类，有机硼化物）等</td></tr>
<tr><td colspan="4">油溶性←——————→水溶性</td></tr>
<tr><td>防锈剂</td><td colspan="4">黑色金属防锈剂（石油磺酸盐、氨基酸类、羧酸类、硼酸盐、有机碱如三乙醇胺等）、铜防锈剂（苯并三氮唑类）、铝防锈剂（磷酸酯、硅酸盐类）等</td></tr>
<tr><td>pH 调节剂</td><td colspan="4">有机碱（三乙醇胺、二甘醇胺、乙醇胺、异丙醇胺、二乙醇胺等）、无机碱（氢氧化钾、氢氧化钠等）、碳酸盐等</td></tr>
<tr><td>乳化剂</td><td colspan="3">脂肪酸皂、脂肪醇醚、自乳化酯等</td><td>—</td></tr>
<tr><td>其他添加剂</td><td colspan="4">消泡剂、杀菌剂、助溶剂等</td></tr>
</table>

下面分别对乳化型切削液、半合成型切削液和全合成型切削液进行介绍。

1. 乳化型切削液

乳化型切削液，也称为乳化油或乳化液，是切削加工中一类重要的水基切削液，其浓缩液是由基础油、乳化剂及其他功能性添加剂复合调配而成，在加工现场用水将其稀释到一定比例即成使用液，使用液一般为乳状不透明液体。

大多数情况下，切削或磨削时，乳化液的使用浓度为 1% ~20% （质量分数），最常用的使用浓度为 5% ~10% （质量分数）；在某些特殊情况下，其使用浓度可达 50% （质量分数），此时有可能会发生相转化，形成油包水型乳液，油相成为连续相。

（1）乳化型切削液产品分类　根据石油化工行业标准 SH/T 0365—1992⊖，将乳化型切削液分为四类，见表 2-3。

表 2-3　乳化型切削液分类

类　型	产 品 特 性
1 号乳化液	防锈性能较好
2 号乳化液	清洗性能较好
3 号乳化液	极压抗磨性能较好
4 号乳化液	透明型乳化液

（2）乳化型切削液产品标准　石油化工行业标准 SH/T 0365—1992⊖中规定了乳化型切削液的技术要求，见表 2-4。

⊖ 该标准已作废，但行业目前仍参照。

表 2-4　乳化型切削液的技术要求

<table>
<tr><td rowspan="2" colspan="2">项　　目</td><td colspan="4">质量指标</td></tr>
<tr><td>1号</td><td>2号</td><td>3号</td><td>4号</td></tr>
<tr><td colspan="2">油基外观，15～35℃</td><td colspan="4">棕黄色至浅褐色半透明均匀油体</td></tr>
<tr><td colspan="2">乳化液 pH</td><td colspan="2">7.5～8.5</td><td>7.5～8.5</td><td>8.5～9.5</td></tr>
<tr><td rowspan="2">乳化液安定性（15～35℃，24h）/mL</td><td>皂</td><td>0.5</td><td>0.5</td><td>0.5</td><td>0.5</td></tr>
<tr><td>油</td><td>无</td><td>无</td><td>无</td><td>无</td></tr>
<tr><td rowspan="2">乳化液防锈性
(35℃ ±2℃，一级铸铁片)/h</td><td>单片</td><td>48</td><td>24</td><td>24</td><td>24</td></tr>
<tr><td>叠片</td><td>8</td><td>4</td><td>4</td><td>4</td></tr>
<tr><td colspan="2">食盐允许量（15～35℃，4h）</td><td colspan="4">无相分离</td></tr>
<tr><td rowspan="3">乳化液腐蚀试验（55℃ ±2℃全浸）/h</td><td>钢片</td><td>24</td><td>24</td><td>24</td><td>24</td></tr>
<tr><td>铜片</td><td>6</td><td>1</td><td>4</td><td>6</td></tr>
<tr><td>铝片</td><td>4</td><td>1</td><td>4</td><td>4</td></tr>
<tr><td>乳化油 P_B值/N（kgf）</td><td>不小于</td><td>—</td><td>—</td><td>686（70）</td><td>—</td></tr>
<tr><td colspan="2">消泡性能（蒸馏水）</td><td colspan="4">10min 后泡沫不超过 2mL</td></tr>
</table>

注：仲裁试验时所用的乳化液必须用人工水配制，人工水的配制方法如下（以蒸馏水 100% 计），碳酸镁：0.00096%。

（3）乳化型切削液组成　具体如下所述。

1）基础油。基础油是乳化液中含量最高的组成部分，一般为环烷基或石蜡基矿物油，起到主要的润滑作用，也是乳化液中油溶性添加剂的溶剂。黏度较低的基础油在乳化液中使用较为广泛，高黏度的基础油虽然可以提高乳化液的润滑性能，但是乳化难度较大。

植物油也可以作为乳化液的基础油，其润滑性能更好，但成本较高且氧化安定性差，容易发生水解，此外，还容易被微生物降解，导致腐败，因此植物油在乳化液中的使用不及矿物油广泛。

2）乳化剂。乳化剂，又称为表面活性剂，其分子中同时具有亲水和亲油基团，可使油相和水相以胶束的形式共存，形成 O/W 或 W/O 型乳化液的一类物质。

表面活性剂的亲水亲油性一般用 HLB 值表示，定义为亲水亲油平衡值。HLB 值越大代表亲水性越强，HLB 值越小代表亲油性越强，一般而言 HLB 值在 0～40 之间，其中石蜡的 HLB 值为 0，月桂醇硫酸钠的 HLB 值为 40。HLB 值不仅表征了表面活性剂的亲水亲油性，还可反映表面活性剂的用途。当 HLB 值为 1～3 时，宜作为消泡剂；当 HLB 值为 3～6 时，宜作为 W/O 型乳化剂；当 HLB 值为 7～9 时，宜作为润湿剂；当 HLB 值为 8～18 时，宜作为 O/W 型乳化剂；当 HLB 值为 13～15 时，宜作为去污剂；当 HLB 值为 15～18 时，宜作为助溶剂。

在乳化液中使用的不同种类乳化剂，其 HLB 值具有加和性，要使乳化液达到稳定，基本条件是混合乳化剂的 HLB 值（等于各乳化剂质量分数乘以其 HLB 值，再加和）接近被乳化物质的 HLB 值。使用复配乳化剂可取得较好的乳化效果。目前，多以阴离子表面活性剂与非离子表面活性剂进行复配作为乳化液的乳化剂。此外，乳化剂的亲油基团如果与基础油的结构类似，则能起到更好的乳化作用。

3）防锈剂。乳化液中的防锈剂可以是油溶性的，也可以是水溶性的，其主要作用机理是在溶剂挥发后残留在工件表面形成防锈膜。其中，石油磺酸盐、氨基酸类、羧酸类、硼酸盐是常用的黑色金属防锈剂。另外，在乳化液中，还可根据实际需要加入其他有色金属防锈剂。值得一提的是，有机碱在乳化液中可以提升 pH 值，抑制酸性腐蚀，也可使乳化液具有一定的防锈作用。

4）其他添加剂。极压乳化液中还需加入含 S、Cl、P、N 等元素的极压剂。此外，为保证乳化液的使用寿命，还需加入杀菌剂实现对乳化液中微生物繁殖的抑制，从而防止乳化液腐败。

（4）乳化型切削液性能特点　与切削油相比，乳化液的优势是：①使用液为稀释液，使用成本更低。②稀释液的主要成分是水，有更好的冷却性能，切削速度可以更高。③与切削油相比，乳化液的清洗性更好，且不产生油雾，对环境更友好，对工人的呼吸系统伤害较小。其缺点是：①润滑性能及防锈性能不及切削油。②容易滋生微生物导致腐败。③乳化液为不稳定状态，容易受到硬水、微生物等影响造成破乳、析油、使用性能下降等问题。

2. 全合成型切削液

全合成型切削液（简称为合成液，也称为化学型切削液或无油切削液）是不含矿物油的水基金属切削液产品，通常含有大量水及不同类型的水溶性功能添加剂，是一种颗粒极小（通常直径为 0.003 ~ 0.010μm）的胶体溶液。全合成型切削液外观清澈透明，使用寿命长且对操作人员和环境安全友好，故应用日益广泛。

（1）全合成型切削液产品分类　根据 GB 7631.5—1989，全合成型切削液可分为两类，见表 2-5。

表 2-5　全合成型切削液分类

类　　型	产品特性
L-MAG	与水混合的浓缩物，具有防锈性的透明液体
L-MAH	具有减摩性和（或）极压性（EP）的 MHG 型浓缩物

（2）全合成型切削液产品标准　合成切削液推荐标准为 GB/T 6144—2010。标准中规定了由多种水溶性添加剂和水配制而成的合成切削液的产品分类及代号、要求、试验方法、检验规则、标志、包装、运输和贮存及安全，表 2-6 列举了其中对全合成型切削液的技术要求。

表 2-6　全合成型切削液的技术要求

项　　目		质量指标	
		MAG	MAH
浓缩物	外观	液态：无分层、无沉淀，呈均匀液体 膏状：无异相物析出，呈均匀膏状 固体粉剂：无坚硬结块物，易溶于水的均匀粉剂	
	贮存安定性	无分层、相变及胶状等，试验后能恢复原状	

（续）

项　　目		质量指标	
		MAG	MAH
稀释液	透明度	透明或半透明	
	pH	8.0～10.0	
	消泡性/(mL/10min) 不大于	2	
	表面张力/(mN/m) 不大于	40	
	腐蚀试验[①] (55℃±2℃)/h 一级灰铸铁，*A* 级　不小于 纯铜，*B* 级　不小于 LY12 铝，*B* 级　不小于	 24 8 8	 24 4 4
	防锈性试验（35℃±2℃） 单片，24h 叠片，4h	 合格 合格	 合格 合格
	最大无卡咬负荷 P_B 值/N 不小于	200	540
	对机床油漆适应性[②]	允许轻微失光和变色，但不允许油漆起泡、开裂和脱落	
	NO_2^- 浓度检测[③]	报告	

注：试液制备，用蒸馏水配制。

① 产品只用于黑色金属加工时，不受纯铜和 LY12 铝试验结果限制。

② 可根据用户需要，进行针对性试验。

③ 当测定值大于 0.1g/L 时视为有亚硝酸钠。含有亚硝酸钠的产品需测定经口摄取半数致死量 LD_{50}、经皮肤接触 24h 半数致死量 LD_{50} 和蒸气吸入半数致死量 LD_{50}，按照 GB 13690—2009 判定产品是否属于有毒品。

（3）全合成型切削液组成　随着加工工艺条件及环保要求的不断提高，新型全合成型切削液添加剂不断涌现，使得全合成型切削液的组分结构也一直处于不断的发展变化中。全合成型切削液中常用组分及含量见表 2-7。

表 2-7　全合成型切削液中常用组分及含量

成　　分	常用组分	含量（质量分数，%）
润滑剂	聚醚、合成酯、硫化脂肪酸、氯化脂肪酸、磷酸酯等	0～20
碱值储配剂	有机胺、无机碱等	5～20
表面活性剂	脂肪酸皂、羧酸盐、脂肪酸醇胺盐、磺酸盐、烷基酚或脂肪醇的聚氧乙烯醚、酰胺及其环氧化物、磷酸酯、多元醇酯类等	0～10
助溶剂	多元醇、小分子酸等	0～15
防锈剂	磺酸盐、环烷酸盐、羧酸、胺类等，磷酸盐、醇胺盐、硼酸盐、钼酸盐等	5～20
缓蚀剂	苯骈三氮唑、咪唑啉及其衍生物、磷酸酯等	<5
杀菌剂	嗪类、酚类等	<5
抗泡剂	有机硅、高级醇、聚醚等	<5
水	—	40～80

（4）全合成型切削液性能特点　如下所述。

1）防锈性。全合成型切削液一般添加有较高含量的防锈剂组合成分，因此具有优良的防锈性，通常防锈时间可达三个月以上，可满足一般情况下的工序间防锈要求。

2）可视性。全合成型切削液不含基础油，外观清澈透明，可在切削过程中对工件加工区域进行观察，多用于数控机床机加工中，尤其适用于高速切削加工。全合成型切削液清洗性和冷却性极佳，可有效清除废屑、降低加工区域的温度、减少刀具磨损、提高切削效率等。

3）安全环保性。全合成型切削液不含基础油和乳化剂，可调配出符合环保要求的水溶性配方，该类配方不易洗脱机床所使用的润滑油脂，具有良好的油漆和密封兼容性，刺激性气味低，对人体皮肤和呼吸道友好，对环境污染小，易于废液处理。

4）抑菌性。具有优异的抑菌性能，对细菌、霉菌等微生物具有良好的抵抗能力，不易因微生物繁殖而出现腐败、变质、发臭的现象，在单机油槽和集中供液系统中都具有较长的使用寿命，调配平衡度高的全合成型切削液可以达到两年及以上的寿命周期。

5）低泡性。泡沫过多会阻止切削液快速渗透进入加工区域，且会阻碍热量传导，无法实现有效的切削区润滑和冷却功能，严重时导致溢槽、影响工厂的正常加工。全合成型切削液通过筛选和调配表面活性剂种类和用量，获得抗泡抑泡性较好的平衡型配方，可用于高压供液、高速加工。同时由于全合成型切削液具有优异的硬水适应性，不仅可用软水进行稀释而维持低泡性能，也可适应北方区域的高硬水环境甚至使用地下水配槽。

6）润滑性。全合成型切削液虽然不含基础油，但含有水基润滑剂如聚醚、合成酯等，水基润滑剂和摩擦改性剂的使用和复配可以实现优异的润滑性能和极压抗磨性能，从而降低刀具成本，提高工件表面质量和加工精度。

7）沉降性。全合成型切削液具有良好的沉降性，切屑或磨屑在其中可快速沉降；由于不含乳化剂式乳化剂较少，机械杂油（如机床用机油等）不易被乳化，可很快实现分离，易于切屑、磨屑及杂油的排除。

8）高效性。全合成型切削液一般是高浓缩型，可用水稀释 20 ~ 50 倍使用，且使用寿命长，综合成本适宜。

（5）全合成型磨削液　磨削加工是应用较为广泛的切削加工方法之一，其属于多切削刃的断续加工，磨粒磨削过程中会产生大量的热量，因此多使用冷却性好的全合成型磨削液作为冷却。全合成型磨削液一般由防锈剂、润滑剂、沉降剂等组成，广泛用于各类金属的平面磨、外圆磨、无心研磨等磨削加工工艺中。

全合成型磨削液具有良好的渗透性、冷却性和清洗性，可迅速渗透进入磨削加工区域，带走磨屑，并降低温度，可适用于高速磨床和超精加工；此外，全合成型磨削液还具有低泡、可控沉降的特性，使磨屑沉降于液槽易于被过滤，但又不至于沉降于管路中，避免磨屑悬浮在磨削液中返回加工区从而划伤工件。通过水溶性防锈剂的复配使用，全合成型磨削液可以具备良好的防锈性能，可满足工件磨削加工期间和工序间短期防锈的要求；由于不含基础油和乳化剂，全合成液不易腐败变质，且使用周期长、排放少，安全环保。鉴于以上优点，全合成型磨削液在磨削加工中的应用越来越广泛，尤其是在去除量大的高速磨削和强力成形磨削加工生产中。

1）高速磨削。在磨削加工中，当砂轮的线速度超过50m/s时，可视为高速磨削，其加工特点为磨削区域温度高，易造成工件表面烧伤和产生裂纹，且会增大尺寸误差；磨屑易黏附在砂轮上，且会嵌入砂轮孔隙，使砂轮变钝，进而降低磨削加工效率。此时应选用冷却性能、渗透性能、清洗性能、沉降性能良好的全合成型磨削液。

2）强力成形磨削。强力成形磨削是指通过加大磨削深度，不经过粗加工，使毛坯直接一次磨削成形的加工工艺，其特点是磨削深度大，单位时间内去除率高，磨削区域温度高，易导致工件表面烧伤，并使砂轮孔隙堵塞，造成磨削质量差、磨削效率低。此时应选用极压性能较好的全合成型磨削液，以降低磨削区域温度，增加磨削区域润滑，并及时带走磨屑，防止磨屑在砂轮表面黏附，进而改善磨削效果。

3. 半合成型切削液

半合成型切削液的主要成分是油相、水相、表面活性剂、防锈剂及其他添加剂，浓缩液外观呈透明或半透明状态。半合成型切削液稀释液的乳液粒径为0.01～0.10μm，其热力学体系趋于稳定，外观呈现透明或半透明状。一般来说，含油量越少，乳液粒径越小，稀释液越透明。

（1）半合成型切削液产品分类　根据GB 7631.5—1989，半合成型切削液可分为两类，见表2-8。

表2-8　半合成型切削液分类

类　型	产品特性
MAE	防锈型，工序间防锈期不低于3天，适用于防锈性要求较高的切（磨）削加工
MAF	具有防锈性、减摩性和极压性，适用于多种金属（含难加工材料）多工序（车、钻、镗、铰、攻螺纹等）重切削或强力成形磨削加工

（2）半合成型切削液产品标准　JB/T 7453—2013中规定了半合成型切削液的产品分类、要求、试验方法、检验规则、包装、标志及运输。半合成型切削液应具有良好的润滑、冷却、清洗性能，使用周期长，使用安全，其保质期应当在一年以上，此外，还应满足表2-9列举的技术要求。

表2-9　半合成型切削液的技术要求

项　目		技术要求	
		MAE	MAF
浓缩物	外观	均匀透明液体	
	储运安定性	无变色、无分层，呈均匀液体	

（续）

项　　目			技术要求	
			MAE	MAF
稀释液	相态		均匀透明或半透明	
	pH		8.0～10.0	
	消泡性/（mL/10min）		≤2	
	表面张力/（mN/m）		≤40	
	腐蚀试验	HT300 灰铸铁	24h 试验后，检验合格	
		T2 纯铜	8h 试验后，检验合格	
		2A12 铝	8h 试验后，检验合格	
	防锈试验	HT300 灰铸铁单片	24h 试验后，检验合格	
		HT300 灰铸铁叠片	8h 试验后，检验合格	
	稀释液安定性	油	无	
		皂	无	
	食盐允许量		无相分离	
	硬水适应性		未见絮状物或析出物	
	极压性 P_D 值/N		—	≤1100
	减摩性 u 值		—	≤0.13
	对机床油漆的适应性		允许轻微失光和变色，但不允许起泡，发黏、开裂、脱落等不良影响	
半合成型切削液不应使用含氯的添加剂和亚硝酸盐				

注：稀释液试样用蒸馏水按 5% 浓度配制。

（3）半合成型切削液组成　半合成型切削液的组分及作用见表 2-10。

表 2-10　半合成型切削液的组分及作用

成　　分	作　　用	含量（质量分数,%）
基础油	被乳化后起润滑及一定防锈作用，选择黏度在 10～35mm^2/s 的石蜡基或环烷基矿物油，以保证其兼具良好的被乳化性、稳定性和润滑性能	5～50
水	体系溶剂，起溶解及冷却作用	5～60
碱值储备剂	调节及稳定 pH，保证一定的碱值储备，保证加工液生物稳定性能；一般选用有机胺作为碱值储备剂	5～25
乳化剂	乳化基础油及油性添加剂，使体系稳定；通常选择两种以上乳化剂进行复配，更易获得合适的 HLB 值	2～15
防锈防腐蚀剂	包括黑色金属防锈剂及有色金属防锈剂，以保证配方的黑色金属及有色金属防锈性能	3～20
杀菌剂	包括杀细菌剂和杀真菌剂，抑菌杀菌，防止使用过程中细菌和真菌的滋生繁殖造成切削液腐败发臭，影响润滑、防锈等性能	1～4
消泡剂	抑泡消泡，控制切削液循环过程中的泡沫量	0.1～0.5

（4）半合成型切削液性能特点　半合成型切削液中基础油含量介于乳化液和全合成型切削液之间，外观通常呈微乳状态，其性能兼具乳化液的润滑性和全合成液的冷却性、清洗性，能更好地满足切削液的使用要求，在切削加工中被广泛使用。

1）润滑性。与全合成型切削液相比，半合成型切削液中含有一定量的基础油及油溶性极压添加剂，能够在被加工金属表面形成稳定的润滑膜，阻止切削加工时刀具与工件间的直接接触，减少加工区域的摩擦，降低摩擦力及磨削热量，改善工件表面质量，延长刀具使用寿命，提升加工效率。

2）清洗性。与乳化液相比，半合成型切削液基础油含量低，不易在工件及机床表面产生吸附，可保持加工环境及工件的清洁。此外，排屑性能更好，可有效避免因切屑在加工区域堆积而引起的黏刀、划伤已加工工件表面等现象。

3）可视性。半合成型切削液的工作液一般呈半透明微乳状，便于观察切削过程中刀具与工件的状态，有利于掌控、了解整个加工过程。

4）防锈性。由于基础油的存在，一些高性能油溶性防锈剂得以匹配进入半合成型切削液的配方中，为其带来了良好的防锈性能，可有效保护机床与加工工件不发生锈蚀，且延长了工件的工序间防锈周期。

5）抑菌性。半合成型切削液中基础油及有机添加剂含量较低，不利于微生物的繁殖，具有比乳化液更好的抑菌性，使用时间更长，在合理的使用维护下，一般使用寿命可达1年以上。

（三）电火花加工液

由于电火花加工的机理与其他切削加工的机理有较大不同，故单独列出进行一定的说明。电火花加工技术发明于20世纪60年代的苏联，经过不断完善，目前已成为加工高硬度材料、形状复杂工件的优选工艺之一。电火花加工时不接触工件，没有明显的加工摩擦区域，不受工件材质硬度制约，加工精度高，加工表面质量好，操作灵活，尤其适用于传统切削工艺难以实现的复杂结构零件的加工；同时使用电火花加工可显著提高加工效率，提升材料利用率，降低加工成本。随着航空航天、精密仪器、生物医疗设备等领域加工需求的提升，电火花加工技术得到了越来越广泛的应用。

在对加工工件进行电火花加工时，工作电极与工件间必须充满液体介质，这种液体介质即为电火花加工液。电火花加工液必须具有较高的绝缘强度，以创造脉冲性电火花放电所需的绝缘环境。此外，电火花加工液可及时冲走熔化的金属，带走产生的热量，降低电极与工件的温度，避免局部过热，并恢复电极与工件间的绝缘性。

电火花加工液，又称为线切割加工液，主要由润滑剂、防锈剂、表面活性剂、爆炸剂及抗氧抗腐剂等组成，其主要性能要求为具备一定的绝缘性、快速电离和消电离性、高闪点、低挥发、良好的润滑性、低黏度以及良好的冷却性、洗涤性和抗氧抗腐性等。

电火花加工液主要分为油性电火花加工液和水性电火花加工液两类。

1. 油性电火花加工液

油性电火花加工液根据基础油的不同可分为矿物油型和合成油型两种。

（1）矿物油型油性电火花加工液　矿物油型油性电火花加工液是国内外使用的第一代产品，

最初是直接使用煤油、锭子油等。随着电火花技术的发展，直接以煤油等矿物油作为电火花加工液已不能满足使用需求，性能更好的矿物油型油性电火花加工液便应运而生，并逐渐取代煤油等矿物油。

矿物油型油性电火花加工液主要由矿物油和油溶性功能添加剂组成，使用时不可兑水，直接添加。通常，矿物油型油性电火花加工液价格低廉，且对提高加工速度有利，在20世纪八九十年代曾在国内占据80%～90%的市场份额；但其所用矿物油精制程度不高，常含有一定量的芳烃，导致油品的安全性差，易燃，易结炭，有臭味，对皮肤有一定的刺激性。此类产品对环境污染严重，故现在发达国家已基本淘汰，但在我国仍占据一定市场。

（2）合成油型油性电火花加工液　现在，社会对工人的健康越来越重视，而且环保要求越来越严格，加工精度也越来越高，矿物油型油性电火花加工液已面临淘汰，合成油型油性电火花加工液发展迅速。合成油型油性电火花加工液主要由合成油和油溶性功能添加剂组成。其中，合成油主要选用异构烷烃和正构烷烃，不含芳烃，抗氧化性好，无须额外添加抗氧剂，且颜色透明，无异味，性能稳定。

合成油型油性电火花加工液不含芳烃，对人体健康和环境的影响有一定改善，但加工速度稍微低于矿物油型油性电火花加工液，鉴于此，高速合成油型油性电火花加工液被研发应用，主要是在合成油型基础上加入聚丁烯、乙烯、乙烯烃聚合物和环苯类芳烃化合物等添加剂，提高其冷却效率，进一步提高电蚀速率，从而提高了加工速率。但该类添加剂易引起电弧现象，同时价格昂贵。不同油性电火花加工液之间的区别见表2-11。

表2-11　不同油性电火花加工液之间的区别

类　型	矿物油型	合成油型	高速合成油型
主要组成	矿物油、油溶性功能性添加剂	合成油、油溶性功能性添加剂	合成油、油溶性功能性添加剂、烃类聚合物
特点	切割效率高、绝缘性好、灭弧性较好、防锈性好	污染小、人体致敏低、灭弧性较好、性能稳定、使用时间长	切割效率高、污染小、人体致敏低，使用寿命长
缺陷	污染大、人体易致敏、易引发燃爆	切削效率较低	灭弧性差、价格较贵

2. 水性电火花加工液

水性电火花加工液可溶于或稳定分散于水中，需用水稀释至一定浓度（质量分数为5%～30%，视具体工况而定）使用，其具有良好的冷却作用，加工速度高，加工后金属表面粗糙度值降低，表层质量好，使用安全。水性电火花加工液一般可分为乳化液、半合成型、全合成型三类，其主要区别见表2-12。

表2-12　水性电火花加工液的主要区别

项目类型	乳化液	半合成型	全合成型
主要组成	矿物油（质量分数为60%）、乳化剂、功能性添加剂、水	矿物油（质量分数为5%～30%）、乳化剂、功能性添加剂、水	功能性添加剂、水

（续）

项目类型	乳化液	半合成型	全合成型
特点	切割效率高、润滑性好、绝缘灭弧较好、节约矿物油	切割效率较高、污染较小、使用寿命较长、节约矿物油	切割效率较高、无污染、使用寿命长、节省矿物油
缺陷	污染大、使用寿命较短	防锈效果差	介电性能和防锈效果较差

3. 电火花加工液易出现问题及解决方法

电火花加工液在使用过程中经常会出现一些问题，因此对出现的问题要采取一定的措施。

（1）泡沫过多　如果在加工初始，泡沫过多，使用2～3个月依然有泡沫，在加工过程中影响观察工件加工状况。原因可能是加工液含有较多的煤油，在高温下容易裂解出氢气、甲烷等气体，此时易发生爆炸，应立即更换加工液。

（2）出现烟雾及异味　在电火花加工过程中，用铜或石墨电极加工时，有时会冒白烟，或者出现其他刺激性气味。这可能是加工液中油裂解产生的气体，冷却后形成烟雾。若使用2～3个月依然有刺激性气味和烟雾，应考虑加工电流是否过大。

（3）操作人员皮肤受伤害　如果操作人员长期接触电火花加工液，皮肤会发生红肿或脱皮，甚至刺激到眼睛，应考虑油的芳香烃含量是否增多，因为芳香烃的油会产生苯和二甲苯，溶解皮肤的角质层。另一方面可能是油的精制程度不够，油偏酸性或碱性都会侵蚀人的皮肤，此时需要更换加工液。

（4）加工液整体变浑浊变黑　使用非石墨材质的电极丝进行电火花加工时，透明的工作液颜色变深，状态浑浊。原因可能是：加工液杂油成分多，导致黏度大，油性太大；所采用的矿物油抗氧性不佳，加工时受高温发生氧化，生成氧化物，形成油泥；若经分析，排除工作液的原因，则为杂质悬浮在工作液中，应检查过滤系统，滤除杂质。

（四）不同材料用切削油液

除了按照理化性质分类外，金属切削油液还可以根据加工材质进行分类，包括不锈钢切削油液、铝合金切削油液等。

1. 不锈钢切削油液

不锈钢耐蚀性、耐磨性好，强度高，在低温下仍具有良好的韧性，且不易被化学品腐蚀，已被广泛应用于航空、航天、食品机械、医疗器具、仪表和生活日用品等领域，需求量巨大。由于不锈钢特殊的物理化学性质，导致其切削加工性能很差，主要体现如下：①切削加工硬化严重。②切削力大，切削温度高。③切屑韧性高，不易折断。④工件易产生热变形。⑤刀具磨损严重。对此，在切削加工时，应选择润滑抗磨性较好的切削油液，其切削油液应含有活性高的极压添加剂，一般为含有硫、磷、氯等极压成分的切削油或乳化液；另外，以植物油作为基础油，或含有植物油酸的乳化型切削液也可为不锈钢带来良好的切削效果。此外，由于不锈钢韧性好，切削时刀具与工件紧密接触，所以选择切削油液时应注意其渗透性，使其能够顺利进入加工区域，起到润滑冷却的作用。

2. 铝合金切削油液

铝合金是目前市场上加工最多的金属，在汽车发动机、变速器、航空设备和其他机械设备行业被广泛使用。铝合金质地较软，延展性好，属于易加工金属，但其化学性质活泼，为两性金属，在酸性、碱性条件下均易发生腐蚀，且工件切削区域易氧化发黑。同时由于其熔点低，故在加工过程中易黏刀、产生积屑瘤。为解决以上问题，对其切削油液提出了较高的要求。铝合金切削油液在满足绿色环保的同时，还要保证工件表面粗糙度值低、尺寸精度合格、存放过程不易产生腐蚀、刀具使用寿命长，这就要求切削油液需具有良好的润滑性、冷却性、清洗性及缓蚀性，一般应选择对铝合金具有高效缓蚀性的半合成型切削液或全合成型切削液。该类切削液中大多有含磷防锈，可在加工及存放过程中有效抑制铝合金的腐蚀。同时，在使用过程中应加强切削油液的日常管理，特别是针对浓度、pH 及杂质，以避免使用不当所带来的腐蚀问题。当切削液缓蚀性下降时，可向其中加入合适的铝防锈剂。常用的铝防锈剂主要有柠檬酸、钼酸钠、磷酸酯、无机盐（碳酸钠、硅酸钠）等。

3. 镁合金切削油液

镁合金具有比铝合金更小的密度和更高的强度，此外，其降噪、减振性好、易散热且电导率高，预计镁合金压铸件将逐渐替代铝合金成为未来汽车轻量化的主要趋势。然而，由于镁合金化学性质活泼、熔点低，切削加工时易黏刀并产生腐蚀变色，甚至发生燃烧，所以选择合适的切削油液尤为重要。一般情况下，应选用对镁合金有良好缓蚀效果的水基切削液。由于镁合金熔点低，受热易黏刀、产生积屑瘤，甚至发生燃烧，所以镁合金切削油液还应具有良好的冷却性和清洗性，避免切屑在加工区域大量堆积，并降低加工区域温度。此外，由于镁在常温下可与水反应生成镁离子，造成水质硬化，使切削液失稳、失效，所以在选择切削液时还应注意其抗硬水性能。在使用过程中，当镁合金切削液缓蚀性能下降时，可向其中加入合适的镁防锈剂。常见的镁防锈剂有植酸、羧酸盐、磷酸酯、钼酸盐、硅酸盐等；当镁合金切削油液抗硬水性能下降时，可向其中加入合适的抗硬水剂，如 EDTA－2Na 等。最后，应将加工后镁屑所黏附的切削油液沥干，避免发生燃爆。

4. 钛合金切削油液

钛合金作为轻金属之一，具有耐蚀性好、韧性高、密度小、强度高及焊接性好的优点，在航空、轮船、汽车等行业中应用广泛，但钛合金可加工性差，导致刀具寿命短，加工效率低。随着新一代的飞机、轮船、汽车等结构特点的优化，加工难度更高，对钛合金切削油液有着更高的要求。钛合金表面性质特殊，普通切削油液与润滑剂很难在其表面形成稳定润滑膜，难以进行有效润滑，因此应选择专用的钛合金切削油液。目前，市场上专用钛合金切削油液较少，一般以极性较强的植物油为基础油，复配对钛合金具有高效润滑性的极压添加剂，可保证对钛合金的润滑性。在使用钛合金切削油液时，应适当提高使用浓度，增大切削油液流量和供液面积，以增强切削油液在加工区域的润滑性。值得注意的是，由于氯离子会对钛合金产生应力腐蚀，使钛合金强度降低，所以钛合金切削油液内不应有含氯添加剂，且应对稀释水中的氯离子含量进行控制。

5. 高温合金切削油液

高温合金具有良好的高温强度，能在 600℃以上长期工作，且具有良好的抗氧化和耐蚀性，是航空发动机中不可替代的关键材料。高温合金组织结构致密、硬度高、切削变形大、加工硬化严重、导热性差，属于难加工材料，其相对切削加工性只有 45 钢的 5%～20%。由于高温合金切削温度高，一般切削油液在高温下会失去润滑能力，所以应选择含有硫、磷、氯等添加剂的极压切削油或极压乳化液。常见的极压剂包括氯化石蜡、四氯化碳、硫代磷酸盐、二烷基二硫代磷酸锌等。极压剂可与金属发生化学反应，生成化学润滑膜，该润滑膜强度高，在高温下仍可保持润滑性能，含磷极压剂可耐150℃高温，含氯极压剂可耐600℃高温，含硫极压剂可耐1000℃高温，若三者复配使用，润滑效果更佳。此外，含有机钼添加剂的切削油液也可用于高温合金的切削加工。需要注意的是，镍基高温合金不宜选用含硫切削油液，否则对工件造成应力腐蚀，降低工件的疲劳强度。

6. 玻璃/陶瓷切削油液

玻璃/陶瓷为硬脆材料，硬度大，加工时切削力大。一般选择低黏度油类（如 N5-N7 全损耗系统用油）或润滑性高的水基切削液，在砂轮-工件之间形成润滑膜，降低加工时的摩擦，降低切削力、切削热及砂轮损耗量，使砂轮能够正常工作，并防止已加工工件表面粗糙度值增大；同时，玻璃/陶瓷材料切削加工时，由于产生的切屑呈碎粒状，易黏附在砂轮及工件表面，使砂轮钝化，划伤加工面，并使切削区域温度升高，烧伤工件，所以选择切削油液时也应关注其清洗性和冷却性。此外，由于玻璃/陶瓷材料切屑粒度小，容易悬浮在切削油液中，随切削油液喷射到工件表面，加工时容易对表面造成划伤，所以切削油液还需对切屑具有一定的沉降作用。最后，由于切削时砂轮旋转，砂轮周围、砂轮内部存在气流，干扰切削油液进入加工区域，此时切削油液的渗透性需重点考虑，还应加大喷液压力和喷液范围，以保证切削油液能进入切削区域，起到有效的冷却、润滑作用。

7. 复合材料切削油液

随着航空航天、汽车、电子、精密仪器等高端制造业的不断发展，对材料的要求也日益提高，普通金属材料已难满足需求，复合材料便应运而生。复合材料一般包括金属基复合材料、陶瓷基复合材料、纤维增强树脂基复合材料等，其中金属基复合材料加工时存在的问题是刀具磨损快，此时选择切削油液时应参照高温合金，使用极压抗磨性好的极压乳化液或极压切削油；陶瓷基复合材料加工时存在的问题是硬度高、刀具磨损大、切屑粒径小、难以沉降，此时选择切削油液应参照玻璃/陶瓷，选用低黏度油类或润滑性高的水基切削液，同时应考虑切削油液的冷却性、清洗性、渗透性及沉降性；纤维增强树脂基复合材料属于高分子有机材料，加工时存在的问题是切削边缘易有毛刺、切削温度高导致树脂烧熔、刀具磨损大等，此时应选用润滑、冷却、渗透效果好的水基切削油液，以保证切削油液能进入加工区域，有效冷却、润滑，降低刀具磨损，保持刀具锋利，同时降低切削温度，避免烧熔。

三、金属切削油液的选用

切削油液的主要作用是润滑、冷却、清洗、防锈等。在切削加工时，切削油液与机床、刀具等组成了一个金属去除加工系统，为使这个系统良好地运转，保证高效率的加工，达到最佳加工性能，就需要根据不同的加工特点对切削油液进行选择。一般来说，切削油液可分为纯油型、乳化型、半合成型、全合成型四类，这些产品可满足各种不同的加工需求。不同类型切削油液配方组成不同，性能存在巨大差异，选择合适的切削油液有助于获得良好的加工效果。下面主要介绍选择切削油液时应考虑的一些因素。

（一）工厂类型

对于规模较小，机床数量较少，加工工件材质及加工工艺经常变化的工厂来说，应选择一种适用范围较广的切削油液，这样可以避免切削油液的频繁更换；对于规模较大，机床数量较多，加工工件材质及加工工艺相对固定的工厂来说，应选择一种针对该加工需求而设计的切削油液，这样可以最大程度改善加工效果。

（二）机床类型

选择切削油液前应充分考虑机床的结构设计及使用情况。如果机床设计电器线路裸露在加工室内，应选择使用绝缘性能良好的切削油液，以避免线路漏电、短路，发生安全生产事故；对于使用过程中机械杂油泄漏严重的机床来说，应选择抗杂油性能好的切削油液，避免杂油对切削油液造成污染。同时还应考虑机床的密封系统，如果水基切削液易对其密封系统造成腐蚀损坏，应选用切削油；如果切削油易对其密封系统造成腐蚀损坏，应选用水基切削液。若是通风条件不好的密闭车间，应尽量避免使用切削油，防止大量油雾产生。

（三）加工工艺

对于重载加工，应选用润滑效果较好的切削油液，如切削油、乳化型切削液、极压切削油液等；对于高速加工，单位时间内去除量很大，切削过程中产生的热量很高，应选择冷却效果较好的水基切削液；对于深孔钻、攻螺纹加工，其要点是需要切削油液能够进入加工区域，应选择渗透性较好的切削油液；对于磨削工艺，应选择利于磨屑沉降，并具有砂轮自锐性，清洗性较好的磨削液。

（四）工件材质

工件材质对于切削油液的选择十分重要，不同的材质均有特定的切削油液与之相对应。对于钛合金，由于其表面的特殊性，普通切削油液难以在其表面形成有效润滑，造成加工效率低下，刀具磨损严重，加工质量不佳的问题，所以应选用对钛合金高效润滑的专用切削油液；对于铝合金，因其属于两性金属，易腐蚀，易黏刀，加工面容易出现烧伤现象，应选用润滑性好、对铝合金缓蚀性好的铝合金切削油液；对于镁合金，由于其易燃爆、易增加水质硬度、易腐蚀，所以应选择冷却性好的水基切削液，还应具有良好的硬水适应性、出色的镁合金缓蚀性；对于不锈钢、高温合金，其硬度高，应选择润滑性能优异的切削油液，如切削油、乳化液、极压型切削油液；对于铸铁、青铜等脆性材料，切削中常形成崩碎切屑，容易随切削油液到处流动，进入机床导轨之间造成部件损坏，宜使用冷却和清洗性能好的低浓度乳化液；对于普通钢材，选用一般水基切削液即可。此外，对于易锈蚀钢材，应选用防锈效果好的切削油液。

（五）刀具材质

刀具材质也在一定程度上影响了切削油液的选择。工具钢刀具，其耐热温度低，高温下会失去硬度，用于一般材料的切削，要求切削油液的冷却效果好，一般采用乳化液、全合成液。硬质合金刀具硬度高，耐磨性好，且耐高温，在1000℃下仍可保持高硬度，但其较脆，受热不均时易崩坏，选用切削油液时应考虑尽可能使硬质合金刀具均匀受热，切削油液的热传导性能较差，不易使刀具产生骤冷，一般选用含有抗磨添加剂的切削油液；陶瓷刀具、金刚石刀具，高温耐磨性及硬度比硬质合金好，一般适用于切削，但考虑均匀冷却和避免温度过高，也可使用水基切削液。

（六）稀释水水质

水基切削液在使用前需要用水稀释，且稀释水在切削油液工作液中所占比例很大，所以稀释水是影响加工液性能的重要因素。一般来说，若水质硬度过大，其中的钙镁离子会与切削油液中的有效成分发生反应，使之失效，如与乳化剂、助溶剂发生反应，生成皂类沉淀，导致乳化剂、助溶剂性能下降，使切削油液体系失稳，平衡破坏，析油析皂；与防锈剂、缓蚀剂反应，导致切削油液防锈性、缓蚀性下降；与部分润滑剂反应，导致润滑性降低。而当水质硬度过低时，切削油液稀释液则易产生泡沫。通常来说，全合成型切削液对硬水耐受能力最佳，半合成型切削液次之，乳化型切削液最差。

除了水质硬度，稀释水中的氯离子也影响着切削油液的使用性能，主要是会导致工件的锈蚀，发生点蚀，形成较深的腐蚀坑，甚至穿孔。稀释水中的硫酸根离子也会导致切削油液防锈性降低；磷酸根或其他含磷离子则会导致水体富营养化，致使切削油液易腐败，影响使用寿命。

因此，对切削油液进行稀释前，应尽量对稀释水水质进行检测，根据水质条件选择合适的切削油液。当水质硬度过高时，选择硬水适应性高的切削油液；当氯离子、硫酸根离子含量较高时，选择防锈性好的切削油液；当磷酸根含量高时，选择抗菌效果好的切削油液。

（七）供液系统

不同的供液系统对切削油液有不同的需求，带有沉降系统的供液系统要求切削油液具有良好的沉降性；带有过滤系统的供液系统则要求切削油液沉降性不能太好，以免堵塞过滤系统；而具有分离系统的供液系统则要求切削油液足够稳定，经过分离处理后不至于对切削油液的稳定性造成破坏。

（八）存储条件

北方冬季寒冷，气温较低，若切削油液存储环境没有供暖或保温措施，则容易凝固或导致失稳，影响使用，此时应选择凝固点较低，且贮存安定性较好的切削油液；若切削油液存放于阳光可直射的地方，则可能会因为高温而失稳，进而影响使用性能，此时应选择高温稳定性较好的切削油液。

（九）废液处理

随着各类环保法律、法规的出台，国家目前空前重视对环境的保护。废旧切削油液属于危险废物，必须经过处理才能排放。因此在选择切削油液前，应充分考虑其废液处理难易程度，工厂应要求切削油液供应商提供废液处理方案并进行测试，选择废液易于回收处理的切削油液。

（十）安全环保

选择切削油液时应充分考虑其安全环保性能，对人体皮肤呼吸道无刺激，对人体无毒无害，使用过程中不产生大量油污，无异味等。工厂在选择时应要求切削油液供应商提供 MSDS 和其他的禁用化学品检测结果。

（十一）性价比

选择切削油液，应以最高性价比为目标。关于成本计算，不应仅仅考虑切削油液单价，还应考虑切削油液使用浓度、使用寿命、管理维护成本、平均损耗量、刀具寿命、加工工件质量、废品率、废液产生量、废液处理难易程度等，综合考虑切削油液使用成本，选择性价比最高的产品。

（十二）其他

对于有些工厂，存在特定的工艺要求，从而也会对切削油液有特定需求。例如：有些工厂希望使用透明的切削油液，便于在加工过程中随时观察加工情况，此时应选择透明度较高的全合成型切削液或半合成型切削液；有些工厂则希望不同切削油液具有不同的颜色和气味，以便在使用管理时便于区分。

总之，选择切削油液时，应充分考虑各种情况，综合评估，选择最适合的产品。下面对各类切削油液性能进行比较归纳，见表 2-13，用于指导实际工况中切削油液的选择。

表 2-13　切削油液性能比较

切削油液性能	切削油	乳化型切削液	半合成型切削液	全合成型切削液
润滑性	★★★★★	★★★	★★	★
冷却性	★	★★★★	★★★★★	★★★★★
防锈性	★★★★★	★★★★	★★★	★★
清洗性	★	★★★	★★★★	★★★★★
抗泡性	★★★★	★★★	★★★★	★★★★
抗氧化性	★	★★★	★★★★	★★★★★
硬水适应性	—	★★	★★★	★★★★
机床油漆适应性	★★★★	★★	★★	★★
安全性（燃爆）	★	★★★★★	★★★★★	★★★★★
皮肤呼吸道刺激性	★	★★★★	★★★★	★★★★
环保性	★	★★★	★★★★	★★★★★
管理维护难易程度	★★★★	★★	★★★★	★★★★★
使用寿命	★★★★	★★★	★★★★	★★★★★
废液处理难易程度	★★★★★	★★★★	★★★	★

注：切削油液各性能优劣以★个数表示：★★★★★很好；★★★★较好；★★★中；★★较差；★差。

四、金属切削油液的更换与管理维护

金属切削油液组分复杂，往往含有十几种甚至几十种化学添加剂，其中任何一种组分出现问题都可能导致整个切削油液体系的破坏，进而降低切削油液的使用性能，甚至给加工环境带来恶劣影响。这就需要定期对切削油液的各项相关指标进行监测，并根据监测结果予以调整，以保证切削油液的各项指标都在正常范围内，最大限度地发挥切削油液的作用。因此在日常使用中，应注重切削油液的管理维护，并使其成为整个车间运行中不可或缺的组成部分。

人们对切削油液管理重要性的认识在不断加深。对于不同工厂而言，由于生产环境、生产工艺等千差万别，所以对切削油液管理的要求也不尽相同。对于采用集中供液方式的工厂而言，切削油液的日常管理相对简便且易于实现；而对于拥有众多机床且采用单机管理的工厂而言，切削油液的日常管理会变得较为困难。下面着重对水基切削液（以下简称为切削液）的日常管理进行系统介绍。

（一）切削液的更换

切削液的管理维护应从切削液的更换开始，正确更换切削液有利于保证其使用性能尽可能好地发挥，减少使用过程中出现的问题，且可大幅度延长切削液使用寿命。在更换切削液时，应严格按照以下步骤进行。

1. 清槽消毒

1）排空液槽。应将液槽中的废旧切削液完全排净，包括液槽死角及循环管路，否则残留的废液会污染新液，使新液性能下降，寿命缩短。

2）尽可能拆除水泵、液槽挡板、排屑器等易存留切削液及其他杂质的部位，杜绝残留。

3）清渣。机床废渣中含有大量细菌、真菌，应将切削液循环供液系统中的废渣完全清理。这些废渣主要由切屑、杂油、油泥及菌皮组成。循环供液系统主要包括液槽、机床工作台、循环泵及管路、排屑及过滤装置等，务必彻底清理，不留死角。

4）清洗杀菌。用1%～2%（质量分数）新配切削液和0.1%～0.3%（质量分数）的杀菌剂配制清洗剂，或使用专用清洗剂，循环清洗切削液循环供液系统，包括液槽、机床表面、泵和循环管道系统及过滤系统，不留死角，清洗时间视实际情况而定，必要时对机床液槽进行长时间浸泡。

5）排空清洗剂，检查清洗效果。

2. 配制新液

1）测量切削液循环供液系统液槽槽体体积（长×宽×高），并根据配比浓度（一般质量分数为5%～10%）计算所需原液量。

2）选用水质合适的稀释水，必要时对稀释水进行杀菌处理和水质调整。一般以水质硬度100～350ppm[⊖]（mg/kg）为宜。若水质硬度过低，可能会引起泡沫过多；若水质硬度过高，可能会影响切削液体系平衡，并导致其中部分添加剂失效。稀释水中不能含有高浓度的氯离子，若氯离子浓度超过50ppm，则会使工件和机床发生严重锈蚀，影响防锈性；硫酸根离子也会影响切削液的防锈性，其中的硫元素还会促进细菌滋生，引起切削液腐败，稀释水中硫酸根浓度一般不能超过100ppm；磷酸根会影响切削液的总碱度并导致水体富营养化，造成切削液中微生物大量生长，降低切削液使用寿命，因此必须控制稀释水中的磷酸根离子。

3）将稀释水全部加入干净容器，低速搅拌下加入原液，搅拌至原液分散均匀（原液与水加入顺序切勿颠倒；切勿在液槽中直接倾倒原液）。将原液加入水中，可保证稀释液始终是O/W型乳液，若将水加入原液中，则一开始形成W/O型乳液，中间过程需经过相转化才可形成可供使用的O/W型乳液，这可能会影响切削液原液在水中的分散性，导致分散不佳，体系不稳；如果在液槽或机床中直接倾倒原液，则可能会使原液吸附在稀释水接触不到的死角，造成原液浪费，

⊖ 1ppm＝0.0001%。

并会吸附大量杂质，造成杂质堆积，易滋生细菌。

4）将稀释液加入清洗、消毒后的液槽。若使用集中供液系统，可先向液槽中加入适量的稀释水，然后向液槽空旷处倾倒原液，保证原液可直接进入稀释水中。

5）开启循环系统，循环一定时间，待切削液完全分散于稀释水中后测量其浓度，根据检测结果调整至规定使用浓度，待正式使用。

目前，市场上有用于切削液工作液配制的自动配液器，使用该设备按照所需工作液浓度分别设置好稀释水与原液进液量，即可在混液室配制成所规定浓度的工作液，然后注入机床液槽，克服了人工配液时浓度不稳定、分散不均匀、浪费原液的问题，该设备现已被广泛使用。

（二）切削液的管理维护

采用正确的方法更换切削液，可使切削液的后期管理维护变得更简便，但更换好后，若对切削液维护不周，仍会带来一系列的问题。

1. 管理维护指标

在日常管理维护中，一般应对浓度、pH 等指标进行监测和管理。

（1）浓度管理　一般来说，切削液的浓度应根据实际工艺来确定，但典型的浓度使用范围一般在 3%～15%（质量分数）。在切削液管理中，浓度至关重要，微小的浓度变化可能会引起切削液使用性能的重大改变。当切削液浓度过高时，会使用液成本增加，且容易析出造成机床及工件残留，降低其清洗性能，还可能会造成操作人员皮肤过敏或呼吸道过敏；当切削液浓度过低时，则会造成润滑性、防锈性不佳，还会加速切削液的腐败。因此，一旦根据现场工艺确定好浓度，应尽可能避免浓度的波动，使其维持在一个稳定的水平。对切削液的浓度进行测定能帮助操作人员对切削液的浓度进行量化，以便更直观地对浓度进行管理。常用的切削液浓度测定方法主要包括以下三种。

1）折光仪法。折光仪是利用光线测量液体浓度的仪器。不同浓度的液体具有不同的折光率，纯水的折光仪读数为零，折光仪使用前应用纯水调至零位。一般对于某一型号的切削液，折光系数应是一个固定值。全合成型切削液的折光系数一般较大，半合成型切削液次之，乳化液折光系数较小。切削液工作液浓度 = 折光系数 × 折光仪读数。折光仪读数方法是读取在蓝色和白色交界处的数值，一般是一条清晰的分界线，但切削液的使用过程中会混入很多杂质，使分界线变得模糊不清，不易读取，这时应在取样后静置一段时间，除去杂油后再进行浓度测定。该方法设备简单，操作方便，测量结果较为准确，被大量采用。

2）破乳法。该方法是向切削液工作液中加入强酸或强碱，使工作液破乳，测量破乳后油层的质量或体积，从而得出工作液浓度。但该方法存在一些问题，一般切削液都是相对稳定的体系，靠普通方法难以破乳，且在使用过程中容易混入大量杂油，影响测量结果。另外，由于强酸强碱属于化学管制试剂，难以购买保存，所以该方法一般使用较少。

3）仪器分析法。除以上两种方法外，还可使用水分分析仪测定切削液工作液浓度。常用的水分分析检测方法为蒸发称重法，通过测量水分蒸发前后的质量计算工作液浓度。但由于切削液组分中可能含有易挥发物质，且在使用中工作液可能会悬浮大量磨屑，所以该方法在现场使用也并不广泛。

（2）pH 管理　对于切削液工作液来说，pH 可反映其使用状况，一般切削液 pH 需维持在 8.5～10.0，太高或太低都会造成不利影响。当 pH 过高时，会造成两性金属（如铝合金）的腐蚀，还会刺激操作人员皮肤和呼吸道；当 pH 过低时，会引发腐败和黑色金属锈蚀的问题。对于铝镁合金切削液，为了解决其在碱性条件下易腐蚀的问题，通常在设计切削液时会使其 pH 在 7.5～8.5。为此在日常管理中，应根据切削液本身的 pH 特性进行维护。

pH 是一个能够快速而准确反映切削液指标的参数。如果 pH 过低，说明切削液中微生物过多，切削液发生腐败，其润滑性、防锈性等都会出现下降，还会产生酸败气味。此时应该适当增大切削液浓度，加入 pH 调节剂或者换液；若 pH 高，说明切削液可能受到碱性物质污染，或浓度过高，此时应该加入 pH 调节剂或者适当调低浓度。pH 的测定主要有以下两种方法。

1）精密 pH 试纸。pH 试纸是一种简单便捷测试液体 pH 的方法，准确度较高。具体操作方法：取适量工作液，滴于 pH 试纸上，通过和标准色卡颜色对比来获得 pH。但应注意的是，对于切削液检测来说，一般 pH 试纸精度不够，无法进行精确测量，所以应选择量程范围合适的精密 pH 试纸。

2）数显 pH 计。一般来说，使用数显 pH 计可以获得准确的 pH，且使用较为方便，可反复使用。但必须定期使用校准液对其进行校准，且测量前应使用缓冲液冲洗并保持电极干净。若工作液中有杂油，会严重影响测量准确度，此时应滤去杂油，并用异丙醇简单擦洗电极即可解决该问题。

（3）电导率管理　电导率也是一个可以反映切削液状况的指标。电导率用来表征液体传送电流的能力，能够反映液体中电解质的含量。由于电导率会随水质硬度、可溶性离子、切削液浓度、温度等变化，所以电导率对切削液状况的表征不是绝对准确的，但可供参考。测量切削液电导率的变化趋势，可以帮助监测切削液的污染状态，一般电导率过大时，容易引起切削液体系失稳、防锈性下降等问题。一般情况下，电导率可以使用电导率仪进行测定。

（4）杂质管理　切削液中的杂质主要为固体杂质，包括金属切屑、砂轮颗粒及其他人为带入的杂质。当切削液中杂质含量过高时，可能会影响工件表面粗糙度，造成工件和机床黏附，堵塞切削液循环管路。金属切屑堆积在工件和机床表面，容易造成腐蚀。此外切屑等杂质聚集处，会使微生物黏附，造成微生物大量生长，导致切削液腐败。对于机床切削液循环系统，应增加过滤装置，及时除去其中的固体杂质，保持切削液的清洁性。另外，适当添加沉降剂有利于切屑及砂轮颗粒等的沉降，便于将其去除。

（5）杂油管理　一般来说，切削液产品本身都含有油性物质，主要起润滑作用。但在使用过程中，机床设备及来料可能会带入大量杂油，包括导轨油、液压油、来料上一道工序所带杂油等。杂油在切削液中通常有两种存在形式，一种是被乳化，一种是游离态。不管哪种状态都会对切削液造成不良影响。被乳化的杂油会抢占切削液中的乳化剂，造成切削液失稳，破坏切削液使用性能，还会影响切削液浓度的测定；游离态杂油会漂浮在切削液上层，使切削液隔绝氧气，打破切削液中微生物生长平衡，抑制好氧菌，滋生厌氧菌，造成切削液腐败发臭。此外，由于杂油往往含有微生物生长所需的硫、磷等营养元素，在油水接触面易滋生微生物，导致切削液腐败，所以对于切削液中混入的杂油，应及时除去。可采用切削液过滤器除去切削液中的杂油，还兼具去除固体杂质的效果。

（6）微生物管理　切削液中含有大量的有机物，工作液中含有大量的水，这就为微生物的生长提供了必要的条件。在切削液配方设计时，会加入杀菌剂抑制其中细菌、真菌的繁殖。这些杀菌剂往往在切削液使用初期有良好的效果，后期随着微生物的繁殖增多和杀菌剂自身的损耗，其杀菌、抑菌效果大大降低，这就使微生物得到了进一步的繁殖，导致切削液腐败。此外，真菌的繁殖会产生大量菌皮，造成杂质吸附堆积，并会堵塞切削液循环管路。切削液中的微生物主要有细菌和真菌，可以通过以下方法进行测定。

1）测菌片法。市场上有专门用于测量液体中微生物含量的测菌片，将其浸入切削液中 5 ~ 10s，取出后放入塑料皿中，旋紧塞子，在（30 ± 1）℃的温度下培养 24 ~ 72h，然后对照微生物菌落标准图来读取切削液中菌落数。该方法操作简便，且误差较小，被现场广泛使用。

2）养皿计数。将适量切削液工作液滴入培养皿中，在（30 ± 1）℃的温度下培养 48h，然后计算其中的菌落数，用以判断其中微生物滋长情况。该方法需要一定的生物实验技术，一般很少在现场采用。

当切削液中微生物含量超标时，应采取正确的方法进行控制，一般是适当提高切削液浓度，加入 pH 调节剂提高切削液 pH，加入适量杀菌剂增加切削液抗菌性。当采取这些方法仍未能使切削液腐败情况有所好转时，应该及时更换切削液，以免情况继续恶化。

当机床长时间不开或不使用切削液时，应定期对切削液进行循环，增加其中的含氧量，使好氧菌、厌氧菌达到一个平衡，防止厌氧菌迅速繁殖，造成切削液腐败。切削液中微生物种类和繁殖条件分别见表 2-14 和表 2-15。

表 2-14　切削液中微生物种类

微生物种类		微生物对切削液影响
细菌	硫酸盐还原菌	以硫酸盐为营养物质，代谢生成硫化氢气体，使切削液发臭；此外，硫化氢呈酸性，与金属反应，造成金属腐蚀，切削液颜色发黑；该菌为厌氧菌，富集在水垢、切屑上
	铜绿色极毛杆菌	会使切削液腐败发臭
	大肠菌群	造成多种金属腐蚀，尤其是铝合金
	枯草芽孢杆菌	代谢产物能降低切削液 pH
真菌	青霉菌	使切削液变质腐败
	酵母菌	代谢产物能降低切削液 pH，并增大切削液黏度，形成菌皮

表 2-15　切削液中微生物繁殖条件

微生物繁殖条件	备　注
营养物质	有机物（基础油及各种有机添加剂）、无机物（含氮、磷、硫的无机添加剂）
水分	稀释液中的水提供了微生物繁殖所需的水分
氧气	切削液中的溶氧量决定了好氧微生物和厌氧微生物的繁殖速度，一般厌氧微生物的大量繁殖易导致切削液发臭

（续）

微生物繁殖条件	备　注
pH	高 pH（>9）有助于抑制微生物的繁殖，真菌适宜繁殖的 pH 为 4.5～6.5，细菌适宜繁殖的 pH 为 6.0～8.5
温度	低温可抑制微生物繁殖，真菌适宜繁殖的温度为 20～30℃，细菌适宜繁殖的温度为 30～37℃

2. 管理维护方法

由于需要对切削液的以上指标进行维护，为了系统、有效的管理，保持切削液的使用性能，延长使用寿命，故需根据工厂特定情况，制定合适的管理方法，一般可参照以下进行。

（1）外观　每两天检测切削液外观。

（2）浓度的实时监控与调节　每两天固定时间对切削液浓度进行检测，并根据检测结果调整至规定使用浓度。与浓度低于使用浓度时，向液槽内补充高浓度稀释液至规定使用浓度；与浓度高于使用浓度时，向液槽内补充低浓度稀释液至规定使用浓度；切勿直接补充稀释水或原液。

（3）pH 的实时监控与调节　每两天固定时间对切削液 pH 进行检测，并根据检测结果进行调整。当 pH 过高时，适当降低切削液浓度；当 pH 过低时，适当提升切削液浓度，并向其中添加适量 pH 调节剂及杀菌剂，至 pH 恢复至规定值。

（4）防锈性的实时监控与调节　每天观察机床及使用切削液加工的工件有无锈蚀。若出现锈蚀，适当提升切削浓度，并加入适宜的防锈剂。

（5）泡沫　每天观察切削液泡沫是否正常。若泡沫增多，向切削液中加入适宜的消泡剂。

（6）抑菌　每 15 天测定切削液中细菌及真菌菌落数，结合切削液 pH、颜色、气味等判断腐败程度。根据需要向切削液中投加 pH 调节剂及杀菌剂。

（7）液位控制　每 3 天检查切削液液位，液位不得低于液槽高度的 50%。若液位低于 50%，结合浓度，及时补充切削液稀释液；严禁向液槽中直接补水。

（8）确保切削液循环管路畅通　每次开机循环时，应确保切削液循环管路畅通。

（9）保持切削液及机床洁净　每 3 天检查切削液及机床清洁情况。严禁向切削液及机床内抛掷杂物、吐痰，严禁使用切削液洗涤物品及流入脏水。尽量杜绝机床漏油现象。每 3 天对切削液及机床内杂油、切屑、菌皮等杂质进行清理，清理效果以无可见浮油、无大量切屑、无可见菌皮、无其他可见杂质为准。

（10）保持切削液日常循环　长期停机或不用切削液的机床，确保每两天至少循环 1h 切削液。

（11）及时换液　当切削液状况严重恶化、腐败发臭、防锈性降低且已无法调节至正常水平时，应及时换液。

3. 切削液使用中的常见问题

在切削液的使用过程中，会出现一系列问题，现将常见问题、原因分析及解决方案归纳整理，具体内容见表 2-16。

表 2-16 切削液使用中的常见问题、原因分析及解决方案

常见问题	原因分析	解决方案
刀具磨损加大，使用寿命变短	加工区域供液不足	增大供液量；同时调整喷嘴方向或采用多个喷嘴供液，使切削液能够更多地进入加工区域
	切削液浓度过低，润滑不足	调整切削液浓度至正常范围
	切削液润滑性不足	适当提升切削液浓度；或加入合适的极压抗磨剂，以提升切削液润滑性
	加工区域温度过高	增大供液量；调整喷嘴方向或增大喷液面积；适当降低切削速度
加工精度差，加工面粗糙	切削液润滑性不足	增大供液量；适当提升切削液浓度；向切削液中添加合适的极压抗磨剂
	切削液冷却性不足，导致加工过程中工件变形	增大供液量；调整喷嘴方向或增大喷液面积；适当降低切削速度
	切削液中悬浮杂质划伤工件表面	向切削液中加入合适的消泡剂和沉降剂，并及时过滤去除杂质
机床或工件产生锈蚀	切削液防锈性不足	适当提升切削液浓度；向切削液中添加合适的防锈剂；若切削液已腐败变质，应及时换液；同时，可以向加工完成后的机床和工件喷涂防锈油
	机床、工件的加工、储存环境潮湿、高温、高盐	适应提升切削液浓度；向切削液中添加合适的防锈剂；向加工完成后的机床和工件表面喷涂防锈油；同时缩短工序间停留时间；采取工序间防锈手段
	工件与机床间叠放或工件间叠放	向切削液中加入合适的电偶缓蚀抑制剂；工件加工完成后，向机床和工件喷涂防锈油；避免工件与机床间叠放、工件间叠放或缩短叠放时间
	铜合金工件变色腐蚀	向切削液中添加合适的铜防锈剂
切削液在机床和工件表面产生黏附	切削液浓度过高	适当降低切削液浓度
	切削液失稳、析油析皂	及时更换切削液
	机床漏油，导致大量杂油进入切削液，进而吸附在机床和工件表面	及时撇除杂油
	切削液腐败变质，产生大量黏性物质，黏附在机床和工件表面	及时更换切削液
切削液严重失稳	机械杂油大量混入	及时撇去杂油
	切削液腐败	及时更换切削液
	稀释水硬度过大	对稀释水进行软化处理；更换耐硬水型切削液
	切削液稀释方法不当	采用正确的切削液稀释方法

（续）

常见问题	原因分析	解决方案
切削液循环管路堵塞	切削液氧化发黏堵塞	选用抗氧性好的切削液；向切削液中添加合适抗氧剂
	水基切削液腐败变质，发黏，产生菌皮堵塞	及时更换切削液；加强切削液的腐败管理
	切屑、磨屑堵塞	及时除去切屑、磨屑等杂质
车间有大量油雾	切削液供液压力过大	调低供液压力
	机床主轴转速过大	降低机床主轴转速
	使用切削油	更换水基切削液；或在车间增加油雾收集装置
车间有腐败臭气	切削液抗腐败性能不佳	及时更换切削液并定期添加防腐杀菌剂
	防腐管理不到位	加强切削液的日常防腐管理
操作人员皮肤、呼吸道过敏	切削液中某些化学成分引起	更换环保型切削液；或帮助操作人员做好防护措施

五、金属切削液再生及废液处理

（一）切削液再生

近年来，切削液的排放成本大幅增加，使用工厂对切削液的管理也越加重视，为使切削液获得更长的使用寿命，达到更小的排放量，切削液的再生受到了广泛重视。常用的再生处理过程如下。

1. 过滤

切削液中的固体杂质会悬浮其中，造成工件表面划伤等问题，而杂油所带来的危害更为严重，易使切削液失稳、腐败发臭等。对废旧切削液进行过滤，可除去其中的固体杂质及杂油，这样就对切削液废液进行了一个初级净化，减少了其中所含的杂质，提高了切削液清洁度。常见的过滤设备有滤网过滤设备及离心过滤设备。滤网过滤设备结构简单，利用一定孔径的滤网对固体杂质进行分离，并利用钢带除油装置撇去杂油，虽然处理效果一般，但价格较为便宜。离心过滤设备利用离心原理，使废切削液分为三相，最底部为固体杂质，中间为可回收利用的切削液，上层为杂油，将杂油和固体杂质除去，得到清洁的切削液。由于离心力的作用，废液中固体杂质和杂油的分离较为彻底，分离精度一般可达到 1 ~ 3μm，所以该方法处理效果较好，但设备价格稍贵。

将两种过滤方法相结合，即切削液废液先经过过滤处理滤去其中较大的固体杂质及油滴，再进行离心分离，可取得理想的处理效果。

2. 微生物控制

造成切削液废弃的主要原因是微生物大量繁殖导致切削液腐败，使用性能下降，散发臭味。切削液中的有机物是微生物很好的营养物质，切屑又为微生物提供了理想的繁殖场所。即便切削液中含有杀菌剂，但随着使用时间的延长，仍不能阻止微生物的大量繁殖。切削液废液经过过滤处理后，并不能有效去除其中的微生物，因此，应对过滤处理后的切削液进一步采取杀菌措施。

切削液中的微生物控制一般可通过加入杀菌剂、适当提升 pH 等来实现，所以可向过滤后的切削液中加入适量杀菌剂和 pH 调节剂，以达到微生物控制的目的。此外，对切削液进行高温加热，也可以达到杀菌效果，一般温度加热到70℃即可，但有些切削液在70℃时会造成不可逆转的失稳，该方法应慎重选用。

除添加杀菌剂、高温加热之外，还可利用紫外照射及臭氧氧化的方法对切削液进行杀菌，其中紫外照射是利用适当波长的紫外线破坏微生物细胞中 DNA 或 RNA 结构，造成其细胞死亡，以达到杀菌效果，是一种物理方法，其不向水中投加化学物质，无副作用；臭氧氧化是利用臭氧的氧化作用，与微生物细胞壁酯类双键反应，进入细胞内，作用于蛋白、脂多糖和核物质，从而导致细胞死亡，达到杀菌效果。

为达到理想的杀菌效果，可根据实际情况将不同的杀菌方法进行结合。

3. 化学添加剂

随着切削液的使用，其中的组分发生不均匀损耗，导致比例发生变化。如果切削液中的某一组分被大量消耗，则相应性能会出现大幅度降低。这时，应通过化学添加剂对其进行弥补。常用的化学添加剂有防锈剂、杀菌剂、pH 调节剂、消泡剂等。这些化学添加剂可根据切削液性能下降情况有选择性地加入过滤、杀菌后的切削液中，以使其重新具备良好的使用性能。

切削液经过过滤、微生物控制、加入适当化学添加剂后，可实现再生，但再次投入使用前，应对其相关性能进行检测，以确保其满足使用需求。

目前，随着对切削液再生处理的重视，一些企业及科研机构开发了各类切削液再生处理设备，并已推向市场，下面对其进行简单介绍，以供读者了解选择，见表 2-17。

表 2-17　常见切削液再生处理设备

设备类型	净化原理	优　点	缺　点
滤网过滤设备	采用金属网滤芯过滤大的颗粒物杂质（多级过滤）；采用钢带除油装置，使切削液与机械杂油分离，过滤精度为 100μm，最后经过臭氧或紫外杀菌	设备简单，投资低，易于操作、维护	过滤精度低，杂质分离不彻底，运行一段时间需停机清洗
膜式过滤设备	利用金属网滤芯分离粒径较大的悬浮颗粒；利用专用滤芯吸附、聚集并分离废液中的废油；利用过滤膜滤芯分离粒径较小的杂质，过滤精度 <5μm，最后经过臭氧或紫外杀菌	设备简单，操作简单，分离精度高	设备投资较高，维护较烦琐，运行一段时间需停机清洗
离心过滤设备	前端初级过滤器（金属滤网）截留废液中大颗粒、杂质；初处理后切削液经过离心机，分离过滤，实现废液再生，过滤精度为 <3μm，最后经过臭氧或紫外杀菌	分离精度高，可实现连续分离，不用停机清洗，维护简单	设备投资较高，能耗较高

（二）切削液废液处理

随着使用时间的延长，切削液使用性能继续恶化，直至完全丧失再生价值，此时需要对切削液进行更换，产生切削液废液。目前，如何对切削废液进行有效处理已经成为水处理领域所面临的一大难题。切削液废液成分复杂，每一种切削液都有多种化学添加剂成分，除了切削液本身，废液中还有机械杂油、切屑磨屑、微生物、工件来料在前道工序所携带废液等，可分为游离态杂油、可溶性电解质、悬浮态固体颗粒、固体沉淀等，具体归纳见表2-18。

表2-18　切削液废液组分

有机组分	无机组分
基础油类（矿物油、植物油、动物油脂等）、表面活性剂类、有机胺类、醇类、脂肪酸皂类、杀菌剂类、合成酯、聚醚、改性脂肪酸类、微生物及其代谢中间产物等	机械杂质、金属离子、无机酸碱类、微生物代谢最终产物等

切削液废液之所以能够对环境造成危害，是因为其中含有大量的化学物质，主要有基础油、各种有机添加剂、金属离子和微生物的代谢产物等，这些化学物质随切削液的排放进入水源或渗入土壤中，引起污染。

对于乳化液和半合成型切削液来说，其含量最大的成分为基础油，目前多选用矿物油作为基础油。矿物油由于结构稳定，难以生物降解，可对环境造成长期污染，影响生态平衡，且难以治理，人体皮肤若直接接触矿物油废液，可能会导致红肿、发痒。

各种功能性添加剂对切削液来说是必不可少的，多为有机物。例如：极压抗磨剂，多为含硫、磷、氯的有机物，其排放入环境中会造成严重影响，硫、磷易造成水体富营养化，引起微生物滋生，降低水体含氧量，危害水生生物；含氯有机物容易在生物体内积累，造成深远且不可逆转的伤害；为抑制微生物繁殖，延长使用寿命，切削液中会加入有机碱和杀菌剂，部分有机碱对生物具有生殖毒性，而杀菌剂更会危害生物体。除此之外，切削液在使用的过程中还会使大量金属离子溶解其中，其中重金属离子会对环境造成严重污染。总体来说，切削液废液成分复杂、不易降解，对环境造成的危害也是多方面的，且影响深远。因此，切削液废液必须经过处理后才能排放。

切削液废液中的化学成分众多，且每一批废液成分、含量千差万别，对于这种复杂的混合物，至今仍缺乏完美的处理方法。目前，国内企业处理切削液废液的方法主要有两种：一是交由具有处理资质的专业公司处理；二是企业内部建立切削液废液处理工艺，自行处理。

1. 委托专业公司处理

该方法不需自己建立废液处理工艺，能够简便、快捷地达到减排目的，但具有专业资质的公司一般收费较高，对于以加工为主的企业来说，长期处理经济负担较重，同时具有专业资质的公司每年也有处理指标，超过处理指标后将不再接收废液，因此容易造成切削液使用单位废液积压，适用于切削液废液产量比较少的企业。

2. 建立切削液废液处理工艺

该方法相对来说经济适用，可长期解决企业内部的切削液废液处理问题，不会造成废液积压，但前期设备及基建投入较多，每年需要一定的维护、处理费用，且需专人维护，适用于切削液废液产量比较大的企业。

根据 GB 18918—2002《城镇污水处理厂污染物排放标准》中规定，水体污染物排放的基本控制项目最高允许排放浓度（日均值）见表 2-19。

表 2-19　基本控制项目最高允许排放浓度（日均值）

基本控制项目		一级标准		二级标准	三级标准
		A 标准	B 标准		
化学需氧量（COD）/(mg/L)		50	60	100	120①
生化需氧量（BOD_5）/(mg/L)		10	20	30	60①
悬浮物（SS）/(mg/L)		10	20	30	50
动植物油/(mg/L)		1	3	5	20
石油类/(mg/L)		1	3	5	15
阴离子表面活性剂/(mg/L)		0.5	1	2	5
总氮（以 N 计）/(mg/L)		15	20	—	—
氨氮（以 N 计）②/(mg/L)		5（8）	8（15）	25（3）	—
总磷（以 P 计）/(mg/L)	2005 年 12 月 31 日前建设的	1	1.5	3	5
	2006 年 1 月 1 日起建设的	0.5	1	3	5
色度（稀释倍数）		30	30	40	50
pH		6 ~ 9			
粪大肠菌群数/(个/L)		10^3	10^4	10^4	—

① 下列情况下按去除率指标执行：当进水 COD > 350mg/L 时，去除率应 > 60%；BOD > 160mg/L 时，去除率应 > 50%。

② 括号外数值为水温 > 12℃时的控制指标，括号内数值为水温 ≤12℃时的控制指标。

由于排放限制非常严格，必须根据不同的处理要求设计不同的处理方案，以达到理想的处理效果。目前，与一般工业废水处理类似，常用的切削液废液处理工艺可分解为三个操作单元，分别是一级处理、二级处理和三级处理。切削液废液处理的基本步骤如图 2-2 所示。

（1）一级处理　一级处理也称为预处理，目的是对废液进行初步净化，以减轻二级处理的负担，一般是将废液中的悬浮物质通过沉淀、曝气后过滤除去，并对水质 pH 进行调整。对于切削液废液来说，通常只需将其置于废液池或废液罐中静置，使固体悬浮物质能够沉淀于废液池或废液罐底部，游离态杂油能够漂浮于废液顶层；定期清理底部沉淀物，并撇去浮油，即对废液中不同的相态进行分离，这样就减轻了二级处理的工作负荷。

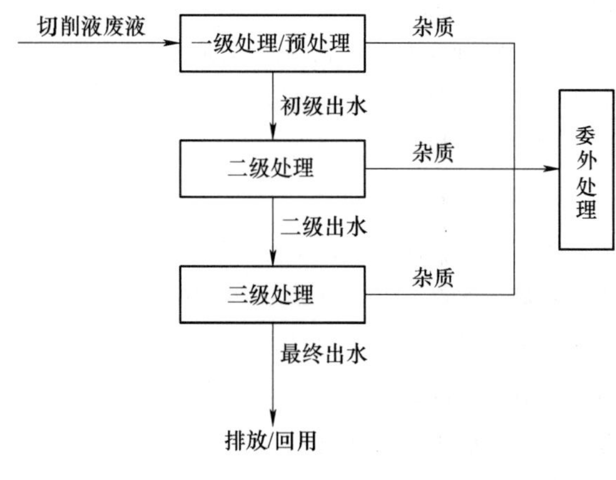

图 2-2　切削液废液处理的基本步骤

（2）二级处理　经过一级处理后的废液并不能达到处理要求，需继续进行二级处理，以使水质进一步净化。对于切削液废液来说，常用的二级处理方法主要有以下几种。

1）减压蒸发法。减压蒸发对于切削液废液的处理来说是一个简便且有效的方法。对切削液废液进行减压蒸发，蒸汽冷凝成水，可很大程度降低其中的有害物质成分，废液达到浓缩，减轻废液处理压力。目前，市场上有很多专门用于切削液废液减压蒸发处理的装置，处理效果较为理想。减压蒸发法的优缺点见表2-20。

表2-20　减压蒸发法的优缺点

优　　点	缺　　点
整体概念简单	能耗较高
操作维护简单	若切削液中含有挥发性有机物，可能导致空气污染
很大程度浓缩废液，减少处理压力	处理过程产生刺激性气体
浓缩废液中含水量低	不能大规模处理
可处理含有固体的废液	设备投资较高

2）膜过滤法。二级处理中常使用超滤膜对废液进行处理。超滤是一种加压膜分离技术，即在一定压力下，使小分子溶质和溶剂穿过一定孔径的超滤膜，从而与大分子物质分离，超滤膜孔径一般为2～50nm，一般可去除悬浮在切削液废液中直径大于50nm的固体颗粒及油滴；另外，由于细菌细胞尺寸一般大于50nm，所以超滤膜可除去切削液中的大部分细菌。

超滤膜使用一段时间后可能会有流速降低，即处理通量下降的问题。处理通量指的是一定体积的废液在单位时间内通过一定面积膜的速率，用来表示废液处理效率。膜污染是导致处理通量下降的原因，切削液废液中的悬浮颗粒、悬浮油滴均会导致膜污染，但这种原因导致的膜污染是可逆的，一般通过冲洗即可恢复通量。此外，切削液废液中的含硅物质，如含硅消泡剂和含硅防锈剂等，造成的膜污染是不可逆的。当超滤膜废液处理通量明显下降且清洗后无有效改善时，应对其进行更换。超滤处理前的废液应先进行预处理，除去其中粒径较大的固体颗粒及浮油，以保证超滤处理可有效地进行。

3）化学破乳法。化学破乳法是在废液中投加各种化学药剂，利用化学反应的作用将乳化液破乳，从而实现油水分离的过程。化学破乳法的原理是：在废液中乳化液油滴表面一般带有负电荷，双电层起稳定作用，当废液中加入化学药剂时，双电层电势降低，使双电层聚结，再加入絮凝剂使小油珠凝结成较大的油滴，然后从废液中分离出来。化学破乳要求废液与化学破乳剂要充分混合，然后进行絮凝和浮选。这就需要对加入絮凝剂后的废液进行充分搅拌，搅拌的方式和程度会对破乳效果产生重要影响，也有采用空气鼓泡代替机械搅拌。对于不同的废液，应采用不同的工艺进行破乳。破乳后，将处理液静置，利用重力对其进行分离，除去絮凝沉淀，并撇除杂油。对处理后的废液进行取样检测，观察是否满足处理指标。化学破乳剂一般有强酸、强碱及絮凝剂等。目前市场上有很多化学破乳剂产品出售。常用的絮凝剂主要有以下几类，见表2-21。化学破乳法的优缺点见表2-22。

表 2-21　常用的絮凝剂分类

有机絮凝剂	阴离子型聚丙烯酰胺
	阳离子型聚丙烯酰胺
	聚二烯丙基二甲基氯化铵
	聚丙烯酸钠
	环氧氯丙烷二甲胺
	聚氧化乙烯
无机絮凝剂	氯化铝
	氢氯酸铝
	硫酸铝
	聚合羟基氯化铝
	氯化铁
	硫酸铁
	单水硫酸亚铁
	铝酸钠

表 2-22　化学破乳法的优缺点

优　　点	缺　　点
设备简单，投资小，能耗低	化学破乳剂普适性较差
化学破乳剂来源广泛，价格较低	强酸、强碱属于危险化学品，有安全隐患，且不易购买
选择有效的化学破乳剂可获得良好的处理效果	产生大量污泥，形成固废

化学破乳法的处理效果主要受化学破乳剂的种类及用量、废液 pH、搅拌强度、破乳时间等影响。由于切削液一般稳定性都很高，普通破乳剂和破乳工艺很难使其有效破乳，故目前该方法在切削液的废液处理中应用并不广泛。

(3) 三级处理　三级处理是废液处理三个级别中最后一级，是废液最高处理措施。切削液废液经过二级处理后，仍含有极细微的悬浮物、磷、氮和难以生物降解的有机物、矿物质、微生物等需进一步净化处理。切削液废液三级处理常用方法包括膜处理法、活性炭吸附法、生物处理法及化学氧化法等。

1) 膜处理法。不同于超滤膜处理，切削液三级处理中的膜处理法主要包括纳滤膜处理和反渗透膜处理。纳滤膜是一种功能性半透膜，孔径一般在 1～2nm，可截留纳米级物质，其分离精度优于超滤，但较反渗透要差。反渗透膜孔径分布在 0.2～1nm，运行时需要对待处理液体施加压力，当压力大于其渗透压后，溶剂即渗透到低浓度的一侧，与自然渗透方向相反，又称为逆渗透。纳滤膜处理和反渗透膜处理能够除去废液中的有机物及阴、阳离子等污染物，但它需要更高的运行压力，投资成本及维护成本也较高。由于纳滤膜和反渗透膜很容易被堵塞，所以纳滤膜处理和反渗透膜处理前的废液一般应经过超滤处理，以确保其中不含油或悬浮固体。

若纳滤膜和反渗透膜遭到污染，则需使用适当浓度的 NaOH 溶液进行清洗，以维持稳定的处理通量。一般经过纳滤或超滤处理后，其出水可达到直排或回用标准，但在直排或回用前应先取样检测，以确保出水指标满足要求。

2）活性炭吸附法。用于切削液废液三级处理中的活性炭应具有很大的比表面积（500～1500m^2/g），可以达到较好的处理效果。此外，对活性炭表面进行改性，可以增强其对特定物质的吸附能力。由于粉状活性炭处理废液后易结块，不易重复利用，故很少使用，一般使用颗粒活性炭。颗粒活性炭作为填料用于水处理设备中，当达到吸附饱和时，对其进行加热处理即可再生，恢复其吸附能力，加热温度根据工艺而定，一般由供应商提供。

活性炭处理效果较好，但应对出水指标进行检测，观察是否满足处理要求。此外，活性炭对切削液中的有机胺类物质吸附能力不佳，这一点应该注意，而且吸附完全饱和，无法再生的活性炭，变成了固体废弃物，依然面对后续固废处理的难题。

3）生物处理法。由于微生物可以分解废液中的有机物，减低其 COD 和 BOD，故也可被用于切削液的废液处理。但由于切削液废液一般浓度较高，成分极其复杂，且其中含有杀菌剂成分，故采用生物处理法一般很难达到理想效果。

4）化学氧化法。在二级处理工艺后，可使用化学氧化剂对切削液废液进行进一步处理，以氧化分解其中的有机物，降低废液的 COD、BOD 及含氮化合物的含量。常用的化学氧化剂有次氯酸钠、过氧化氢、臭氧、芬顿试剂等。加入化学氧化剂后，对废液进行紫外线辐射，有利于提升氧化效果。使用化学氧化法对切削液废液处理可取得一定的效果，但也存在一些问题，如因高浓度的氧化剂具有一定的危险性，且氧化过程可能会产生有毒气体等，所以化学氧化法在切削液废液的处理中也存在一些限制。

上文系统介绍了切削液废液的处理方法，在具体应用中，应根据处理要求选择合适的处理方法，并将各处理方法结合为一套完整而有效的处理工艺，并对处理工艺进行合理调整，以达到预期处理效果。若出水指标难以达到直排标准，可考虑将出水回用，继续用于切削液工作液的配制，这样可通过相对简单的工艺减少切削液废液的排放，具有很好的经济性。

3. 切削液废液处理案例

下面以膜处理工艺为例，对某工厂切削液废液处理进行简单介绍，旨在通过案例说明，加深读者对切削液废液处理的认识。该工厂使用半合成型切削液，废液除包含切削液本身外，还有清洗废液、机械杂油、机械杂质等。切削液废液具体理化指标见表 2-23。

表 2-23　切削液废液具体理化指标

项　　目	废液具体理化指标
外观	黄灰色乳液，上层有黄色杂油和漂浮固体，下层有固体沉淀，中层有固体悬浮物
气味	酸臭
乳液浓度（质量分数,%）	16.7
pH	8.36
电导率/(mS/cm)	7300
COD/(mg/L)	392600

对该切削液废液进行膜处理，处理工艺流程如图 2-3 所示，其出水具体理化指标见表 2-24。

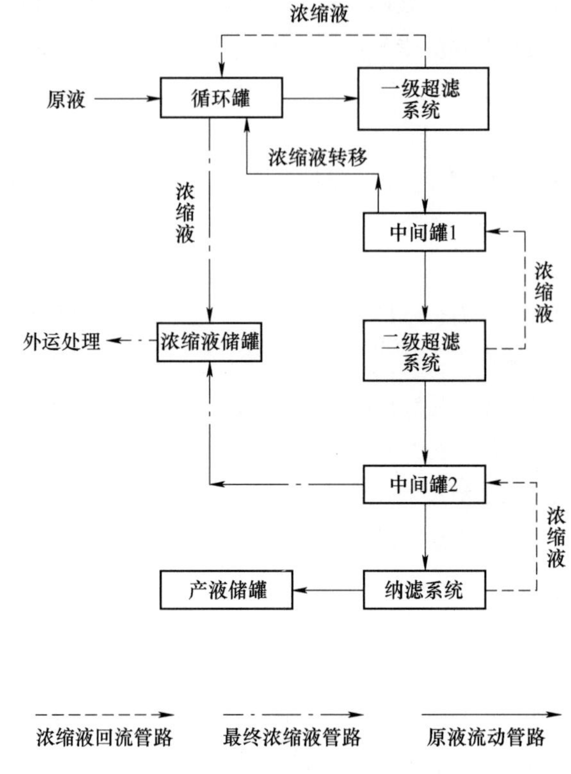

图 2-3　切削液废液膜处理工艺流程

表 2-24　出水具体理化指标

项　　目	出水具体理化指标
外观	无色透明液体
气味	无异味
乳液浓度（质量分数,%）	0
pH	8.98
电导率/(mS/cm)	931
COD/(mg/L)	1222

出水指标不能达到排放标准，但该工厂以其作为稀释水配制切削液工作液，其防锈、润滑、抗菌等性能均可满足使用要求，在减轻废液排放压力的同时，节约了废液处理成本，具有一定的借鉴意义。

六、金属切削油液品牌及选用案例

（一）金属切削油液品牌

金属切削油液是金属加工中不可缺少的助剂，是影响机械制造业发展水平的关键因素之一。20 世纪 90 年代之前，金属切削油液在整个润滑油产业链中并不占主流，伴随着机械行业的蓬勃发展，金属切削油液在短短几年内成了相关企业竞相抢占的市场。目前，国内金属切削油液市场主流品牌有奎克好富顿、康达特、新美科、摩托瑞斯、科润、福斯、马斯特、嘉实多、富兰克、清润博、安美、德润宝、泰伦特和巴索等。本节将分别对其典型产品做简要介绍，以供用户选择，相关具体信息见表2-25。

表2-25　常见金属切削油液品牌介绍

品牌名称	品牌介绍	典型产品	产品特点及应用
奎克好富顿（Quaker Houghton）	美国品牌，专注于金属加工液行业，产品涉及钢铁、铝业、汽车、航空航天、矿业等领域。金属加工油液产品主要包括切削油、切削液、磨削液、磨削油、珩磨液等，产品众多，种类齐全	MACRON 2425S－14	不含氯的高性能磨削油，润滑性好，低油雾，适用于使用高速钢、CBN陶瓷砂轮的凹槽磨削加工，也可用于各类金属平面及柱面磨削
		QUAKERCOOL 816 LF	水基切削液，润滑性好，低泡，可用于高速、高压加工，适用于各类金属切削及磨削工艺
		HOCUT 767	全合成型切削液，使用寿命长，低泡，适用于切削、磨削加工
康达特（CONDAT）	法国品牌，是开发、生产和销售金属冷变形用润滑剂的专业企业，产品应用涵盖表面处理、拉丝、轧制等工艺。金属加工油液产品主要包括切削油、切削液、磨削液、微量润滑剂等	Polybio 650 ABF	水基切削液，防锈性良好、高清洗性、低泡，适用于难加工材质的重负荷加工
		Mecagreen 450 Aero	水溶性植物基切削液，适用于难加工材质的中/重负荷加工
		NeatGreen 40 EP	植物基切削油，适用于各种材质的不同工艺，如拉削、滚齿、车削、铣削
		Condacut CW	磨削油，可用于磨削硬质合金，有效防止钴析出
		Green Flux	微量润滑剂，可用于微量润滑工艺
新美科（Cimcool）	美国品牌，拥有能满足于金属切削、变形、清洗、防腐等工艺的上千款产品。金属切削油液产品涵盖切削油和切削液	MILPRO800 系列	切削油，适用于黑色金属和有色金属的多种切削加工
		MILPRO EDM 150	切削油，适用于黑色金属的电火花加工及玻璃研磨抛光
		CIMPERIAL 1880M	乳化液，耐硬水性强，可用于镁合金加工
		CIMSTAR 系列	半合成型，用于黑色金属及有色金属的多种切削、磨削加工
		CX R810 V2	半合成型，可用于镁合金加工
		CIMTECH 系列	满足黑色金属、有色金属及玻璃的多种切削、磨削加工

（续）

品牌名称	品牌介绍	典型产品	产品特点及应用
摩托瑞斯 (MOTOREX)	瑞士品牌，产品涵盖润滑油和金属加工液。金属切削油液产品主要包括切削油和切削液	SWISSCUT ORTHO	切削油，可满足多种金属的多种切削工况加工
		SWISSCUT 800	高性能切削油，可有效延长刀具寿命，降低工件表面粗糙度
		SWISSCOOL 7700	乳化液，适用于黑色及有色金属的难加工工艺
		SWISSCOOL MAGNUM UX	耐硬水型乳化液，可用于高硬度水质中，适用于切削、磨削加工
福斯 (FUCHS)	德国品牌，全球著名的独立润滑油供应商专业研制、生产、销售各种车辆润滑油、工业润滑油及特种油脂。金属加工油液产品线齐全，涵盖各种材质和加工工艺	ECOCOOL 600 NBF C	半合成型切削液，专为黑色金属加工设计，具有良好的乳液稳定性，使用寿命长，减少废液排放；防锈性好，工件、机床无生锈风险，特别适合铸铁缸体缸盖的加工
		ECOCOOL 5030 S	新一代半合成型切削液，在满足多种材质加工要求的同时，关注环保和安全性能，不含各类限制化学物质，适合各种汽车零部件加工
		ECOCUT 628 LE	低油雾无氯极压切削油，获得众多设备厂商认可，润滑性好，油雾低，可改善车间环境，降低油品消耗量，适合滚齿、铣齿、拉削等重负荷加工
巴索 (Blaser)	瑞士品牌，金属加工液领域知名品牌，金属切削油液产品涵盖范围广泛，适用于几乎所有的加工类型和材料	Blasomill GT15/22	GTL基础油，配以卓越的添加剂配方，产品无色透明，满足苛刻的加工要求。适用于医疗、航空航天及精密钟表加工制造行业
		Blasogrind GTC 7	高性能磨削油，无色透明清洗性好，可有效抑制钴析出。适用于硬质合金、高速钢、金属陶瓷、PCD及CBN超硬刀具的磨削加工
		Blasocut 2000 Universal	矿物油基水溶性乳化液，巴索独特的微生物理念配方产品，具有优异的皮肤兼容性及切削性能，适用于各类材料的通用加工
		B-Cool MC 600	半合成型水溶性切削液，通用性好，气味温和，适用于不锈钢、铝、铸铁等材料的大、小批量的加工
		Vasco 6000	酯油基水溶性切削液，其特殊的润滑性能及稳定性可达到优质的表面质量，满足苛刻的加工条件。适用于钛合金、镍基合金的重负荷加工
		Synergy 735	全合成型水溶性切削液，清澈似水。其优越的清洁度和清洗性，适用于高洁净度要求产品的加工。出色的铝变色抑制性能适用于各类铝材的加工

（续）

品牌名称	品牌介绍	典型产品	产品特点及应用
马斯特（Master）	美国品牌，专业研制、生产金属加工液及润滑剂。金属切削油液产品主要包括切削油和切削液	TRIM OM350	切削油，适用于金属重载加工
		TRIM VHP E200PW	乳化液，适用于航空金属材料的重载切削加工和蠕动进给磨削加工
		TRIM SC210	半合成型切削液，适用于多种金属常规加工
		TRIM C275	全合成型切削液，适用于黑色金属高速加工
嘉实多（Castrol）	英国品牌，世界公认的润滑油专家，专注于各种车辆用油及设备用油。金属切削油液产品主要包括切削油和切削液	llocut 481 CN	磨削油，用于钢件的表面研磨及高速槽磨
		Alusol MF	半合成型切削液，适用于铝合金加工，也可加工黑色金属
		Syntilo SC 9917	全合成型切削液，适用于黑色金属及有色金属的磨削和重负荷加工
德润宝（Petrofer）	德国品牌，产品广泛应用于热处理、金属加工、清洗、轧制、防锈、液压等领域。金属切削油液产品包含切削油和切削液	ISOCUT	深孔钻切削油，适用于黑色金属的单刃枪孔钻及其他类型的深孔加工，但不能用于有色金属
		EMULCUT GW8	半合成型切削液，具有良好的通用性，适用于各类金属的粗/精加工
清润博（Clean-lub）	清华大学天津高端装备研究院孵化企业，技术先进，产品性能良好，服务完善，产品涵盖全品类的金属加工液、润滑油添加剂及自润滑材料等	QC-0×××系列	切削油系列适用于各种金属的切削、磨削加工，尤其适用于难加工金属重负荷加工，抗氧化、低油雾
		QC-2×××系列	半合成型切削液，可用于黑色金属及有色金属的磨削加工，防锈性良好，安全无刺激
		QC-3×××系列	全合成型切削液，适用于黑色及有色金属的切削、磨削加工，使用寿命长，安全环保
科润（KERUN）	国产品牌，致力于工业润滑介质的研发、生产、销售和服务，产品包括轧制润滑介质、热处理冷却介质、金属切削液等	KR-C22L	切削油为钻削、切磨通用型产品，适用于黑色金属孔加工、切削加工以及磨削加工，也可用于齿轮的拉削加工
		KR-C8020	水基切削液，为高性能、通用型产品，适用于汽车精密零部件、航空航天压铸铝、锻造铝中/重负荷加工，也可用于黑色金属
		KR-C9020	全合成型切削液，适用于黑色金属的切削、磨削加工
		KR-C	植物油基切削液，适用于黑色金属及多数有色金属的中/重负荷加工
富兰克（Francool）	国产品牌，涉足金属加工液、车用机油、自动化工业设备和精密加工。金属切削油液产品包含切削油和切削液	GPLUB4300	切削油，适用于黑色金属、不锈钢及有色金属的重负荷加工
		GPLUB4900	磨削油，适用于硬质合金的精磨工艺
		SEMCOOL 6010	半合成型切削液，适用于黑色金属的磨削和切削加工
		SYNCOOL9000	全合成型切削液，适用于黑色金属及有色金属的切削、磨削加工

（续）

品牌名称	品牌介绍	典型产品	产品特点及应用
安美（Amer）	国产品牌，产品包括工业润滑油、金属加工液、特种油脂等。金属切削油液产品主要集中在水基切削液	SF30	乳化液，可用于铜合金、铝合金及碳素钢的切削、磨削加工，防锈性良好
		BF816	通用型半合成型切削液，适用于黑色及有色金属的切削、磨削加工
		SF32S	低腐蚀型镁合金切削液，可用于加工镁合金
		SF35	全合成型高速磨削液，适用于黑色金属的高速磨削和普通切削工艺
		SF100B	全合成型玻璃切削液，可用于玻璃、陶瓷的切削、磨削加工
泰伦特（Talent）	国产品牌，致力于金属加工工艺品及工业废液处理循环再生利用的研究。金属切削油液产品主要包括切削油和切削液	CCF-40	水基切削液，可用于黑色及有色金属材料表面超精加工及齿轮精加工
		CCF-100	电火花加工油
		CCF-01A	全合成型切削液，适用于黑色金属镗孔、钻削、切削工艺

（二）金属切削油液选用案例

金属切削加工方式多种多样，如铣削、车削、钻削、攻螺纹、磨削、珩磨等，加工材质也千差万别，如铸铁、碳素钢、不锈钢、钛合金、铝合金、高温合金和非金属材料等，不同的加工工艺和加工材质对切削油液有不同的需求。本节主要介绍了一些具有代表性的案例，以供读者加深对切削油液选用的思考。

1. 大型航空铝合金结构件

图 2-4 所示为大型航空铝合金结构件。

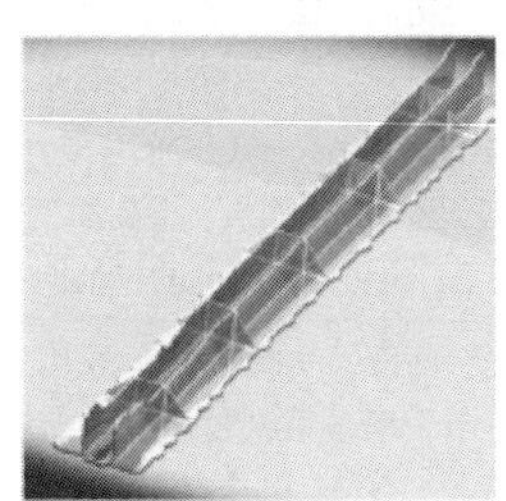
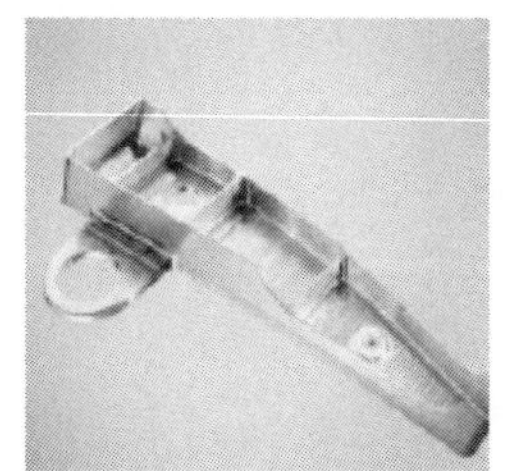
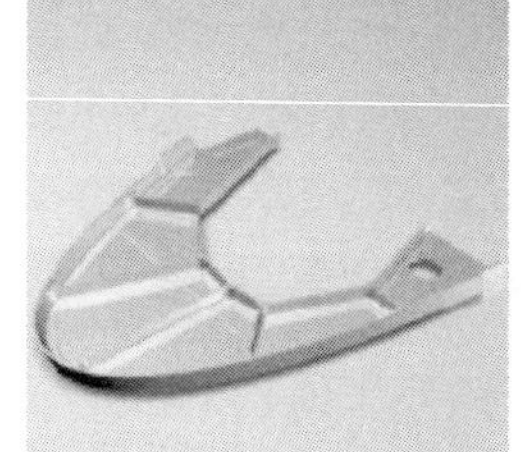

图 2-4　大型航空铝合金结构件

（1）工件材料　7050 铝合金。

（2）使用机床　Ecospeed 大型五轴铣床。

（3）液槽形式及容量　中央槽 25000L。

（4）加工特点　大型航空铝合金结构件加工时间长，7 系铝合金含锌量比较高，在液体的环境里容易产生电化学腐蚀。

（5）选用切削液　巴索全合成型切削液 Synergy735，中性 pH，极大地降低了铝合金的腐蚀倾向，并且具有优良的清洗性，适用于全系铝合金切削加工。

（6）使用效果　实际使用中工作液浓度为 8% ~10%（质量分数），pH 稳定在 7.7 左右，零件加工未出现任何腐蚀问题，中央槽系统状态稳定，无微生物滋生，无杂油混入。

2. 涡轮增压器壳体

图 2-5 所示为涡轮增压器壳体。

（1）工件材料　1.4837 高温不锈钢。

（2）使用机床　立式车床 + 立式加工中心。

（3）液槽形式及容量　单机槽 300L。

（4）加工特点　高温不锈钢硬度高，导致刀具磨损量大，刀具寿命短。

（5）选用切削液　巴索植物油基乳化液 VASCO 6000，良好的润滑性，适用于黑色及有色金属的中/重负荷加工，尤其适用于不锈钢、钛合金、镍合金等难加工金属。

图 2-5　涡轮增压器壳体

（6）使用效果　实际使用中工作液浓度为 9%（质量分数），涉及的刀具包括车刀、槽刀、铣刀。跟踪寿命的刀具中，三个月测试期间，半精车提升 20%，精车提升 30%；铣床的精铣刀提升 40%，内孔提升 20%。刀具总体消耗降低 15% ~20%。

3. 发动机缸体

图 2-6 所示为发动机缸体。

（1）工件材料　AlSi9Cu3 压铸铝。

（2）使用机床　LG MAZAK 530 CL。

（3）加工工艺　深孔钻 $L200\text{mm}$；$\phi5\text{mm}$。

（4）机床液箱容积　500L。

（5）加工特点　刀具黏刀导致使用寿命变短，切削液寿命短。

（6）选用切削液　福斯 ECOCOOL 5030 S 半合成型切削液，润滑性良好，使用寿命长。

（7）使用效果　较之前所用产品，ECOCOOL 5030 S 使用寿命延长一倍，刀具成本节省 12%。

图 2-6　发动机缸体

4. 转向器齿条

图 2-7 所示为转向器齿条。

（1）工件材料　S45SC/37CrS4。

（2）使用机床　转向齿条铣床。

（3）加工工艺　铣齿。

（4）液槽大小　500L。

（5）加工特点　使用切削油，带走量大，切削油损耗量大。

（6）选用切削液　福斯 ECOCUT 628 LE 无氯极压切削油，具有良好的润滑性、抗磨、抗油雾。

图 2-7　转向器齿条

（7）使用效果　更低的消耗量和性价比，油品成本每年节省 33%。

5. 齿轮

图 2-8 所示为齿轮。

（1）工件材料　18GrNiMo。

（2）使用机床　Gleason-Pfauter 齿磨机。

（3）加工工艺　磨齿。

（4）液槽大小　3000L。

（5）主要刀具　3M 砂轮。

（6）加工特点　易产生油雾。

（7）选用切削液　奎克好富顿 MACRON 2425S-14 高性能磨削油，具有良好的负荷能力和抗油雾能力。

（8）使用效果　持续稳定使用已经超过 10 年，不但满足磨齿加工的技术要求，无磨削烧伤，且现场无油烟，磨削油未老化，无须定期换油，使用效果优异。

图 2-8　齿轮

6. 刀具

图 2-9 所示为不同的刀具。

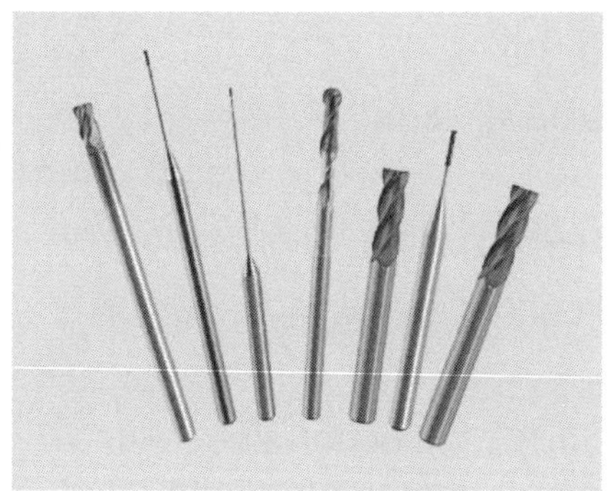

图 2-9　不同的刀具

（1）工件材料　合金钢。

（2）使用机床　SANYO。

（3）加工工艺　拉削。

（4）加工特点　易产生油雾，刀具寿命短。

（5）选用切削液　康达特 NeatGreen 40 EP，植物油基切削油，抗磨性能优异，低油雾。

（6）使用效果　低油雾，改善了车间环境；高润滑，提高了拉刀的寿命。

7. 3C 部件

图 2-10 所示为 3C 部件。

（1）工件材料　铸铝。

图 2-10　3C 部件

（2）使用机床　MAZAK。

（3）加工工艺　铣削、钻孔、攻螺纹。

（4）加工特点　铝合金易黏刀，刀具寿命短，切削油损耗率大，切削液寿命短。

（5）选用切削液　清润博 QC-2502，半合成型切削液，润滑性、防锈性良好，保证加工面表面质量，有效降低油耗。

（6）使用效果　较之前所用产品，使用 TSIcut-Sem3100Al 后，刀具使用寿命延长 60%，切削液油耗降低 38%，操作人员皮肤不过敏。

8. 航空钛合金结构件

（1）工件材料　TC4 钛合金。

（2）使用机床　HASS。

（3）加工工艺　铣削、钻孔。

（4）加工特点　钛合金硬度高，导热性差，刀具磨损严重，刀具寿命短。

（5）选用切削液　清润博 QC-1801，钛合金乳化液，润滑性好，有效延长刀具使用寿命。

（6）使用效果　较之前所用产品，使用 TSIcut-Emu1000Ti 后，刀具平均寿命提升 87%，操作人员皮肤不过敏。

9. 非金属材料 ITO 管材

图 2-11 所示为非金属材料 ITO 管材。

图 2-11　非金属材料 ITO 管材

（1）工件材料　ITO 氧化铟锡。

（2）加工工艺　切削、磨削。

（3）加工特点　磨屑粒径小，不易沉降，悬浮在切削液中，划伤工件表面。

（4）选用切削液　清润博 QC-3003，陶瓷切削液，良好的去除效率和沉降性，适用于玻璃、陶瓷、蓝宝石等非金属材料加工。

（5）使用效果　沉降性良好，工件表面质量高，无划痕。

参 考 文 献

[1] 中国石油化工总公司. 润滑剂和有关产品（L 类）的分类　第五部分　M 组（金属加工）：GB 7631. 5—1989 [S]. 北京：中国标准出版社，1989.

[2] 宋成伟. 高分子材料抗氧剂的抗氧机理及发展趋势 [J]. 化工管理，2020（4）：18-19.

[3] 全国石油产品和润滑剂标准化技术委员会．合成切削液：GB/T 6144—2010［S］．北京：中国标准出版社，2010.

[4] 中华人民共和国工业和信息化部．半合成切削液：JB/T 7453—2013［S］．北京：机械工业出版社，2014.

[5] 杨鹏．线切割液的研发及其工艺参数研究［D］．西安：西安科技大学，2011.

[6] YANG Y，ZHANG C H，WANG Y，et al. Friction and wear performance of titanium alloy against tungsten carbide lubricated with phosphate ester［J］．Tribology International，2016（95）：27-34.

[7] YANG Y，ZHANG C H，DAI Y J，et al. Lubricity and adsorption of castor oil sulfated sodium salt emulsion solution on titanium alloy［J］．Tribology Letters，2019，67（61）：1-14.

[8] 拜尔斯［美］．金属加工液［M］．付树琴，等，译．北京：化学工业出版社，2011.

[9] 刘晓林，邹立海．金属切削液的微生物污染与健康危害研究进展［J］．工业卫生与职业病，2020，46（1）：77-80.

[10] 程娟娟，丘国华，高坤．废切削液处理方法适用性分析［J］．中国机械，2014（18）：127-128.

[11] 国家环境保护总局．城镇污水处理厂污染物排放标准：GB 18918—2002［S］．北京：中国标准出版社，2002.

[12] 雷东．机械加工切削废液的处理［D］．青岛：青岛科技大学，2019.

第三章

金属塑性加工润滑剂

一、概述

金属塑性加工也称为压力加工，是指被加工金属在外力作用下发生塑性变形，从而得到目标形状和尺寸的一种加工技术。与其他金属加工方法相比，金属塑性加工可保持金属坯料的完整性，没有切屑产生，材料利用率更高。在塑性成形的过程中，不仅可以改变金属的形状和尺寸，还可以改变其微观组织和力学性能，从而改善材料的使用性能或可加工性能。另外，金属塑性加工的生产率高，适用于大规模的生产加工。但是，金属塑性加工也存在一定的局限性，常需要配套专用的设备和工具，且该加工方法不适合某些脆性金属和形状复杂工件的加工。

金属塑性加工分为很多种方式，根据加工时工件的受力和变形方式不同，主要分为锻造、挤压、拉拔、轧制、冲压等。金属塑性加工过程中，摩擦的发生不可避免，其金属内部相对滑移流动产生内摩擦，加工工具和工件之间相对滑动产生外摩擦。其中，外摩擦是一个重要且复杂的边界条件，根据它的特征一般可分为干摩擦、边界摩擦、流体摩擦和混合摩擦，其具体特点体现在四个方面：①摩擦副之间存在较高压力作用。②在塑性变形中，金属变形温度较高。③组成摩擦副的两种材料差异较大。④摩擦面上各点处具有不同的摩擦状态。

当然，摩擦的发生有利有弊，有利的摩擦力可以保证金属变形顺利进行，如在轧制过程中，轧辊和轧件之间的摩擦力可保证轧件顺利咬入；在冲压过程中，控制模具、坯料及冲头之间存在适当的摩擦力，可减少工件因变形不均而产生起皱和撕裂等缺陷。另一方面，塑性加工中的摩擦也会造成许多不利影响，在摩擦的作用下，容易发生加工工具磨损、工件被擦伤、金属变形不均和应力分布不均等问题，严重时工件会出现裂纹。因此，在金属塑性加工中，需要选用合适的润滑油液，将塑性加工的摩擦控制在合适范围内，既能减少能耗，又能提高工件质量，同时延长机床及模具等的使用寿命。

（一）塑性加工润滑剂的要求

根据塑性加工的工艺特点及润滑目标，塑性加工润滑剂应符合以下要求。

1）塑性加工润滑剂应具有优良的极压性能，在较高变形压力的作用下，润滑剂油膜能保持完整，维持良好的润滑性能。

2）润滑剂应耐高温，在高温下，不发生分解或变质。

3）为防止模具过热，润滑剂应具有优良的冷却性。

4）应具备一定的防锈及耐蚀性，对被加工金属和加工模具起保护作用。

5）润滑剂应对人体友好，绿色清洁，节能环保。

6）润滑剂应使用便捷，易于取材，价格便宜。

（二）塑性加工润滑剂的分类

常用塑性加工润滑剂可根据其形态分为液体润滑剂和固体润滑剂，分述如下。

1. 液体润滑剂

液体润滑剂种类丰富，根据组成成分的不同可分为矿物油、合成油、动植物油和乳液等，多数液体润滑剂的成本较低，因此应用最为广泛。下面按照主要成分的不同，分述如下。

（1）矿物油　产量丰富、成本低廉，在塑性加工润滑方面得到了极为广泛的应用，是塑性加工中使用的主流润滑剂。

矿物油的主要组成为链烷烃、环烷烃、芳香烃及少量烯烃，此外，还有少量的非烃类化合物。矿物油主要由非极性分子组成，具有良好的氧化安定性和润滑性能，对金属的腐蚀也较小。但是，由于矿物油在金属表面形成润滑油膜主要靠非极性分子和金属表面瞬时偶极的互相吸引，属于物理吸附，吸附力较弱，所以油膜的强度较低，在高温和高压下容易破裂。矿物油的不同成分会表现出不同的使用性能。矿物油使用性能优缺点见表3-1。实际上矿物油是表3-1中各种成分的混合物，且对于相同分子结构的矿物油来说，其烃类相对分子质量或碳链长度会对矿物油的润滑性能产生较大影响。分子链越长，矿物油的黏度越高，闪点越高，同时也有较强的油膜强度和较小的摩擦因数，但是，退火清净性会较差。

表3-1　矿物油使用性能优缺点

矿物油成分	特　点	优　点	缺　点
链烷烃	直链分子结构，分子比较稳定	良好的氧化安定性；较低的摩擦因数；良好的润滑性能；良好的退火清净性	溶解能力较差；凝固点较高
环烷烃	环状饱和烃，相对也较为稳定	溶解能力较链烷烃强；凝固点比链烷烃低；分子结构也相对稳定	若带有侧链则容易被氧化
芳香烃	环状不饱和烃	密度大，有一定耐压性能；油膜强度较高；润滑性能良好；溶解能力较强	退火后表面易有油斑残留
烯烃	含有碳双键的不饱和烃，双键不稳定，易断裂	油膜强度较高；润滑性能良好；溶解能力较强	退火后表面易有油斑残留；加工后金属表面光泽度较差

各类添加剂的加入可以提高矿物油的使用性能，如改善其油膜强度，优化其极压性能、抗磨性能、耐蚀性等，但所使用的添加剂必须溶于基础油，且在高温下性质稳定不易发生分解。常见的塑性加工润滑油添加剂有油性剂、极压剂、抗磨剂和防锈剂等。添加剂的种类、作用及常用成分见表3-2。

表 3-2　添加剂的种类、作用及常用成分

添加剂种类	作　用	常用成分
油性剂	形成吸附膜，增强润滑性	高级脂肪酸、脂肪酸酯、高级醇等
抗磨剂	减少金属表面摩擦磨损	有机磷化物、氯化物、硫化物、石墨等
抗氧剂	抑制油品氧化，延长寿命	硫磷酸锌盐类
防锈剂	抑制金属锈蚀	磺酸盐类、硼酸胺、羧酸胺等
极压剂	防止极压条件下金属烧结	有机磷化物、氯化物、氮化物等
清净剂	吸附氧化产物	磺酸盐类、硫磷酸钡盐、硫化烷基酚钙
增黏剂	增加油品黏度，改善黏温性能	油溶性高分子聚合物
降凝剂	降低油品凝固点，改善低温流动性	聚 α 烯烃、聚丙烯酸酯
抗泡剂	抑泡、消泡	甲基硅油类

（2）动植物油　动植物油是从动物脂肪或植物种子中提炼出来的油脂，是最早使用的加工润滑剂。随着矿物油的发展，动植物油的使用范围逐渐变小，但在某些特定的情况下，动植物油依然有着不可替代的作用。常用动植物油的理化性能见表 3-3，主要成分有油酸、硬脂酸、棕榈酸等，其碳原子个数在 12 ~ 18。其中，油酸为不饱和脂肪酸，常温状态下为液体，棉籽油、蓖麻油、猪油和牛油为饱和脂肪酸，常温状态下均为固体。与矿物油不同，动植物油为极性分子，其优点是在金属表面吸附性较强，因此润滑性能较好，油膜强度较高；缺点是氧化安定性及退火清净性较差，因此，动植物油不适用于对工件表面质量要求高的金属加工。

表 3-3　常用动植物油的理化性能

性　能	成　分				
	棕榈油	棉籽油	蓖麻油	猪　油	牛　油
密度（15℃）/（g/cm^3）	0.923	0.925	0.962	0.925	0.939
黏度（50℃）/（mm^2/s）	—	3.0	15.0	23.5	23.3
凝固点/℃	0	-6 ~ 0	-10 ~ -8	22 ~ 32	30 ~ 38
酸值/（mgKOH/g）	2 ~ 10	2 ~ 6	3 ~ 10	2.2	—
羟值/（mgKOH/g）	4 ~ 24	7.5 ~ 12.5	161 ~ 169	—	—
皂化值/（mgKOH/g）	196 ~ 210	189 ~ 199	176 ~ 191	193 ~ 200	190 ~ 200
碘值/（gI_2/100g）	48 ~ 58	100 ~ 116	81 ~ 82	42 ~ 66	32 ~ 47
硬脂酸（%）	2.0 ~ 6.5	2.0	43	8 ~ 16	24 ~ 26
棕榈酸（%）	32 ~ 47	20 ~ 22	2	24 ~ 32	27 ~ 29
油酸（%）	39 ~ 51	30 ~ 35	3 ~ 9	43 ~ 44	43 ~ 44
亚油酸（%）	5 ~ 11	33 ~ 50	0	2 ~ 5	2 ~ 5

（3）合成酯类　合成酯类润滑剂是为达到某种润滑效果而人工合成的具有特定分子结构的化合物，可以通过分子设计使其具有矿物油和动植物油所不具备的性能，在塑性加工领域得到了越来越广泛的应用。

在合成酯类添加剂中，最常用的是脂肪酸酯。脂肪酸酯由脂肪酸和脂肪醇发生酯化反应而成，合成脂肪酸酯的酸或醇的碳链越长，酯的相对分子质量越大，其润滑性能越好。不饱和脂肪酸合成的脂肪酸酯在常温下一般为液体，可以直接使用。如果合成酯在常温下为固态，则一般作为添加剂加入到基础油中使用。

（4）乳化液　乳化液类润滑剂是通过加入表面活性剂（乳化剂），使其在水-油界面定向吸附，使油相以颗粒的形式分布于水中。乳化液具有油性润滑剂的优良润滑性能，同时又有水性润滑剂的良好冷却性和清洁性，因此，在金属塑性加工领域的应用日趋广泛。

乳化液的使用一般是在制备好的浓缩液中加入一定量的水形成稀释液作为使用液，根据含油量和乳液粒径的分布状态，可将乳化液分为乳化油、半合成液、微乳液、全合成液。实际乳化液配方中，可以根据需要，加入相应的添加剂以改善其防锈性、耐蚀性、生物稳定性等，使其具有更加优异的综合性能。

2. 固体润滑剂

金属塑性加工的润滑本质上是表层金属的剪切流动过程，因此从理论上说，除了液体润滑剂以外，只要固体的剪切强度小于被加工金属，都可以用作固体润滑剂。固体润滑剂包括石墨、玻璃、二硫化钼、皂类、盐类和塑料类等，其中使用最广泛的是石墨和二硫化钼。根据固体润滑剂在润滑时的状态，又可以将这些固体润滑剂分为干性固体润滑剂和熔融固体润滑剂。

（1）干性固体润滑剂　它具有原子键呈平行状的层片状结构，层片之间距离较小，在使用过程中不会改变其聚集状态。其优点是具有优良的润滑性能且耐高温、耐高压，可以在金属表面形成黏附性比较强的润滑膜。

1）石墨。石墨是一种碳元素结晶矿物，为六边形层状晶架结构，具有完整的层状解理，解理面以分子键为主，对分子吸引力较弱，容易发生层间滑动。石墨的应用与其结晶形态有关，根据结晶形态的不同，可将天然石墨分为三种：致密结晶状石墨，又称为块状石墨，其颗粒粒径大于0.1mm，晶体排列比较无序，呈致密的块状，因此可塑性和润滑性较差；隐晶质石墨，又称为非晶质石墨或土状石墨，表面呈土状，缺乏光泽，润滑性也较差；鳞片状石墨，其晶体呈现鳞片状，是在高强度的压力下变质而成的，有大鳞片和细鳞片之分。鳞片状石墨的可浮性、润滑性、可塑性均比其他类型石墨优越，最适合用于金属塑性加工润滑。鳞片状石墨的润滑性能与其鳞片大小有关，鳞片越大，润滑性能越好，摩擦因数越小。

2）二硫化钼。二硫化钼是一种黑色略带银灰色的固体粉剂，为天然钼精矿粉通过化学提纯改变分子结构而成，有金属光泽，触之有滑腻感，不溶于水，具有分散性好、不黏结的优点。二硫化钼鳞片状晶体与石墨类似，其晶体结构为六方晶系的层片状，分子层间作用力很弱，易发生层间滑动。二硫化钼能够实现低温时减摩、高温时增摩，烧失量小，可作为添加剂添加到各类基础油中，起到增加基础油的润滑性的作用。二硫化钼的理化性能决定了其在金属塑性加工润滑方面的应用，其性能特点与润滑特性见表3-4。

表 3-4 二硫化钼的性能特点与润滑特性

性能特点	润滑特性
层片状分子结构，滑移平面多，易发生层间滑动	减摩抗磨性良好，润滑系数低
良好的热稳定性，400℃左右才开始氧化	耐热性能好，适用于高温润滑
在其分子结构中，硫原子与钼原子结合较牢固，而硫原子又与金属表面有较强的吸附力	具有良好的极压性能，耐高压

3）其他干性固体润滑剂。氮化硼晶体结构与石墨类似，有“白石墨”之称，作为润滑剂，比石墨的性能更加优良，在常温下不与任何金属发生反应，绝缘性能好，使用温度高达 900℃，是目前常用的高温润滑材料。

二硒化铌是一种新型固体润滑剂，是具有金属光泽的蓝灰色固体粉末，热稳定性好，性能与石墨及二硫化钼大体相同，兼有良好的润滑性和导电性，可显著降低摩擦副之间的摩擦磨损，并增强摩擦副的承载能力。目前，二硒化铌可采用多种方法进行制备，其润滑性能以及与润滑油的兼容性等均得到了改善，在金属塑性加工中的应用日趋广泛。

（2）熔融固体润滑剂　在使用过程中，熔融固体润滑剂会在变形区内发生软化或融化，主要包括盐类及皂类两种，其可以在金属表面形成耐压且黏附力极强的润滑膜，从而起到润滑作用。

盐类润滑剂主要为氯化物和磷酸盐，这类含氯、磷的化合物在一定的温度下，可与金属表面的化学元素发生化学反应，在接触面上形成氯化物或磷化物的反应膜，具有防黏、降磨作用。这种化学反应膜的强度远远大于吸附膜，并且化学反应膜在薄膜破裂的情况下具有较快的自修复能力。因此，盐类润滑剂具有非常有效和可靠的润滑作用。

皂类润滑剂主要是钙皂和钠皂，其润滑机理是依靠分子吸附作用吸附在金属表面，进入变形区后，在高温和高压作用下呈软熔状态而起到润滑作用。皂类润滑剂在丝材的拉拔加工中使用较为普遍。

（3）固体润滑剂的使用　固体润滑剂的使用方法主要包括以下几种。

1）直接使用。直接将固体润滑剂涂抹或喷洒于摩擦副之间使用。

2）制成悬浮液。将粉末状润滑剂与液体润滑剂混合制成悬浮液使用。

3）制成糊膏状。将粉末状润滑剂添加到润滑脂中，或过量地加入到润滑油中，制成糊膏状使用。

4）压成块状。在固体润滑粉末中加入一定的黏合剂，压制成块，把润滑块紧压在需要润滑的金属表面起到润滑作用。

二、锻造润滑剂

（一）锻造

锻造是通过手锤、锻锤或者压力设备上的模具对金属坯料施加压力，使其产生塑性变形的加工方式。锻造可分为自由锻造、模锻和特种锻造三类，三者的主要区别是所用工具和生产工艺不同。自由锻造是将金属坯料放在平砧之间或简单的工具中进行锻造；模锻是把坯料放在固定于模锻设备上的模具内进行锻造，通过模具型槽限制金属变形，从而获得与型槽形状一致的锻件；特种锻造适合具有特殊形状的工件，又可分为辊锻、楔横轧、径向锻造、液态模锻等方式。

（二）锻造润滑剂

在整个锻造过程中，锻造润滑剂成本约占2%，而模具成本占10%～25%，由于润滑剂的使用会直接影响到模具的使用寿命，所以选择适量适宜的锻造润滑手段对延长模具寿命，降低能耗和锻造成本以及提高经济效益和社会效益具有重要作用。

锻造润滑剂必须满足如下要求。

1）在整个变形过程中能在锻模和毛坯间形成连续的润滑膜。

2）防止坯料在加工过程中的氧化。

3）减小脱模难度。

4）保护坯料与模具表面不受到腐蚀。

5）易于涂抹且易于去除。

1. 水基石墨润滑剂

水基石墨润滑剂是目前应用较为广泛的锻造润滑剂。水基石墨润滑剂由黏合剂、润滑剂、黏附剂、摩擦调整剂、表面活性剂组成。水基石墨润滑剂中的石墨有天然石墨、非晶质石墨、合成石墨、胶状体石墨等。天然石墨最好、合成石墨次之，非晶质石墨常被用于制备低成本的润滑剂，胶状体石墨被广泛用于有自动循环系统的锻造车间。

2. 水基合成润滑剂

水基合成润滑剂分为含油和水及仅含油两类：仅含油的溶液/各种化合物均匀分布在水中；而含水和油的则是乳化油、蜡水。对操作现场环境要求较高的锻造企业，可以选用水基合成润滑剂替代石墨产品。

3. 油基润滑剂

在某些特定的锻造领域，油基润滑产品的应用不可避免，如负载的钢质发动机门、航空有色金属及汽车轮毂等材料的锻造。随着油基产品的不断发展，新型油基锻造润滑技术大量使用了过去不曾使用的添加剂。目前在油基润滑剂中常添加抗磨添加剂、摩擦修复剂、研磨石墨以及高分子聚合物等，大大提升了油基锻造润滑剂产品的性能。

（三）锻造润滑剂选用推荐

市面上锻造润滑剂品类繁多，表3-5列出了几种锻造润滑剂的典型产品，并对其产品特点及应用进行了简要介绍。

表 3-5　锻造润滑剂的典型产品

品牌名称	品牌介绍	典型产品	产品特点及应用
奎克好富顿	奎克好富顿主要生产金属加工液，产品应用于金属和金属加工市场。两家公司合并以后，拥有 4000 多名员工，为全球 15000 多家航空航天、汽车、机械等行业客户提供产品和服务	FENELLA® FLUID F 401 水基全合成热锻润滑剂	该产品具有优异的冷却性能和润滑性能、清洁低泡、没有油雾，应用于锻造、冲压和其他相关的压力加工，适合中负荷到重负荷的材料挤压流动，可用于复杂形状零部件的生产
		FENELLA® FLUID F 601 锻造脱模剂	该产品可被用于锻造加工，适合中负荷到重负荷的材料挤压流动，可用于复杂形状零部件的生产。其产品优势：①优异的润滑性，专为中高等级金属流动的锻造加工设计，可以有效地提高锻件表面质量。②与同类产品相比，使用浓度更低。③能够显著延长模具寿命。④在 350℃左右依然可以保持良好的润滑能力。⑤非石墨配方，可以有效替代石墨类产品。⑥配方中不含氨等有害成分，对环境和使用者完全无害
康达特	康达特为法国润滑油脂及表面活性剂品牌，有 160 年品牌历史，生产和销售包括金属成形润滑剂在内的一系列润滑剂产品	CONDAFORGE 系列	该系列为石墨基产品，既包括水基石墨，也包括油基石墨，适用于钢件、铝合金和铜金属的锻造成型
		ORAFOR 系列	属于白色产品，适合于多种金属材质的热锻和等温锻

奎克好富顿锻造脱模剂选用案例：位于浙江的一家专业生产轮毂轴承单元的生产厂家，年产量超过 120 万套，随着政府在环保方面的要求越来越严格，且石墨产品在员工健康方面存在隐患，该生产厂家迫切需要使用一款不含石墨的全合成产品替代在用的国产石墨产品，在使用奎克好富顿全合成脱模剂 FENELLA® FLUID F 601 之后，满足了政府对环境方面的要求，消除一线员工的健康隐患，另外，工件表面干净，模具寿命无明显降低，解决了石墨产品存放沉降及喷口堵塞问题等。

三、挤压润滑剂

（一）挤压

挤压是通过给冲头施加一定的压力，使金属坯料发生塑性流动从模孔流出而成形的一种塑性加工方式。根据挤压过程中金属流动方向的不同，可将挤压分为正挤压和反挤压两种，如图 3-1 所示。其中，正挤压的金属流动方向与挤压杆的运动方向一致，而反挤压反之。挤压方向的差异会导致挤压过程中金属材料所受的摩擦力不同。在正挤压时，金属坯料与挤压筒内壁之间有相对滑动，因此有较大的外摩擦；反挤压时，金属坯料与挤压筒内壁相对静止，没有外摩擦，金属流动更为均匀。

按照剖面形状不同，可将挤压模分为平模、锥模、组合模、流线模、碗形模等，其中，使用最广泛的是平模和锥模，其模具的剖面形状分别为平面和锥形，如图 3-2 所示。组合模是将模具与确定型材内孔的舌芯组合成为一个整体的模具，又称为舌模。金属坯料在压力下被分为几股流入模孔中，然后重新焊合形成空心的、形状复杂的金属制品，因此组合模挤压又称为焊合挤压。

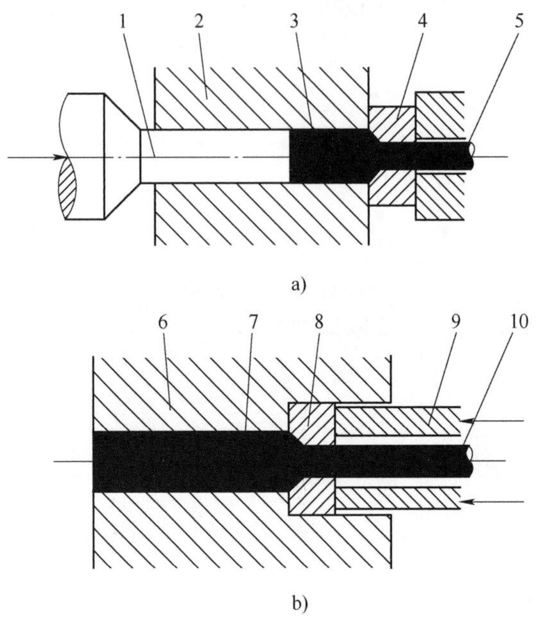

图 3-1　挤压的基本方法

a）　正挤压　b）　反挤压

1、 9—挤压杆　2、 6—挤压筒　3、 7—金属坯料

4、 8—模具　5、 10—工件制品

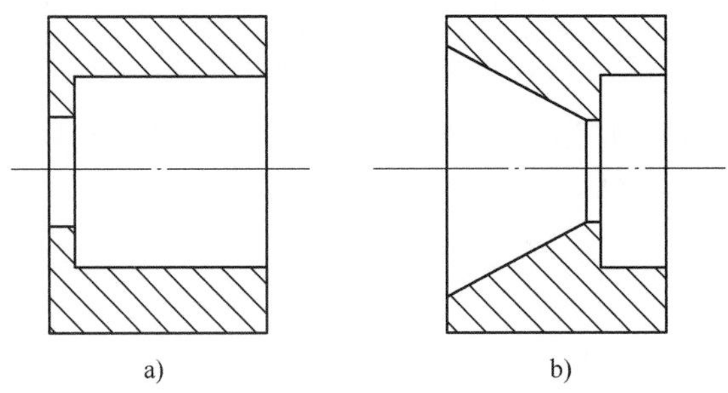

图 3-2　不同剖面形状的模具

a）　平模　b）　锥模

（二）挤压润滑剂

在挤压过程中，金属坯料成形需要经过很大的塑性变形，金属坯料和模具的接触面上存在极大的压力，金属坯料和模具间容易产生粘连，特别是正挤压加工过程中，由于金属坯料和筒壁之间的相对滑动，不断产生新的金属表面，粘连现象会比较严重，所以要保证加工过程的顺利进行，需要采用润滑剂进行润滑。

由于挤压加工的金属变形是在高温高压下进行的，因此挤压润滑剂不仅需具有良好的极压性与高温稳定性，还需具有较高的闪点以及较少的灰分，此外，还应具备良好的防锈耐蚀性，以保证被加工金属及挤压工具在加工过程中不发生氧化锈蚀，达到绿色环保，对人体友好的目的。常用挤压润滑剂见表3-6，主要包括动植物油、石墨、玻璃等。

表3-6 常用挤压润滑剂

挤压材料	热挤压	冷挤压
碳素钢、低碳钢	玻璃（10～100Pa·s）垫片+涂层石墨	涂层+脂肪酸盐 动物油 二硫化钼+水
不锈钢	玻璃（20～200Pa·s）垫片+涂层	涂层+脂肪酸盐 矿物油；镀铜
铝合金	石墨 聚合物	无润滑 羊毛脂 脂肪酸盐 二硫化钼+矿物油
镁合金	无润滑 动物油	无润滑 动物油
锌合金	无润滑 动物油	无润滑 动物油 乳化液
铜合金	无润滑 石墨+矿物油 玻璃（10～100Pa·s）涂层	石墨或二硫化钼 动物油 蓖麻油
钛合金	石墨 玻璃（10～100Pa·s）涂层+石墨	涂层+石墨 涂层+脂肪酸盐
锆	玻璃（10～100Pa·s）涂层+石墨	玻璃（10～100Pa·s）涂层+石墨 二硫化钼
难熔金属	玻璃（10～100Pa·s）涂层+石墨 玻璃（10～100Pa·s）涂层+脂肪	玻璃（10～100Pa·s）涂层+石墨 玻璃涂层（10～100Pa·s）+脂肪

1. 挤压润滑部位

挤压加工中，需要使用润滑剂的部位一般为挤压筒壁、平模工作面及模孔等。除此之外，使用锥模挤压方法加工管材时，由于穿孔针的摩擦作用，金属的流动更加均匀，穿孔针在穿孔时承受压应力而在挤压过程中承受拉应力，且热挤压时接受金属热传导的热量。因此，穿孔针所受的摩擦较大且可能处于较高温度状态，需要对穿孔针进行润滑，起到减摩和冷却作用。但并不是所有的挤压都需要使用润滑剂，下面就几种不需要润滑的挤压工艺情况进行具体介绍。

大部分的金属挤压成形均采用平模挤压。由图3-2a可以看到，平模挤压的挤压筒壁出口处存在一个环形的死角区，由于摩擦力的作用，该区域内几乎没有金属流动，可以阻止金属表面的氧化物、灰尘、夹杂等通过模孔附着在金属表面，这对于热加工态或者不再进行塑性加工但需要进行热处理的挤压制品有一定的工艺优势。因此，在这种情况下，加工过程中的摩擦力对工件质量产生正面作用，不需使用润滑剂。

组合模挤压工件表面有焊缝，为保证焊缝质量，减少氧化，需保持锭坯和挤压筒、模具的清洁，因此组合模挤压不允许使用润滑剂。

在对型材、棒材和厚壁管进行挤压加工时，为防止缩尾现象的产生，均不对挤压垫进行润滑。

2. 不同金属的挤压润滑

不同金属挤压工艺适用的挤压润滑剂不同，现分述如下。

（1）铝和铝合金　最常见的铝和铝合金的挤压润滑剂为黏性矿物油与各类固体添加剂混合的悬浮状润滑剂，见表3-7，其中应用最广泛的是润滑剂1。挤压铝和铝合金时，润滑油的燃烧物和石墨所构成的润滑剂具有较高的油膜强度，但延展性不足，变形量较大时可能产生局部润滑膜破裂，因而金属黏结工具导致工件表面起皮。在润滑剂中可加入表面活性物质，如硬脂酸盐等。硬脂酸盐可与铝起化学反应，析出的低熔点成分铅和锡呈熔融状态，并在接触表面形成塑性润滑膜。但铅和化合物有毒，使用时应使用抽风装置加强通风。

表3-7　铝和铝合金用挤压润滑剂的组成

编号	润滑剂成分（质量分数,%）							应用部位
	气缸油	光亮油	石墨	硬脂酸铅	滑石粉	铅丹	氧化铅	
1	80	—	20	—	—	—	—	热挤压管材和空心铝型材时，穿孔针的润滑
2	65	—	10	15	10	—	—	
3	65	—	15	10	10	—	—	
4	余量	—	10	—	10	8～20	—	热挤压型材和管材时，挤压筒工作面和坯料外表面的润滑
5	—	余量	7	—	7	—	15	

冷挤压时，若出口温度不超过240～300℃，使用轻质矿物油、黄蜡和脂肪酸作为润滑剂，润滑效果良好。对硬铝合金进行热挤压时，在使用润滑剂的情况下，可以使流出速度提高1.5～2.0倍，能防止粗晶环的形成，减少挤压工件沿长度上的组织与性能不均匀性，并且可以提高挤压工件的尺寸精度。然而，目前在铝和铝合金的挤压工艺中，工艺润滑并未取得广泛的关注，主要原因是使用润滑剂进行挤压时，容易使工件产生皮下缩尾、表面气泡、起皮以及润滑剂燃烧产物压入等缺陷。

（2）铜和铜合金　46号全损耗系统用油和20%～30%（质量分数）的鳞片状石墨调制而成的润滑剂，可用于大部分铜和铜合金管材及棒材的挤压润滑；当生产青铜和白铜挤压件时，可将石墨的添加量提高至30%～40%（质量分数）。在气温较低时，可加入5%～9%（质量分数）的煤油以增加润滑剂的流动性；在气温较高时，为了保持石墨的悬浮状态，可加入一定量的松香。

（3）高温高强合金　挤压高温高强合金时，石墨润滑剂可能使钢材表面增碳，二硫化钼润滑剂中的硫元素可能使蒙乃尔合金（又称镍合金）产生晶间裂纹，都难以满足工件的质量要求。因此，高温高强合金的挤压大多采用玻璃润滑剂。玻璃涂层自身具备很高的化学稳定性和高温稳定性，不存在晶界等短路扩散通道，对氧的阻挡作用强。固态的玻璃润滑剂在挤压温度和高压下呈黏糊状熔融状态，具有一定的黏度和较好的绝热效果，使接触表面的干摩擦变成边界摩擦，在延长工模具寿命的同时，也可提高挤压制品的性能、表面质量，降低挤压能耗，显著提高挤压速度，允许挤压比增大，从而实现某些难以挤压的复杂管材如双金属管和带筋管以及变断面型材的挤压。

HB 7065—1994《金属材料热变形用玻璃防护润滑剂规范》中表明，钛合金玻璃防护润滑剂一般为白色，使用温度一般为 700 ~ 1050℃；高温合金、不锈钢玻璃防护润滑剂一般为绿色，使用温度分别为 850 ~ 1160℃ 和 700 ~ 1160℃。该标准中对玻璃防护润滑剂的性能指标要求见表 3-8。

表 3-8　玻璃防护润滑剂的性能指标要求

序　号	项　目	指　标
1	物理性能 固体基料的细度/μm 涂层铅笔硬度	 ≤74（过 200 目标准筛） ≥4H
2	抗氧化性能（平均氧化速度） 对于钛合金及高温合金/（$g/m^2 \cdot h$） 对于不锈钢/（$g/m^2 \cdot h$）	 ≤3.0 ≤10.0
3	润滑性能（测定摩擦因数） 对于钛合金 对于高温合金 对于不锈钢	 <0.10 <0.25 <0.20

玻璃润滑剂的使用方法主要有涂层法、玻璃粉滚黏法和玻璃布包覆法三种。涂层法是在金属坯料上涂一层玻璃液体，或直接将坯料浸入到液体玻璃中；玻璃粉滚黏法是使坯料沿着均匀撒上玻璃粉的倾斜工作面上滚过，使玻璃粉黏附在坯料表面；玻璃布包覆法是将玻璃布包于热锭坯料上。这三种玻璃润滑方法都是用于润滑挤压筒，而穿孔针的润滑方法是将玻璃布包覆在涂有沥青的工作段上。另外，对于挤压模的润滑，可以在挤压模工作面和金属坯料之间放一个厚度为 3 ~ 10mm、内孔稍大于模孔的玻璃垫进行润滑。

使用玻璃润滑剂进行挤压润滑以后，表面的玻璃需要被去除，去除方法主要有喷砂法、急冷法和化学法三种。其中：①喷砂法，使用喷砂机把砂粒或者弹丸喷射在工件表面，从而把工件表面黏附的玻璃层去除。②急冷法，将挤压出的工件立即投入到冷水中，外层包覆的玻璃层碎裂剥落，局部轻微的玻璃残余可用拉伸矫直或扭拧的办法清除。③化学法，把工件浸入到氢氟酸和硫酸的混合酸液或苏打和氢氧化钠液体中，使工件表面的玻璃层溶解。

处理完毕的工件用冷水冲洗。在实际生产中，可以混合使用上述方法对表面玻璃进行清洁。

（4）特种合金　挤压钨、钼、钽、铌、钛及其合金时，大多使用玻璃润滑剂。对一些塑性较差或表面易氧化污染的金属及其合金，可采用包套挤压法，然后使用普通润滑剂进行挤压。常使用铜套或软钢套包覆加工材料，挤压硬铝、超硬铝等合金时可使用纯铝套包覆。包套挤压还可以防止黏结、防毒，增强静水压力以及提高被挤压金属材料的塑性。

（三）挤压润滑剂选用推荐

目前市场上主要的挤压润滑剂品牌有康达特、长城等。表 3-9 列出了塑性加工挤压润滑剂的典型产品。

表 3-9　塑性加工挤压润滑剂的典型产品

品牌名称	品牌介绍	典型产品	产品特点及应用
康达特	康达特为法国润滑油脂及表面活性剂品牌，有 160 年品牌历史，生产和销售包括金属成形润滑剂在内的一系列润滑剂产品	CONDAFORGE 系列	该系列为石墨基产品，既包括水基石墨，也包括油基石墨，适用于钢件、铝合金和铜金属的锻造成型
		EXTRUGLISS GREEN 系列	该系列是新型的植物性油，可用于生产加工难度大的零部件并延长工具的使用寿命，其黏度指数高于传统挤压油，润滑膜在高温下表现稳定，意味着其可以代替高黏度的挤压油
长城	长城润滑油，是中国石化为适应润滑油市场国际化竞争而组建的润滑油专业公司，集润滑油生产、研发、储运、销售、服务于一体，是亚洲最大、国际领先的润滑油产销集团	M0617 成形油	适用于标准件行业从国外引进的 NF、NT 系列和国产高速多工位冷镦机、高速攻螺纹机对合金钢、碳素钢等材质的挤压、冷镦成形加工工艺的润滑
		M0618 成形油	适用于合金钢、不锈钢等难加工材料的挤压、冷镦成形加工工艺的润滑

四、冲压润滑剂

（一）冲压

冲压是一种典型的金属塑性成形方法。冲压成形是使金属在压力作用下，沿着模具产生塑性变形或者发生分离，从而获得一定的形状和尺寸。冲压是大部分金属薄板成形为各类零件制品的加工方法。冲压加工所生产的冲压件在机械、电子、电器、仪器仪表、铁路、航空航天、船舶和汽车制造等领域得到广泛应用。

按照工艺，冲压分为分离工序和成形工序两大类，其中，分离又称为冲裁。冲裁的目的是使冲压件以一定的形状沿着一定的轮廓从板料中分离，而成形是在板料不破裂的前提下产生变形。冲裁工序占整个冲压工序的 50% ~60%，可用于加工汽车配件、家用电器、仪表以及铁路、航空航天零件等。成形工序又包括弯曲、拉深、成形、挤压四类，其中拉深成形板料变形量大，成形方式多样化，工艺较为复杂。

1. 冲压过程的摩擦

在冲压过程中，由于工艺的复杂性，摩擦力的作用和影响也是非常多变和复杂的，其正面作用与负面影响不可一概而论，需要根据具体问题进行具体分析。以圆柱形拉深过程为例分析冲压过程的摩擦力，如图 3-3 所示。在冲头的圆角处，金属板料发生弯曲和拉胀变形，在圆柱形底部产生双向拉伸变形，如果冲头的圆角过小，则圆角处摩擦力不足，容易使圆柱形底部因过度拉伸导致板料破裂。从这个角度来说，冲头圆角处与金属板料之间的摩擦是有利的。由于金属板料在模具的圆角处受到弯曲和反弯曲变形力，所以模具上的摩擦造成了筒壁承受更高的拉伸应力，此时，摩擦是有害的。金属板料的凸缘受到拉伸作用，被拉入到圆柱形成形的缝隙中，可通过控制压边力或采用工艺润滑来调整摩擦，减少能耗的同时，防止板料边缘起皱。

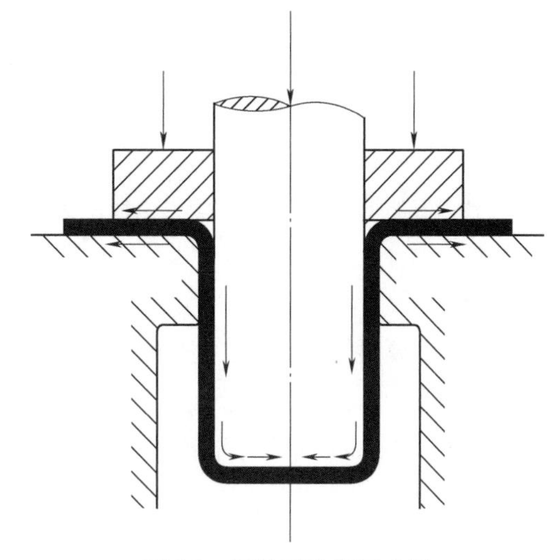
图 3-3　圆柱形拉深示意图

由此可见，冲压中的摩擦是使金属顺利发生塑性变形必不可少的因素，在某些冲压过程中，摩擦力是金属成形的主要作用力。但是，冲压过程中摩擦力会对制品表面质量、压力能耗、回弹量等产生重要影响，摩擦控制不当也会增加废品率。因此，需要通过冲压工艺润滑使冲压摩擦力得到有效控制，改善制品的表面质量，提高成品合格率，减少能耗，延长冲压工具的使用寿命。

2. 冲压润滑的目的

在冲压工艺中润滑的主要目的体现在以下几点。

1）减少金属板料和冲压模具之间的摩擦，减少冲压力。

2）控制压边圈的摩擦力，防止因摩擦过小导致板料凸缘起皱，或因摩擦过大增加冲压力。

3）使拉深工件易于从模具中取出，防止划伤工件表面。

4）冷却模具，延长模具的使用寿命。

（二）冲压润滑剂

1. 冲压润滑剂的性能要求

为达到润滑的目的，保证冲压过程顺利进行和制品质量，冲压润滑剂需具有良好的润滑性能、防锈性能，且易于清洗，绿色环保。冲压润滑剂的性能要求及作用见表 3-10。

表 3-10　冲压润滑剂的性能要求及其作用

性能要求	作　　用
防锈性	保证工件在存放、运输等过程中不发生锈蚀
润滑性	保证冲压加工过程顺利进行，保证加工质量
清洗性	便于清洗，不影响后续表面处理等
可处理性	降低废液处理的难度，达到环保的目的
无害性	绿色环保，对操作人员友好
经济性	控制润滑成本

2. 常用的冲压润滑剂

常用的冲压润滑剂主要分为冲压润滑油、乳化液型冲压润滑剂以及冲压固体润滑剂三类。

（1）冲压润滑油　目前，冲压所用润滑剂主要为油性润滑油，根据加工方式不同，润滑油以各种高低黏度矿物油为基础，添加减摩、抗磨、极压添加剂及各类防锈缓蚀添加剂调配而成。普通冲裁用润滑油最常见的是 N32 全损耗系统用油和轻质锭子油，其中轻质锭子油主要用于铝和铝合金、铜和铜合金板料的冲裁。当普通矿物油的润滑性能不能满足使用要求时，可根据具体使用要求进行分子设计合成润滑油。例如：使用温度较高的润滑油需要优良的氧化安定性，而低温使用的润滑油需要很低的凝固点，这种情况下，需要合成润滑油。目前，常用的合成润滑油有合成酯类、聚醚类、硅油类、聚乙二醇类和卤代烃等，合成润滑油的成本一般大大高于矿物油。例如：厚度不大于 3mm 的精密冲裁件精密冲裁可以使用 100% 氯化石蜡进行润滑。

（2）乳化液型冲压润滑剂　用于冲压润滑的乳化液一般为水包油型，其使用方式是将浓缩液加水稀释为工作液使用，其稀释浓度可根据加工工艺及加工材质进行适当调节。目前，乳化液在冲压润滑领域使用日趋广泛。

（3）冲压固体润滑剂　二硫化钼和石墨是最常用的冲压固体润滑剂，另外，目前使用的冲压固体润滑剂还有氮化硼以及合成树脂类（如聚四氟乙烯），后者常以涂层形式涂覆于润滑表面。

一些金属冲压润滑剂见表 3-11。

表 3-11　一些金属冲压润滑剂

润　滑　剂	成 形 方 式	特　　点	适用金属或合金
板材出厂涂油	一般成形，变形量小	易清除	钢、铝
矿物油 + 动植物油	一般成形	润滑性能一般	钢、铝、镁
矿物油 + 极压剂	拉深、变薄拉深，变形量大	润滑性能好，不易清除	钢、镍、镁、铜、钛、难熔金属
纯添加剂	冲裁	防尘性强，易腐蚀金属	钢、镍、镁、铜
乳化液	高速、一般成形	冷却性能强，易清除	钢、镍、铝、镁、铜
金属皂液	高速、一般成形	冷却性能强，易清除	钢、铜
石墨、MnS_2 油膏	拉深、变薄拉深，变形量大	润滑性能好，清除困难	钢、铝、镁、铜、钛、难熔金属
固体润滑膜（聚合物涂层）+ 矿物油	拉深、变薄拉深，变形量大	润滑性能好，不宜批量生产	钢、镍、镁、钛

3. 冲压润滑剂的应用

一般地，冲压润滑的方式是在凹模工作表面、凹模圆角处及相应的坯料表面，每隔一定的周期均匀涂抹一层润滑剂，而凸模表面以及与凸模接触的坯料表面不允许使用润滑剂，以防止坯料变薄程度过大造成坯料破裂。深拉深工件以及复杂拉深件每件都需要涂抹润滑剂，而一般工件可以每隔 3 ~5 件涂抹一次。

在使用润滑剂时还应考虑用量的问题，若冲压成形后金属表面特别光亮，甚至有划痕存在，则说明润滑不足；相反，如果表面暗淡无光，甚至表面出现橘皮状，则说明润滑剂用量过大，或润滑剂黏度过高，还会给后续清理带来困难。

由于冲压工艺的复杂性和多样性，以及被加工金属材质的不同，在不同的冲压工艺中，无法使用统一的润滑剂适用于所有情况，应结合工艺特点进行具体选择。影响冲压润滑剂选择的因素主要有摩擦副之间的温度、金属的材质、冲压工艺等。冲压难度越大、变形过程温升越高，则对冲压油的极压性能要求越高。除此以外，选择冲压润滑剂时还应当考虑以下几个方面。

（1）使用要求　选择冲压润滑剂时，首先要结合润滑剂使用的主要目的来对润滑剂的侧重点进行选择，如减摩作用、冷却作用，还是以提高模具寿命或提高制品尺寸精度或表面质量为主。

（2）操作要求　润滑剂使用时，需要易于涂覆，易于清除，不腐蚀工件和模具等。对于需要经中间热处理的工件，易于清除在生产中有很重要的意义。

（3）对后续工序的影响　由于冲压制品一般不是最终产品，还需进行后续处理，如焊接、喷漆、组装等，润滑剂选择时应考虑润滑剂的使用不会对后续工序或制品质量造成较大影响。

以下就不同冲压工艺类型中润滑剂的应用进行简要介绍。

（1）精密冲裁　在精密冲裁过程中，金属在高压下流动产生塑性变形，在此过程中，不断产生新鲜表面，且由于变形和摩擦发热，产生高温，容易发生工件与模具接触面的黏着和胶合。因此，在精密冲裁过程中需要使用耐高温耐高压的润滑剂，起到减少摩擦，降低温度，保护工件与模具表面的作用。

（2）拉深、弯曲、成形　一般的拉深、弯曲、成形加工过程变形量不大，没有明显的温升现象，因此一般的矿物油加入少量油性添加剂即可作为润滑剂。但是，变形量较大的深拉深、变薄拉深等加工过程中温升较大，需要使用含极压剂的润滑剂。

（3）冷锻冲压　一般工件在冲压过程中，如果不使用润滑而直接进行冲压，除工件表面粗糙度受到影响外，还将降低模具使用寿命和尺寸精度，加大由于模具改进产生的经济和时间损耗。尤其是在冷锻冲压加工过程中，温度会很快升高，因此冷锻冲压必须使用冲压润滑。为保证冷锻冲压润滑剂的耐高温、高压性能，需要使用极压剂和固体润滑剂，还可使用固体干膜润滑剂。

（4）薄板冲压　对厚度不大于3mm的精密冲裁件进行冲压加工称为薄板冲压。薄板冲压成形方法主要用于汽车工业中各种覆盖件的生产，当前出于降低成本的需求，有时采用无润滑冲压工艺，但是无润滑条件下应变安全冗余度和冲压性能都较差，对钢板性能要求更高。一般情况下，薄板冲压需要使用冲压润滑剂，固体干膜润滑剂、冲压油和冲压乳化液是常用的薄板冲压润滑剂。其中，固体干膜润滑剂是由膨润土、滑石粉、碱液和矿物油按照一定比例调成糊状物，用于手工涂刷，无法自动加油。固体干膜润滑剂在我国正在被逐渐淘汰。

随着汽车工业的发展，国内外高档冲压油发展迅速，它们多是在矿物油中添加一定的添加剂和一定的清洗剂，使带油冲压件在清洗中能被完全清洗，脱脂液多为强碱性或弱酸性溶液。

4. 冲压润滑剂的发展趋势

近年来，冲压制品的精度和质量要求越来越高，冲压工艺的技术发展趋势主要体现在如下几点。

1）被加工材料向着轻量化发展，铝合金、高强钢等冲压件增多。

2）冲压加工的高速化、自动化、连续化发展。

3）小尺寸的冲压件数量增多。

4）冲压件的形状复杂化。

5）对工作环境、操作人员健康的要求提高。

冲压工艺的技术发展对其工艺润滑也提出了更高的要求，对冲压润滑剂的具体性能要求主要体现在如下几点。

1）冲压油向着低黏度化发展，黏度降低，清洗性变好，且可得到更佳的冷却性能，更适应高速加工的要求。

2）冲压油的润滑性需要进一步提高，降低废品率，减少摩擦过程中的温升以及加工油雾。

3）冲压油的防锈性需进一步加强，以延长储存周期，减少因锈蚀而产生的工件报废。

4）改善冲压油的脱脂性，可简化脱脂工艺，节约脱脂液消耗，有利于后续表面处理。

5）冲压润滑剂日益向着水溶化发展，水溶性冲压液更加适应高速加工的要求，可减少冲压过程中产生的油雾等，有利于环境清洁，且可降低成本。

（三）冲压润滑剂选用推荐

目前市场上主要的冲压润滑剂品牌有奎克好富顿、康达特、福斯、长城、德润宝等。表 3-12 列出了这几个品牌的典型产品、产品特点及应用。

表 3-12　冲压润滑剂的典型产品

品牌名称	品牌介绍	典型产品	产品特点及应用
奎克好富顿	奎克好富顿主要生产金属加工液，产品应用于金属和金属加工市场。两家公司合并以后，拥有 4000 多名员工，为全球 15000 多家航空航天、汽车、机械等行业客户提供产品和服务	CINDOL® 4612C 冲压油	该产品在冲压、压延和平整工艺中具有良好的润滑性能，挥发性好，闪点高，安全环保，是应用于铜、铝合金的冲压、压延和平整工艺的工艺油，特别适合于空调、冰箱散热器中铝箔翅片的加工。纯油使用，加工后无须清洗，免除蒸汽脱脂费用，适用于高速冲压
康达特	康达特为法国润滑油脂及表面活性剂品牌，有 160 年品牌历史，生产和销售包括金属成形润滑剂在内的一系列润滑剂产品	CONDAFORM CEV 系列	挥发性冲压油，尤其适用于有色金属的冲压
		CONDAFORM S450	水溶性冲压油，适用于黑色金属的冲裁
福斯	德国品牌，全球著名的独立润滑油供应商，专业研制、生产、销售各种车辆润滑油、工业润滑油及特种油脂。金属加工油液产品线齐全，涵盖各种材质和加工工艺	RENOFORM MZAN 51H	一款采用精选矿物油并添加优质的极压添加剂配制而成的纯油性冲压拉伸油，主要应用于板材苛刻的精冲和拉伸工艺，可用于各类普通碳钢、高合金钢（Cr、Ni、Mo）等板材的冲压，同时也可用于加工不锈钢
		RENOFORM OS 7806 CN	一种重负荷不含氯化石蜡水溶性成形油产品，可满足苛刻的冲压拉伸要求。产品可以有效地降低模具温度，延长模具寿命，提高效率，最大程度降低冲压油使用成本。该产品对黑色和不锈钢材料没有腐蚀性，广泛用于板材的多工位冲压拉伸

（续）

品牌名称	品牌介绍	典型产品	产品特点及应用
德润宝	德国德润宝公司创建于1948年，其产品应用于热处理、金属加工、清洗、黑色及有色金属的轧制、防锈、液压以及造纸等工业加工过程中	V73 快干冲压油	该产品挥发性好，具有卓越润滑性能，可减少工具磨损，免清洗，适用于铝片、钢片以及镀锌片等薄片金属的冲压
长城	长城润滑油，是中国石化为适应润滑油市场国际化竞争而组建的润滑油专业公司，集润滑油生产、研发、储运、销售、服务于一体，是亚洲乃至国际领先的润滑油产销集团	M0617 成形油	适用于标准件行业从国外引进的 NF、NT 系列和国产高速多工位冷镦机、高速攻螺纹机对合金钢、碳素钢等材质的挤压、冷镦成形加工工艺的润滑
		M0618 成形油	适用于各类大型高速冷墩成形机对合金钢、不锈钢等难加工材料的挤压、冷镦成形加工工艺的润滑
		M0328 系列挥发性冲压油	该产品是由精制窄馏分矿物油、减摩剂、防腐剂等多种添加剂组成，具有较高的油膜强度和较低的摩擦因数以及良好的防腐、清洗、挥发性能，提高零件表面质量，延长模具寿命，改善操作环境，适用于铝翅片、铝箔、铝板带、铝制瓶盖冲压或冲剪加工，也可用于铜管的弯管和胀管加工
		M0311B 汽车零部件冲压油	适用于各类汽车用零部件冲压成形加工过程的润滑，可免去工序间的防锈处理，并实现带油焊接，具有良好的性价比
海纳	常州海纳金属助剂有限公司成立于2001年，主要经营磨切削液、超精油、润滑油等	HINAR H501 冲压油	该产品具有优良的润滑性能，良好的脱模性及防锈性，可以有效保护冲头及模具，适用于硅钢片、碳素钢、铝、铜及合金材料，广泛适用于有冲击负荷的重载部位，如冲头、模具、齿轮等

康达特冷镦油选用案例：EXTRUGLISS A68G 具有的特点为：①卓越的润滑性，有效提高模具和冲针的使用寿命。②双用途冷镦油产品，既可以用于冷镦工艺润滑，也可以用于设备润滑，有效避免因交叉污染而引起的效能下降。③良好的皂粉兼容性，减缓或降低皂粉对冷镦油的影响。④低油雾性。⑤优异的空气释放性和润湿性。

某企业使用 EXTRUGLISS A68G 在友信螺母机上以冷镦工艺加工不锈钢螺母，加工后工件表面质量良好，有效延长了模具及冲针使用寿命，且油雾低，使用效果良好。

五、拉拔润滑剂

（一）拉拔

拉拔是在外拉力作用下，将金属坯料通过模具，形成固定尺寸和形状的工件的塑性加工方法，如图 3-4 所示。拉拔加工的主要产品是管材、棒材、线材、型材。根据拉拔制品的横截面形状，可将拉拔分为实心拉拔和空心拉拔。

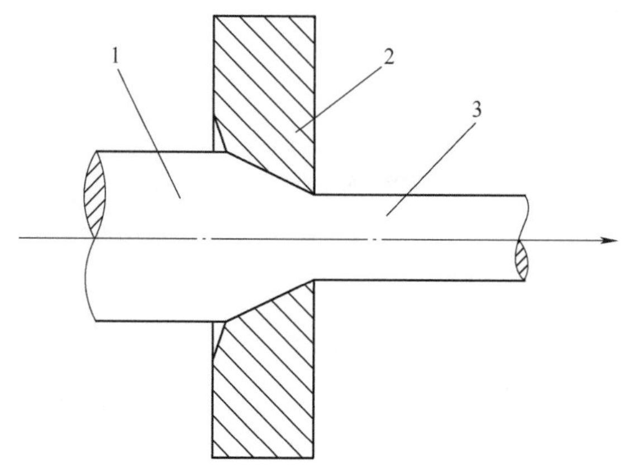

图 3-4　拉拔示意图

1—金属坯料　2—模具　3—工件

（二）拉拔润滑剂

拉拔润滑剂应在满足环保要求、无毒无害的基础上，按拉拔工艺的要求，结合拉拔工艺个别部位压应力大，拉拔成形过程中金属流动较大，产生大量新鲜表面，加工温度较高等特点进行选用。适用于拉拔工艺的润滑剂应满足以下要求。

1）具有较高的极压性能，在较高压力下形成连续稳定油膜。

2）在金属表面具有良好的黏附性，且流动性较好，成膜速度快。

3）具有较高的闪点及燃点，高温下起火隐患小。

4）高温下不易挥发、分解或变质，性能稳定。

5）成本低廉，来源丰富。

1. 拉拔润滑剂的种类

在拉拔润滑时，部分金属表面形成润滑油膜速度较慢（如钢），某些金属，如铝和铝合金、银、白金等，甚至不能形成吸附层。为了使这类金属在拉拔时取得良好的润滑效果，需要在拉拔前对此类金属进行预处理。预处理手段包括镀铜、阳极氧化以及用磷酸盐、硼砂、草酸盐处理和使用树脂涂层等。

拉拔润滑剂包括在拉拔时使用的润滑剂和为了使润滑剂形成油膜而在拉拔之前对工件进行预处理时使用的预处理剂。

（1）预处理剂　预处理剂的作用是把润滑剂导入到摩擦副之间，润滑剂与预处理剂一起形成整体的润滑膜，因此预处理剂也是润滑剂的一部分，预处理剂包括以下几种。

1）钙皂粉。对于低碳钢，曾普遍使用厚油脂石灰糊作为预涂层，但由于此方法易产生过多粉尘，为避免污染工作环境，目前部分企业使用酸洗后无脂薄灰，并在模盒内使用钙皂粉的方法进行替代，可显著减少车间粉尘，并具有良好的润滑效果。

2）磷酸盐。目前预处理液的主要成分是磷酸锌和磷酸，其在钢材表面的化学反应式为

$$Fe+2H_3PO_4 \longrightarrow Fe(H_2PO_4)_2+H_2\uparrow$$

$$3Zn(H_2PO_4)_2 \longrightarrow Zn_3(PO_4)_2+4H_3PO_4$$

磷酸先与铁发生反应，磷酸减少，则磷酸二氢锌进行分解，形成了不溶于水的磷酸锌，结晶吸附在钢材表面上，形成紧密的吸附膜。

3）硼砂。将硼砂制成80℃的饱和溶液，让金属坯料在其中浸泡，干燥后在金属表面形成一层硼砂膜，具有良好的黏合性。

4）草酸盐、金属膜、树脂。对铬、镍含量较高的不锈钢以及镍铬合金，由于磷化处理不能形成磷酸盐膜，因此一般使用草酸进行处理，形成草酸盐膜。另外，不锈钢及镍合金采用预处理剂为铜，使其表面形成金属膜，或者使用氯和氟的树脂形成树脂膜。

（2）润滑剂　按照拉拔用润滑剂的形态，可将润滑剂分为液体润滑剂和固体润滑剂，其中，液体润滑剂使用较为广泛，根据成分可分为以下几类。

1）矿物油。矿物油和金属表面接触时只发生非极性分子和金属表面瞬时偶极的互相吸引，在金属表面形成的润滑油膜属于物理吸附，吸附力很弱，容易破坏，不耐高压和高温。因此，纯矿物油润滑只适用于变形力较小、容易成形的有色金属细线拉拔过程中的润滑。

2）脂肪酸、脂肪酸皂、动植物油脂、高级醇类和松香。这一类润滑剂是含有氧元素的有机化合物。它们的分子结构一端为非极性的烃基，而另一端为极性基，其极性的一端可与金属表面互相吸引，而非极性端朝外，润滑剂分子定向地排列在金属表面，而由于极性分子间的相互吸引，可形成几个定向分子层，组成润滑油膜。此类润滑油膜相对矿物油膜来说，吸附较为牢固，油膜强度较大。因此，在金属拉拔时，此类润滑剂可作为油性添加剂添加到矿物油中，增强润滑油的润滑性能。

3）乳化液。水基拉拔液是由多种功能助剂复配而成，同时要具有良好的润滑性能、冷却性能、防锈性能、耐蚀性能等特点。目前有色金属拉拔所使用的乳化液配方一般为80%～85%（质量分数）的机油或变压器油、10%～15%（质量分数）的油酸、5%（质量分数）左右三乙醇胺，这几类原料合成为乳化油原液后，加水配制成3%～10%（质量分数）的稀释液供生产使用。

2. 拉拔润滑剂的选用

在拉拔过程中，拉拔件的形状和材料不同，对润滑剂的要求也不尽相同。

（1）棒材、线材拉拔用润滑剂

1）钢丝拉拔时容易发生黏膜现象，可使用干膜润滑作为初始润滑层。石灰或硼砂可用于中碳素钢丝拉拔润滑。如果拉拔后不需要进行表面处理，专用拉拔油是钢丝拉拔的理想润滑剂。如果拉拔后需要进行热处理，需要在处理前清除拉拔油残留，防止拉拔油在高温下发生炭化沉积，

影响工件表面质量。钢丝拉拔也可用拉拔乳化液，钢丝湿式拉拔用乳化液为含氧极性有机化合物，主要成分为各种动植物油并添加相应的极压剂、抗氧化剂、分散剂等添加剂。

2）铝和铝合金易于变形，拉拔难度较小，其拉拔润滑常用以硫化猪油为主要添加剂的专用拉拔油，其加入量依合金的种类、拉拔尺寸及速度而定，可以在拉拔软金属带材及棒材时防止黏膜、烧结等不利情况的发生。在对拉拔油进行选择时，应综合考虑工件尺寸、加工速度、变形量大小以及表面质量等因素。

3）在铜拉丝过程中的缩丝和断丝严重影响了铜丝的质量和降低了生产率。解决缩丝和断丝的技术难题，就是要解决铜拉丝过程中的润滑问题。选择铜和铜合金的拉拔润滑剂时，应对拉拔速度、棒的直径及模具等诸多因素进行综合衡量。一般而言，润滑脂或高黏度润滑油即可满足低速棒材拉拔的要求，也可加入一定量的极压剂以进一步提高工件表面质量。近年来，高速拉丝工艺的发展对铜和铜合金拉拔润滑剂提出了更高的要求，如需具备优良的润滑性能，保证高速加工及表面质量，还应具备良好的清洗性能，避免铜粉堆积造成模具及工件磨损，另外，还应具有较好的冷却性能，及时带走高速拉拔产生的热量。

（2）管材拉拔用润滑剂　一般来说，拉拔钢管之前，需要先对坯料进行酸洗，去除表面氧化皮，然后进行磷化-皂化表面预处理，形成满足拉拔要求的表面润滑膜，以保证管材表面质量，延长模具寿命，提高生产率。无缝钢管是通过穿孔热轧进行加工的，穿孔棒在加工过程中需要承受高温及高压，润滑条件较为苛刻，可使用石墨、金属粉、硫化猪油等进行润滑。

铝管冷拔一般用高黏度润滑油，有时还要加入适量的油性抗磨剂、极压抗磨剂和抗氧化剂。高速拉拔小直径铝管时，用低黏度添加有极压抗磨添加剂的专用拉拔油，可以显著减少油污现象，且可减少后续清洗难度，因此专用拉拔油在小直径铝管的高速拉拔中应用较为广泛。另外，也可选择石蜡润滑剂用于铝管拉拔，保证铝管表面粗糙度和清洁度。石蜡润滑剂的使用方法是在拉拔之前用溶剂稀释的石蜡溶液或乳化液对坯料进行浸泡，经过石蜡润滑剂浸泡后，铝管坯料可连续三次进行拉拔，不需要另外使用润滑剂。

（三）拉拔润滑剂选用推荐

目前占据市场份额较大的拉拔润滑剂品牌有奎克好富顿、康达特、福斯、长城、德润宝等，见表3-13。

表3-13　拉拔润滑剂的典型产品

品牌名称	品牌介绍	典型产品	产品特点及应用
奎克好富顿	奎克好富顿主要生产金属加工液，产品应用于金属和金属加工市场。两家公司合并以后，拥有4000多名员工，为全球15000多家航空航天、汽车、机械等行业客户提供产品和服务	HOUGHTO® – DRAW WD 4100C 铜线拉丝润滑油	一种乳化型润滑剂，润滑性能优异，抗氧化性能好，成品表面光亮，适用于各种铜线及常规热轧棒料的拉拔，拉制成各种不同规格的粗线、中线及细线等
		CINDOL® 4625 C	该产品具有出色的润滑性能，可得到更好的表面粗糙度，冷却性及沉降性佳，可提高拉拔效率，降低摩擦磨损，特别为铝中线、细线及铝漆包线的拉制而开发，也可用于大多数金属的轻度成形、加工、拉深及下料等操作

（续）

品牌名称	品牌介绍	典型产品	产品特点及应用
康达特	康达特为法国润滑剂及表面活性剂品牌，有160年品牌历史，生产和销售包括金属成形润滑剂在内的一系列润滑剂产品	VICAFIL/STEEL SKIN 系列皂粉	皂粉-干式润滑剂，被认为适用于所有的拉丝加工，易于清洗，低硼低粉尘且绿色环保，提高拉拔速率，可用于钢帘线、镀线、弹簧线、镀锌线及冷镦线等拉丝加工
康达特	康达特为法国润滑剂及表面活性剂品牌，有160年品牌历史，生产和销售包括金属成形润滑剂在内的一系列润滑剂产品	VICAFIL TFH 系列 TFG 系列	该系列为润滑油和润滑脂，可以在广泛的黏度和稠度范围内使用，其配方特别适用于拉丝材料：铜、铝、钢和不锈钢
康达特	康达特为法国润滑剂及表面活性剂品牌，有160年品牌历史，生产和销售包括金属成形润滑剂在内的一系列润滑剂产品	VICAFIL SL 系列	该系列为液体润滑剂，可在水中稀释到目标浓度后，进行拉拔，尤其针对镀铜丝或镀锌丝，要求外观表面粗糙度良好，且兼具良好的润滑性和清洁性
康达特	康达特为法国润滑剂及表面活性剂品牌，有160年品牌历史，生产和销售包括金属成形润滑剂在内的一系列润滑剂产品	CONDAFORGE 系列	该系列为石墨基产品，既包括水基石墨，也包括油基石墨，适用于钢件、铝合金和铜金属的锻造成型
福斯	福斯创立于1931年，是世界上著名的专业润滑油制造商之一，同时也是德国唯一的一家业务遍及全球的专业润滑油公司，专业研制、生产、销售各种车辆润滑油、摩托车油、工业润滑油及特种油脂	RENOFORM MCU20	水溶性乳化液，极佳的润滑和清净性能，不含氯、硫、苯酚和亚硝酸盐，主要用于铜丝的大拉和中拉以及型材、管材的拉拔
德润宝	德国德润宝公司创建于1948年，其产品应用于热处理、金属加工、清洗、黑色及有色金属的轧制、防锈、液压以及造纸等工业加工过程中	DRAWLUB C100K 铜线拉丝油	该产品为矿物油型水溶性切削液，具有过滤性能好、低泡等优良特性，适用于铜、镀锌铜、镀锡铜和黄铜的拉丝加工
德润宝	德国德润宝公司创建于1948年，其产品应用于热处理、金属加工、清洗、黑色及有色金属的轧制、防锈、液压以及造纸等工业加工过程中	ISOLUB 4683 铝线拉丝油	矿物油基的专用拉丝油，适用于有极高要求的铝线拉丝加工。该产品可显著提高拉丝速度，减小模具和材料之间的摩擦因数，提高表面质量
长城	长城润滑油，是中国石化为适应润滑油市场国际化竞争而组建的润滑油专业公司，集润滑油生产、研发、储运、销售、服务于一体，是亚洲乃至国际领先的润滑油产销集团	M0526 铝拉拔油	该产品是以精制矿物油、减摩剂、极压抗磨剂等多种添加剂组成，具有较高的油膜强度和较低的摩擦因数，能明显提高拉拔速度和管材表面质量，延长模具寿命，改善操作环境，适用于铝管或者铝棒的拉拔加工
长城	长城润滑油，是中国石化为适应润滑油市场国际化竞争而组建的润滑油专业公司，集润滑油生产、研发、储运、销售、服务于一体，是亚洲乃至国际领先的润滑油产销集团	M0531 铜管拉拔油	可用于铜管材内外表面的拉拔加工
长城	长城润滑油，是中国石化为适应润滑油市场国际化竞争而组建的润滑油专业公司，集润滑油生产、研发、储运、销售、服务于一体，是亚洲乃至国际领先的润滑油产销集团	M0521 铝拉丝油	具有较高的油膜强度和较低的摩擦因数，用于铝线的拉拔加工，能明显提高拉拔速度和铝线表面质量，延长模具寿命，改善操作环境

参考文献

[1] 邹琼琼，黄继龙，龚红英，等．塑性成形中的摩擦与润滑问题［J］．热加工工艺，2016，45（23）：18-20，25.

[2] 马怀宪．金属塑性加工学［M］．北京：冶金工业出版社，1991.

[3] 李飞，吴伏家．钛合金等温锻造中润滑的应用研究［J］．机械管理开发，2008（2）：75-76.

[4] 孙建林．材料成形摩擦与润滑［M］．北京：国防工业出版社，2007.

[5] 汪欣，张勇，李争显，等，钛合金铸锭表面加热保护及锻造润滑用玻璃涂层的研究现状与展望［J］．钛工业进展，2018，35（6）：1-5.

[6] 崔顺，李中奎，文惠民，等．玻璃润滑在钛合金型材挤压中的应用［J］．山西冶金，2016，39（2）：44-46.

[7] 中国航空工业总公司．金属材料热变形用玻璃防护润滑剂规范：HB 7065—1994［S］．北京：中国航空工业总公司，1994.

[8] 肖友程，李胜，李康春，等．汽车板材构件冲压润滑剂的研制［J］．当代化工，2014，43（12）：2511-2513，2516.

[9] 唐波，郭兴．冲压深拉伸润滑剂的应用现状及发展趋势［J］．中国高新科技，2019（10）：64-66.

[10] 王建国．浅析润滑条件对冲压薄板的影响［J］．内燃机与配件，2018（23）：110-111.

[11] 刘阳，莫彩萍，程渊，等．水基拉丝润滑液的管理与优化实践［J］．金属制品，2016，42（3）：38-41.

[12] 胡东辉，等．第十届中国钢铁年会暨第六届宝钢学术年会论文集 III［C］．北京：冶金工业出版社，2015.

[13] 杨宏，陈战．铜拉丝润滑关键技术研究［J］．润滑与密封，2012，37（7）：106-108.

第四章

金属轧制油液

轧制是利用轧机上两轧辊实现金属材料塑性变形的加工方法，是金属材料成形的主要方法。通常，将温度在金属再结晶温度以上的轧制称为热轧，低于金属再结晶温度的轧制称为冷轧。热轧加工在高温下进行，可使轧件的截面积大幅度减小，适合于材料开坯；冷轧加工的材料表面质量好、厚度均匀、尺寸精度高和轧件更薄，但轧制压力大，要求设备的强度和精度高，且能耗大。轧制加工可以把钢、铝、铜、锌等金属及其合金加工成扁材、棒材、管材、薄板、箔材等不同形式，广泛服务于汽车、建筑、能源、交通和机械制造等国民经济支柱产业。

一、轧制

（一）轧制原理

通过轧机上两个相对回转轧辊之间的空隙迫使金属材料发生塑性变形的加工方法称为轧制，其目的是生产具有合格尺寸、形状和组织性能的产品。

1. 轧制变形参数

轧件承受轧辊作用发生变形的区域称为轧制变形区，即从轧件入辊的垂直平面到轧件出辊的垂直平面所围成的区域 AA_1B_1B，如图 4-1 所示。轧制变形区主要参数有咬入角和接触弧长度。

（1）咬入角　轧件和轧辊相接触的圆弧所对应的圆心角称为咬入角 α，即

$$\alpha = \sqrt{\frac{\Delta h}{R}}$$

式中，Δh 是压下量：$\Delta h = H - h$（mm）；R 是轧辊直径（mm）；H 是轧件的轧前厚度（mm）；h 是轧件的轧后厚度（mm）。

（2）接触弧长度　轧件和轧辊相接触圆弧的水平投影长度称为接触弧长度 l，如图 4-1 所示 AC 段，也称为变形区长度，即

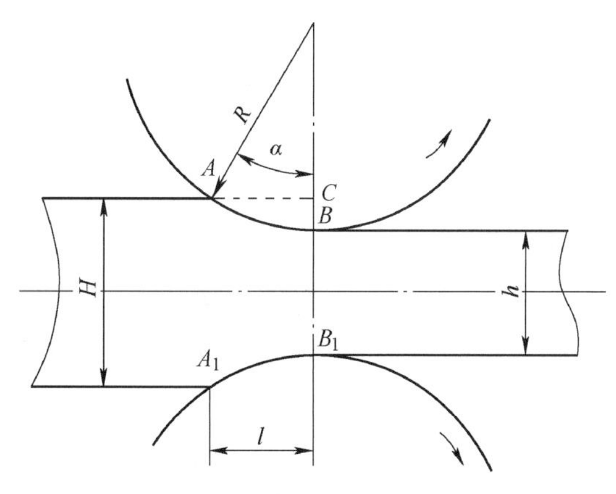

图 4-1　轧制变形区的几何形状

$$l = \sqrt{R\Delta h - \frac{\Delta h^2}{4}}$$

当咬入角 $\alpha \leqslant 20°$、压下量 $\Delta h \leqslant 0.08R$ 时，实际上接触弧长度近似用以下公式表示，即

$$l = \sqrt{R\Delta h}$$

2. 轧制过程

在一个道次里，轧制过程可以分为轧件的咬入、拽入、稳定轧制、轧制终了（抛出）四个阶段。

（1）咬入　轧件接触到轧辊时，在轧辊对轧件摩擦力的作用下，实现了轧辊对轧件的咬入，开始咬入在一瞬间完成。

（2）拽入　轧件被咬入后，由于轧辊对轧件的作用力变化，轧件逐渐被拽入辊缝，直至轧件完全充满辊缝为止，即轧件前段到达两辊连心线位置。

（3）稳定轧制　轧件前段从辊缝出来后，轧制过程连续不断地稳定进行。在此过程中，轧件通过轧辊发生变形。

（4）轧制终了（抛出）　从轧件后端进入变形区开始，轧件与轧辊逐渐脱离接触，变形区越来越小，直至完全从辊缝脱出为止。

（二）轧制润滑

轧制过程中旋转的轧辊对轧制材料施加压力，使材料发生塑性变形。其中，影响材料变形的一个重要因素是摩擦。轧制过程中涉及的摩擦问题较为复杂，主要包括如下特征。

1）轧制材料变形时的表面处于塑性流动状态，接触面各点的塑性流动情况并不相同，各点的摩擦也不同。

2）在接触面上不断有新生的摩擦表面产生，各点金属的相对移动情况不同，且新生表面的化学性质活泼，润滑剂不仅要保护原有的表面，而且要保护新生的表面，润滑难度大。

3）变形区接触压强大，热轧时接触压强达500MPa，冷轧时接触压强高达500～2500MPa，过大的压强增加了润滑的难度。

4）影响因素多，包括材料性质、轧制工艺（如轧机类型、温度、速度和轧制规程）等均对轧制过程的摩擦产生影响。

轧制过程中摩擦始终存在，会增大轧制过程中的能量消耗，并导致轧辊磨损严重，因此轧制过程中润滑剂的使用不可避免。润滑剂的合理选用可以有效降低和控制轧制过程中摩擦磨损的不利影响，具体作用如下。

1）降低摩擦，减小变形区接触弧面上的摩擦因数，提高工件表面质量。

2）减少磨损，提高轧辊使用寿命。

3）冷却轧辊，带走轧制过程中产生的热量。

4）防止锈蚀，轧制后在轧件表面上形成油膜，起到一定的防锈作用。

5）提高生产率，可实现高速、大压下量的轧制。

对于不同的轧制工艺及不同的轧制材料，使用轧制润滑剂的作用效果也有所不同。热轧和冷轧过程中轧制工艺润滑的作用见表4-1。可见，使用润滑剂后，轧制加工的摩擦和能耗降低，轧

辊寿命、生产率和材料表面质量都明显提高。

表 4-1　热轧和冷轧过程中轧制工艺润滑的作用

轧制工艺润滑的作用	热　轧	冷　轧
轧制力降低（%）	10～40	10～30
轧机功率降低（%）	5～30	5～20
轧辊使用寿命提高（%）	20～50	10～25
生产率提高（%）	3～10	3～5
轧后表面粗糙度值降低（%）	10～50	10～50

二、轧制润滑油液

在过去很长一段时间里，一直使用各种矿物油和动植物油作为润滑剂，随着轧制加工工艺技术的进步和不断发展，轧制工艺润滑剂也得到长足的发展，人们逐渐习惯称之为轧制油。根据加工工艺进行分类，轧制油可分为热轧轧制油和冷轧轧制油。热轧轧制油对热轧板板形、表面质量、轧辊辊耗及能源节省起到积极的作用，但是热轧轧制油不是热轧工艺所必需的；冷轧轧制油是冷轧轧制中必须使用的润滑介质。按照金属材质分类，又可将轧制油分为钢轧制油和有色金属轧制油。钢轧制油包括板带钢热、冷轧轧制油，不锈钢轧制油和钢管热轧轧制油等。有色金属轧制油包括铝材热、冷轧轧制油，铜及其合金轧制油等。下面则按照不同的金属材质，对其轧制过程中使用的各种金属加工油液进行具体介绍。

（一）板带钢热轧轧制油

热轧是金属在再结晶温度以上进行轧制的过程。一般金属的开轧温度为熔点的85%～90%，终轧温度为熔点的65%～70%。由于变形温度在材料再结晶温度以上，所以加工过程中材料不发生加工硬化。热轧加工具有塑性变形大、变形抗力小的加工特点，可在较小轧制力下得到较大变形，有利于提高生产率。但是，由于热轧的压下率和轧制扭矩比较大，故粗轧时容易出现难咬入的问题。另外，热轧也容易出现表面质量不佳的问题。

1. 板带钢热轧工艺过程及润滑特点

20世纪70年代初，连续轧制技术得到了迅速发展。热轧工艺包括加热、除磷、粗轧、精轧、加速冷却、精整和热处理等过程。由于钢种不同，钢的开轧温度一般为1180～1220℃，而加热温度为1250～1280℃。目前，现代化热连轧机组的生产正向高效率的方向发展，同时对产品尺寸精度和表面质量的要求更加严格，这种高温、高速、大变形的热轧过程，具备独特的摩擦特征。

1）高温、大变形量轧制过程导致轧辊和轧件的接触表面单位接触压力大，这使得接触面积增加并且容易产生粘连现象，使得润滑较难保证，摩擦阻力大，轧辊磨损严重。

2）高温、高速轧制有利于摩擦因数减小。

3）变形量和轧件的温度变化范围较大，摩擦状态变化频繁。

4）变形过程中，氧化皮容易连续脱落且新生表面不断暴露，摩擦表面呈动态的混合摩擦状态。

热轧过程中独特的摩擦学特征最终导致变形力、变形抗力的变化范围增大，动态过程和稳态过程特性发生变化，热轧板带钢尺寸和精度降低，轧辊损耗大。为了适应热轧高温、高压、轧辊易磨损和大量冷却水喷淋的工艺条件，热轧轧制油应具备以下性能。

（1）优良的润滑性　有效降低摩擦，减少磨损，提升轧辊寿命。

（2）良好的润湿性和黏附性　能均匀地分散在轧辊表面并牢固地黏附，防止或减少在工作辊和支承辊上形成氧化物。

（3）良好的抗乳化性和油水分离特性　能在变形区形成油膜。

（4）较高的闪点和良好的热分解稳定性　保证热轧轧制油在与轧件接触之前不在轧辊表面燃烧或分解，但轧机出口轧件上残余的热轧轧制油要在尽可能短的时间内烧尽，且燃烧生成物不污染轧件表面。

（5）燃烧后无毒、无味　对环境无污染。

在热轧过程中，轧制速度、载荷、温度和轧辊材质等都会对轧辊的磨损产生影响。采用板带钢热轧轧制油进行润滑后，不仅轧辊磨损减轻，而且沿辊身长度方向的磨损也较为均匀，有效地延长了工作辊的使用寿命。

2. 板带钢热轧轧制油的分类

长期以来，水一直被用作热轧板带钢时的润滑和冷却介质。然而，随着对轧制效率以及表面质量要求的提高，水已经无法满足热轧过程中的润滑需求。因此，热轧轧制油逐渐被用来替代水，从而改善热轧板带钢的表面质量。板带钢热轧轧制油可分为水基和油基两种类型。水基热轧轧制油如乳化液，使用条件复杂且废水处理困难，相对应用较少。板带钢热轧轧制油以油基为主，常用的油基热轧轧制油又可分为矿物油型、植物油型、脂肪油型、合成酯型以及矿物油 + 添加剂型。

在热轧过程中，水和热轧轧制油机械混合后会直接喷向轧辊，其中水是载体，水中均匀分散着少量的热轧轧制油。一般认为，水-油混合液到达轧辊表面后，会迅速地在辊面展开并进入轧制变形区，水与高温轧件接触后会快速蒸发并发生相转变，热轧轧制油一部分发生燃烧，一部分会以油膜的形式均匀地覆盖在轧辊和轧件的接触弧面上，从而起到润滑作用。

3. 板带钢热轧轧制油的组成

油基的板带钢热轧轧制油通常由基础油和油性剂组成，其基本组成见表 4-2。基础油通常为矿物油、聚烯烃、酯类油；油性剂通常由动植物油脂、脂肪酸、高级脂肪醇以及合成酯等组成。

表 4-2　油基热轧轧制油的基本组成

热轧轧制油的基本组成	成　分	含　量（质量分数,%）
基础油	矿物油	50 ~ 100
	聚烯烃	50 ~ 100
	酯类油	0 ~ 100
油性剂	动植物油脂	0 ~ 50
	脂肪酸	0 ~ 50
	高级脂肪醇	0 ~ 50
	合成酯	50 ~ 100

不同类型的热轧轧制油对轧制压力的影响很大，脂肪油型热轧轧制油可以显著降低轧制压力，但在生产过程中脂肪油型热轧轧制油轧后的钢板表面清洁性较差。因此，脂肪油型热轧轧制油逐渐被合成酯型、矿物油+添加剂型的热轧轧制油所取代，或者是将脂肪油作为热轧轧制油的一种添加剂来使用。另外，由于热轧钢板时轧辊磨损问题非常突出，常常需要添加极少量含磷、硫、氯的添加剂来提高矿物油型热轧轧制油的润滑效果，这些添加剂可以与金属表面发生摩擦化学反应生成熔点高、与金属表面结合牢靠的化合物，起到防止黏辊、减摩、抗磨的作用。

4. 板带钢热轧轧制油的选择

热轧轧制油作为板带钢热轧工艺润滑剂，使得轧制压力有效降低，轧辊磨损减少，能耗降低。当然，不同型号的热轧板带钢在轧制温度、材料变形抗力以及润滑机制方面会有所不同，因此在热轧轧制油的选择和使用上也存在较大差异，如热轧硅钢时，一般使用溶解性矿物油（皂化溶解油）进行润滑。

5. 板带钢热轧轧制油使用中存在的问题及预防措施

（1）辊面龟裂　具体如下所述。

问题描述：稳定轧制一段时间后，轧辊出现龟裂。

原因分析：轧制节奏不合理；负荷分配不合理；换辊模式不合理；冷却水参数不合理导致轧辊局部温差大。

预防措施：控制轧制节奏，调节轧辊的冷却效果；合理分配轧制负荷；优化换辊频率避免工作辊达到疲劳极限；优化冷却水参数，定期检查冷却水喷嘴。

（2）热轧咬入打滑　具体如下所述。

问题描述：打滑，带钢无法正常咬入。

原因分析：带钢加热参数不合理；辊面摩擦因数低；压下量较大；轧制速度不匹配；前后张力差不合理；热轧轧制油浓度不合理；工作辊上的热轧轧制油燃烧不充分。

预防措施：优化加热参数；合理调整压下量和轧制速度；优化热轧轧制油浓度参数；调节前后张力差。

（3）边鼓　具体如下所述。

问题描述：中、宽带热轧板边部起筋、起鼓。

原因分析：轧制力过小或者正弯辊力给定过大；来料加热参数不合理，坯料温度不均匀；工作辊磨削精度不合理；工作辊产生不均匀磨损；热轧轧制油浓度不合理。

预防措施：优化轧制工艺；保持坯料温度均匀；优化工作辊辊形；优化热轧轧制油浓度参数及轧辊冷却系统。

（4）头部飞翘　具体如下所述。

问题描述：带钢在穿带轧制过程中，头部出现飞边或者上翘的现象。

原因分析：接轴滑块间隙过大；带钢变形不匀；工作辊冷却不足；压下量和轧制速度不合理；辊径和辊压不合理。

预防措施：减小接轴滑块间隙；改善工作辊冷却效果和磨削质量；提高支承辊刚度；合理调整压下量和轧制速度；优化辊径和辊压装置。

（二）板带钢冷轧乳化油

冷轧是指金属在再结晶温度以下进行轧制。冷轧时不会发生再结晶的过程，但会产生加工硬化。与热轧相比，冷轧板带材具有尺寸精度高、表面质量好和组织性能优的特点，同时还具有良好的力学性能、加工性能和电磁性能。

1. 板带钢冷轧工艺过程及润滑特点

冷轧是冷轧板带钢生产过程中的一个重要环节，除了冷轧外还包括酸洗、退火、平整以及涂镀等工艺过程，润滑对以上工艺过程均会产生影响。

热轧过程中金属的变形抗力低，而且氧化膜包括水都可以起到一定的润滑效果。与热轧不同，在冷轧过程中金属会产生加工硬化，使变形抗力增大，导致轧制力增大，更易产生严重的粘连现象，使得磨损严重。另外，冷轧过程中会产生热量，必须采用兼具冷却作用的润滑剂进行润滑和冷却。板带钢冷轧乳化油应满足以下性能要求。

（1）润滑性好　有效降低摩擦，减少磨损，保证加工后板带钢具有良好的表面质量。

（2）冷却性能强　满足高速轧制时的冷却要求。

（3）清净性强　在使用过程中能带走轧辊和板带表面的磨屑，轧后板面无油渍，退火后板带表面无油斑。

（4）防锈性好　可在板带表面形成均匀的油膜，实现防锈。

（5）性能稳定　满足在长期高温、高压环境下的性能稳定。

（6）使用方便　使用过程方便且便于维护管理。

（7）无毒、无害　残留物符合环保要求。

2. 板带钢冷轧乳化油的分类

由于冷轧产品的分类广，轧制工艺也存在明显的差异，所需要的冷轧乳化油也有所不同。根据基础油的不同，板带钢冷轧乳化油可分为矿物油基础油类冷轧乳化油、脂肪油基础油类冷轧乳化油和混合型基础油类冷轧乳化油。

（1）矿物油基础油类冷轧乳化油　油脂含量低，皂化值仅 10～40mgKOH/g，可用于普通碳素钢和特殊钢的冷轧轧制，使用过程中清净性较好，广泛用于连轧机、可逆轧机和森吉米尔轧机。

（2）脂肪油基础油类冷轧乳化油　基础油为动、植物油脂和合成酯，皂化值为 180～200mgKOH/g，润滑性好，可用于普通碳素钢和特殊钢的冷轧轧制，适宜高速轧制，广泛用于连轧机和可逆轧机。

（3）混合型基础油类冷轧乳化油　基础油为矿物油和动、植物油脂的混合物，皂化值为 60～160mgKOH/g，润滑性较好，可用于普通碳素钢和特殊钢的冷轧轧制，广泛用于连轧机和可逆轧机。

其中，脂肪油基础油类冷轧乳化油润滑性最高，可以满足高速、宽幅、大压下量时板带钢的冷轧轧制。

3. 板带钢冷轧乳化油的组成及其对性能的影响

板带钢冷轧乳化油的润滑性能主要由基础油、极压润滑剂和乳化剂（乳化液的稳定性）所决定，三者直接决定乳化油兑水后乳化液的润滑性能。

（1）基础油　将使用不同的基础油配制的乳化油配成5%（质量分数）的乳化液，在四球摩擦磨损试验机上进行润滑性能测试，结果见表4-3。可以看出矿物油基的轧制乳化液随着基础油（N15、N32、N46）黏度的增大，油膜强度P_B增大，摩擦因数μ降低，磨斑直径D_{10min}^{392N}有减小的趋势，说明随着矿物油黏度的增大，乳化液的油膜承载能力提高，减摩、抗磨性提升。

表4-3　不同基础油配制的乳化液的润滑性能

性能参数	N15	N32	N46	菜籽油	棕榈油	椰子油
P_B/N	510	637	726	667	696	726
μ	0.092	0.086	0.085	0.078	0.075	0.075
D_{10min}^{392N}/mm	0.431	0.427	0.405	0.402	0.400	0.398

植物油基轧制油乳化液的润滑性能主要受基础油皂化值的影响，表4-3中菜籽油的皂化值为171mgKOH/g，棕榈油的皂化值为192mgKOH/g，椰子油的皂化值为266mgKOH/g，可见随着皂化值的增大，轧制油乳化液的润滑性提高。

皂化值是轧制油润滑性的标志，通常反映了轧制油中油脂、合成酯等酯类化合物及动植物油酸的含量。有研究表明，通过选用不同的动植物油和矿物油调和，可获得不同皂化值的冷轧乳化油，并进行轧制润滑试验考察冷轧乳化油皂化值与IF钢的最小可轧厚度和总压下率的关系，研究发现冷轧乳化油的皂化值越高，其最小可轧厚度越小，总压下率越高。因此，在选择轧制油时可以重点参考其皂化值。虽然皂化值越高，冷轧乳化油的润滑性能越好，但并不能过分追求高皂化值，因为油脂含量越高，退火后带钢表面清净性会越差。

（2）极压润滑剂　极压润滑剂可显著改善冷轧乳化油的润滑性能，在不改变冷轧乳化油乳化体系的前提下，加入硫、磷类极压润滑剂进行润滑性能对比，其测试结果见表4-4，可以看出极压润滑剂的引入能够显著提升冷轧乳化油的润滑性能，摩擦因数和磨斑更小、P_B值更大。

表4-4　极压润滑剂对冷轧乳化油润滑性能的影响

性能参数	无极压添加剂	硫、磷类极压润滑剂
P_B/N	696	980
μ	0.77	0.48
D_{10min}^{392N}/mm	0.520	0.377

（3）乳化剂（乳化液稳定性）　乳化油润滑性能的调整也可以通过调整冷轧乳化油的乳化液稳定性来实现。冷轧乳化油的乳化液根据稳定性可分为稳定型、亚稳型和弥散型。乳化液的稳定性不同，其润滑效果也不同。如果乳化液太稳定，其在带钢表面的吸附性会较差，轧制区的附油量少，没有足够的油膜铺展在带钢表面，会导致润滑效果差。如果冷轧乳化油的乳化液稳定性低，乳化液容易发生析油析皂，轧制区的附油量会增多，其润滑效果会变好。

（4）板带钢冷轧乳化油的选择　由于冷轧乳化油的品种较多，不同生产工艺也存在明显的差异，因此在选择冷轧乳化油时应根据具体轧制工艺的要求来选择合适的冷轧乳化油。

4. 板带钢冷轧乳化油使用中存在的问题及预防措施

在实际冷轧轧制生产过程中，经常会碰到斑迹缺陷、热划伤、板形不良等问题，下面对常见的问题进行总结和分析。

（1）斑迹缺陷　具体如下所述。

问题描述：斑迹外观呈椭圆形，颜色中间深，四周浅，而且随着乳化液使用时间的增长，斑迹缺陷逐渐严重，斑迹缺陷问题容易出现在单机架可逆轧机的带钢表面，主要发生在卷心，严重时带头、整卷都会有。

原因分析：单机架可逆轧机道次切换时，乳化液滴落、夹带入带钢，在高温、高压条件下导致带钢氧化锈蚀；压缩空气吹扫不良；乳化液夹杂大量杂油；乳化液的防锈效果差。

预防措施：调整轧机的吹扫工艺，将残留板面的乳化液吹扫干净；控制杂油含量；选择具有优异缓蚀效果的抗斑迹冷轧乳化油。

（2）热划伤　具体如下所述。

问题描述：板带材和轧辊表面因发生局部粘连而造成损伤的一种现象。

原因分析：轧制变形区因变形功过大而产生大量的热量，致使油膜发生局部破裂；乳化液润滑性能不足，乳化液温度过低；乳化液流量不足；工作辊局部过热。

预防措施：调整乳化液的浓度及温度；增大乳化液的流量；经常检查工作辊的冷却喷嘴是否正常工作。

（3）板形不良　具体如下所述。

问题描述：板带材的外貌形状差。

原因分析：原料板形不良；轧制压下量不合理；轧辊冷却和乳化液喷射量不合理；工作辊磨损严重；冷轧乳化油的浓度、皂化值不合理；侧导板、对中装置调整不良。

预防措施：认真检查原料质量；低速轧制时，利用板形调整手段调整板形，防止跑偏事故发生；合理选择轧制油，调整乳化液的参数，调节加油加水量，控制乳化液状态；调整压下量，适当加大张力。

（4）打滑　具体如下所述。

问题描述：在轧制过程中，轧辊的圆周速度超过带钢的出口速度，带钢和轧辊之间发生相对滑动，打滑问题出现时，轧制参数会发生异常波动，轧机出现异响，带钢表面易出现边部振纹。

原因分析：乳化液浓度过高，润滑性能过剩；机架的张力、负荷分配不合理；轧辊表面粗糙度值小；轧制速度高。

预防措施：选择合适的乳化液，并保持乳化液浓度的稳定性；优化轧制工艺参数；及时更换工作辊，控制轧辊表面粗糙度；降低轧制速度，改变轧制过程中的摩擦状态。

（三）铝轧制油

铝材轧制同样包括热轧和冷轧，热轧以生产厚铝板为主，冷轧以生产铝板带（厚度0.1mm以上）、铝箔（厚度0.1mm以下）为主。随着轧机不断向高速化、大型化方向发展，人们对铝材轧制润滑剂的要求日益严格。除了需要具有良好的润滑、冷却性能外，还要兼顾安全、环保等方面的要求。

1. 铝板带热轧轧制油

铝及铝合金的热轧温度为350～520℃，轧制过程中铝材极易与轧辊发生粘连造成热轧板表面缺陷。因此，作为铝板带热轧轧制油，除了具备润滑、冷却和减少轧辊磨损的作用外，还必须有效地减少或防止轧辊粘铝，从而保证热轧坯料的表面质量。铝板带热轧轧制油通常为乳化油，兑水后为水包油型乳化液，主要包含基础油、乳化剂、极压剂、抗氧剂、防腐剂和消泡剂等。

（1）铝板带热轧工艺润滑特点　在铝板带热轧过程中，从轧制入口喷射的乳化液在与高温的铝轧件和轧辊接触时，其乳粒被破坏，油水发生分离，其中油附着在铝轧件和轧辊的表面并进入变形区，起到润滑、防止粘连的作用，而水则起冷却作用。性能优异的铝板带热轧轧制油应满足以下性能要求：①润滑、冷却性能优异。②良好的热分离性。③对铝粉的分散、清洗性好。④乳化液寿命长，便于维护管理。

（2）铝板带热轧轧制油的组成及影响润滑效果的因素　铝板带热轧轧制油是由矿物油或合成油与一种或多种添加剂（如润滑剂、抗氧剂、乳化剂、消泡剂和杀菌剂等）组成。乳化液粒径、使用浓度、使用温度都会对铝板带热轧轧制油的润滑、冷却效果以及铝板带的表面质量产生重大的影响。

1）乳化液粒径。乳化液的粒径大小与稳定性对铝板带热轧时的摩擦、粘连、铝板带表面附油量等都有重要影响。粒径较大时，有利于油水分离，从而提高铝板带表面的附油量，润滑性能较好。若乳化液的稳定性过高，势必会影响到油水分离的效果，难以实现油水分离，会导致润滑不足。因此，要根据具体轧制工艺选择合适的乳化液作为润滑剂。铝板带热轧轧制油乳化液类型及粒径的选择见表4-5。

表4-5　铝板带热轧轧制油乳化液类型及粒径的选择

项　　目	铝及铝合金粗轧	铝及铝合金精轧
乳化液类型	细密型乳化液	粗散型乳化液
平均粒径/μm	<2	<5
满足工况	咬入性	润滑性

2）使用浓度。随着乳化液浓度的提高，轧辊及铝板带表面的附油量增加，摩擦因数和轧制力减小。若乳化液的浓度过大，必然导致其冷却性能变差，甚至出现咬入打滑的问题；如果乳化液的浓度过低，则铝板带附油量少，易出现轧辊过热及铝板带出口翘头的问题。乳化液的使用浓度一般在2%～10%（质量分数），建议在轧制过程中先确定乳化液的最佳使用浓度，在满足正常轧制生产的前提下，可选择使用最低的使用浓度进行轧制。

3）使用温度。乳化液的使用温度会影响到微生物的生长和乳化液的冷却性能。一般乳化液的使用温度控制在40～60℃。最适合微生物生长的温度是30℃，微生物生长会随着温度的升高而减少，但过高的温度会导致乳化液的冷却效果变差。

2. 铝板带冷轧轧制油

（1）铝板带冷轧工艺润滑特点　铝板带冷轧通常在四辊或六辊轧机上进行，铝板带冷轧加工的过程一般分为粗轧、中轧和精轧。粗轧、中轧侧重于加大压下量，强化生产过程，缩短生产周期，轧制油的黏度要比精轧时大；精轧较侧重于保证制品表面粗糙度和板形。冷轧铝板带需要成品退火或者中间退火，对产品的表面质量、板形和表面光亮有较高的要求。此外，铝材在冷轧加工过程中同样容易发生黏辊现象，导致轧制表面质量下降。因此，性能良好的铝板带冷轧轧制油应满足以下要求：①黏度适中，有合适的润滑效果。②馏程窄、闪点高，安全性好。③冷却性好，可降低轧辊和轧件温度，控制板形。④对轧辊、设备无腐蚀。⑤低硫、低芳烃，轧后、退火后板带表面无油渍。⑥不黏轧辊且容易过滤。⑦便于维护管理。⑧无毒、低味，符合环保要求。

（2）铝板带冷轧轧制油的组成　冷轧铝材常用全油型润滑油，其主要由基础油和添加剂组成。

1）基础油。轧制油的黏度不同对轧制速度、轧件延伸能力、铝板带表面质量的影响很大。不同的轧制过程需要的轧制油的黏度也不同。粗、中轧道次可以选用较大黏度的轧制油，因为黏度大的轧制油油膜更厚，能够承受较大的道次压下量；精轧道次则宜选用黏度较小的轧制油。黏度小、沸点较低的轧制油，其冷却性、润湿性和退火清净性更优，但会增大轧制油的挥发损失并降低生产的安全性。

铝板带冷轧油的主要成分是基础油，基础油的黏度最终决定了轧制油的黏度。铝板带冷轧油的基础油一般选用轻质矿物油，需满足低黏度、窄馏程、高闪点、低硫、低芳烃含量的要求，其40℃运动黏度为1.8～2.2 mm^2/s。

2）添加剂。铝板带冷轧轧制油中一般要求只添加油性剂，能在金属表面形成物理吸附的长链脂肪酸、脂肪醇、脂肪酸酯。这类极性分子添加剂可以定向吸附在金属表面，在承受较高的压力下油膜不发生破裂，能有效提高冷轧轧制油的润滑性能，从而降低摩擦、减小磨损。由于不同添加剂的碳链长度与官能团的极性不同，其使用性能也存在很大的差异。常用的脂肪酸、脂肪醇和脂肪酸酯的性能比较见表4-6。

表4-6　常用的脂肪酸、脂肪醇和脂肪酸酯的性能比较

性　　能	脂　肪　酸	脂　肪　醇	脂肪酸酯
油膜厚度	薄	薄	厚
油膜强度	强	弱	强
浸润性	劣	优	良
热稳定性	良	良	优
表面光亮度	优	良	劣
退火清净性	良	优	良
脂肪链碳数	12～18	14～16	12～18

3. 铝箔轧制油

铝箔轧制油同样是由基础油和添加剂两部分组成，其基础油的结构组成与铝板带轧制油类似，但所用添加剂不同。

（1）铝箔轧制的润滑特点　铝箔可分为轧制箔和真空沉积箔两大类。其中，轧制箔是由厚度为0.25mm左右的坯料经过冷轧加工变成厚箔（0.200～0.025mm）、单零箔（0.025～0.010mm）和双零箔（0.006～0.008mm）。由于铝箔轧制最后几个道次轧辊已经压靠，铝箔厚度主要靠轧制的速度、张力以及轧制油的性能来调节，而且铝箔的板形也需要通过轧制油的分段冷却来控制。因此，铝箔轧制的过程中对轧制油的要求较高：①基础油的黏度适中。②润滑性良好，摩擦因数适宜。③油膜强度大，在高压下油膜不易破坏。④不腐蚀轧件和轧辊，并容易去除。⑤闪点适中，安全性好。⑥低硫、低芳烃，无毒、无味。

（2）铝箔轧制油的组成　具体如下所述。

1）基础油。铝箔轧制油的基础油结构组成与铝板带冷轧轧制油类似，只不过分子碳链较短，黏度较低。现代化铝箔轧机轧制速度达到600～2000m/min，且铝箔表面粗糙度很高，因此对铝箔轧制油提出了更高的要求，除了必须具备铝板带轧制油的一般要求外，还需要满足高速轧制的冷却性要求，其基础油的黏度应更低。另外，铝箔轧制油中芳烃的含量需要严格控制在1%（质量分数）以下，以满足环保要求。

2）添加剂。无论是铝板还是铝箔轧制油，添加剂的减摩效果与轧后材料退火表面的光亮度时常难以同时保证。摩擦因数较低时，铝材退火表面的光亮度会较差，尤其是酸酯型添加剂，强极性的酸型添加剂或分子链长的酯型添加剂可显著降低摩擦因数，但这些添加剂往往会在铝材退火时对表面造成严重的污染。因此，添加剂的选择要结合润滑效果和轧后表面质量两个方面进行，根据实际生产要求兼顾以上两个性能。

4. 铝轧制油的使用问题及预防措施

铝材在铸坯、冷轧轧制、精整和退火等工序的生产过程中，会出现一些质量缺陷。一部分缺陷来自铸轧坯料本身，在铸轧生产过程中可能暴露出来，也有可能在后续生产中暴露出来；另一部分缺陷是在冷轧、退火等加工过程中产生，这部分缺陷很多时候是由于润滑不当导致。

（1）油斑　具体如下所述。

问题描述：残留在板、带材表面的油污，退火后形成黄褐色斑痕。

原因分析：冷轧时板形不好使得带油量太大；冷轧用轧制油油品性能较差；轧制油中添加剂含量过高；液压油泄露导致轧制油污染；退火前，除油时间不够；退火工艺不合理；板面除油效果不好，风嘴位置不合理，造成吹扫不干净，板面带油量较大。

预防措施：轧制过程中控制好板形；成品轧制时减少板带的带油量；合理调整添加剂含量；避免设备润滑油泄露；使用合理的退火工艺；调整好风嘴位置，保证吹扫效果。

（2）松树枝状花纹（麻皮）　具体如下所述。

问题描述：轧制过程中产生的滑移线，会呈规律性的松树枝状花纹，虽然表面有明显色差，但仍十分光滑。

原因分析：润滑不好，致使油膜破裂；冷轧时道次压下率过大，金属在轧辊间由于摩擦力大，来不及流动而产生滑动；轧制油黏度大，流动性差，不能均匀分布在板面上；冷轧时张力过小。

预防措施：润滑剂应充足供给，保证油膜厚度和强度；正确地分配道次压下率，采用由大到小逐步递减的压下率分配，并且不同的合金其压下量应不同；选择合适黏度的轧制油；冷轧时采用合理的张力配置。

（3）腐蚀白斑　具体如下所述。

问题描述：铝材表面与外界介质接触，发生化学或电化学反应，引起表面组织破坏，腐蚀呈片状或点状，被腐蚀的板面失去金属光泽，严重时在表面产生灰白的腐蚀产物。

原因分析：生产过程中的轧制油中含有水分；在生产过程中板面吹扫系统吹出的风中残留有酸、碱或水迹留在板面上。

预防措施：控制轧制油中的水含量；保证冷轧吹扫系统中空气干燥、洁净。

（四）铜轧制油

铜具有优良的导电性、导热性，主要应用于电气工程中，如电线、电缆、变压器、家电产品等。铜板带根据不同的牌号分类，可分为黄铜板带、纯铜板带、青铜板带、白铜板带。根据轧制加工方法，铜板带又分为热轧板带和冷轧板带。

1. 铜板带热轧轧制油

由于铜板带热轧温度通常在750~850℃，所以热轧多采用乳化液进行润滑。在热轧过程中，热轧轧制油主要起三个作用。

1）冷却轧辊，保证轧辊正常工作。

2）对轧件施加热冲击，破碎其表面的氧化皮并冲走，防止压入轧件产生夹层。

3）避免轧辊和轧件之间发生粘连。

铜的热轧温度较高，而且铜的氧化物在高温下有润滑作用。铜板带初轧时，可以直接用水冷却，但水分隔介质的效果不好，容易导致轧机零件腐蚀生锈。乳化液的使用正好可以较好地兼顾热轧过程中的冷却和防锈。

2. 铜板带冷轧轧制油

由于铜板带冷轧过程中的粘辊并非积累性，因此对轧制油的要求并不高，只需要实现改善摩擦磨损的目的即可。目前铜板带冷轧-退火工艺是控制气氛的光亮退火工艺，省去了酸洗和刷洗两道工序，这就要求退火后铜板带表面必须无残留，而且铜板带的退火温度较低，仅为300~500℃。因此，铜板带冷轧油的清净性成了一个重要指标。

（1）铜板带冷轧轧制油的组成　铜的强度比铝高，变形抗力大，油基铜板带冷轧轧制油虽然具有更为优异的润滑性，但对轧制润滑系统、轧件板面的污染严重，并且随着光亮退火工艺的使用，铜及铜合金板带冷轧加工过程中越来越多开始使用乳化液进行润滑。

1）基础油。采用不同黏度的基础油（60N、150N、250N、350N）配制的乳化液进行润滑性对比（测试条件：RCP循环往复测试仪，载荷1.1GPa，频率0.67Hz，温度120℃，时间2min），如图4-2所示，高黏度基础油配制的乳化液润滑性更好。

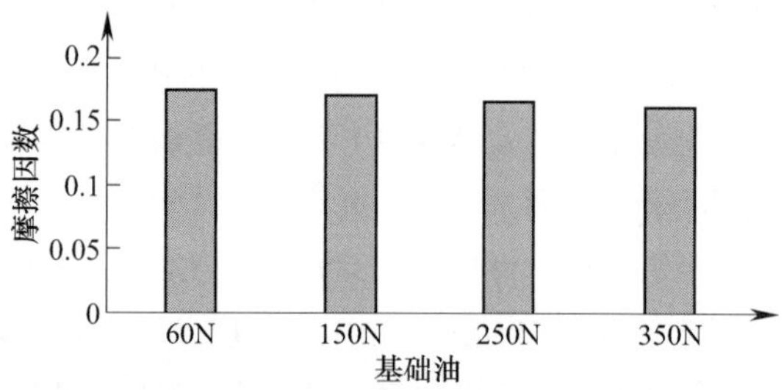

图4-2　基础油黏度对轧制液的润滑性的影响

2）添加剂。添加剂的种类和用量均会对乳化液的使用效果产生很大影响。以油膜强度P_B为例，极压润滑剂的引入可有效提高乳化液的油膜强度，防止轧制过程中油膜发生破裂。然而，极压润滑剂常常会对铜板带造成腐蚀，或者退火时产生油斑。

（2）铜板带冷轧轧制油的选择　选择铜板带冷轧轧制油必须要结合具体的轧制条件，包括合金种类、产品要求、轧制工艺及轧机性能等。铜板带的冷轧过程分为粗轧和精轧。由于粗轧往往以保证最大减薄率为宗旨，因此在粗轧生产阶段，清洁度不是关键因素，轧制油的选择范围较宽。

精轧时将经粗轧的铜材轧薄至最终产品厚度，由于在精轧过程中侧重产品的表面质量，因此应使用退火不产生油斑的低黏度、低含硫量的石油基或含有脂肪酸或合成酯的轧制油，但不能使用含硫、氯系抗磨油性剂或极压润滑剂的轧制油。

（五）不锈钢轧制油

不锈钢是指耐空气、蒸汽和水等弱腐蚀介质和酸、碱、盐等化学浸蚀性介质腐蚀的钢，又称为不锈耐酸钢。实际应用中，常将耐弱腐蚀介质腐蚀的钢称为不锈钢，而将耐化学介质腐蚀的钢称为耐酸钢。不锈钢的硬度高、变形抗力大且热传导性低，在轧制过程中轧辊易发生磨损，板面易产生划痕及变形，因此不锈钢轧制油作为不锈钢轧制过程中的润滑介质，是影响不锈钢轧制的一个重要因素。

1. 不锈钢轧制的工艺特点

从不锈钢冷轧的发展来看，由于不锈钢的特性和产品板面质量的特殊要求，其冷轧生产工艺具有如下特点。

1）不锈钢是高合金钢，变形抗力大，轧制一般采用多辊轧机，少数也采用四辊轧机，但使用的轧制油有区别。

2）不锈钢生产中退火是其中重要的环节。

3）冷轧不锈钢对表面质量有着极为严苛的要求。

4）不锈钢采用表面粗糙度很低的轧辊进行平整，在改善板形的同时提高表面光泽度。

5）不锈钢的导热性差，对轧制油的冷却性要求高。

鉴于不锈钢强度高、加工硬化快，但塑性好、变形过程中黏辊倾向大的特点，要求不锈钢轧制油要有优异的润滑性和足够的隔离能力，因此不锈钢轧制油通常为全油基。

2. 不锈钢轧制油的组成

（1）基础油　不锈钢轧制过程中会发生材料急剧硬化，需进行中间退火，且注重板面的表面粗糙度，因此要选择烷烃含量高、精制程度深、窄馏分的矿物油作为不锈钢轧制油的基础油。这类基础油在黏度一定时，馏分越窄，轻组分含量越小，闪点越高，生产作业安全性越高。

（2）添加剂　不锈钢轧制油需要较好的防黏辊性能，通常会在不锈钢轧制油中加入适当的含硫、磷、氯或金属元素的极压添加剂，以满足高轧制力条件下的油膜强度要求。当然，为了满足不锈钢轧制油长期、稳定的使用，体系中还应加入抗氧剂、清净分散剂、防锈剂和消泡剂等其他添加剂。

（六）无缝钢管热轧润滑剂

无缝钢管是一种经济截面钢材，在国民经济中具有很重要的地位，广泛应用于化工、石油、汽车、航空、航天、船舶、机械制造、能源、锅炉、电站、地质、建筑及军工等行业。无缝钢管热轧是将实心的坯料经穿孔机、轧管机热轧，然后经定径制成成品管的过程。

1. 无缝钢管热轧工艺过程及润滑特点

无缝钢管热轧是在850～1250℃的高温下进行的，变形量大，由于穿孔顶头和轧管机的芯棒局部承受摩擦时间长，并在变形过程中与产生的大量新生面紧密接触，顶头表面在变形过程中全封闭在温度很高的坯料中，摩擦条件比较恶劣，所以必须使用热轧钢管润滑剂。

鉴于无缝钢管热轧过程工艺特点，润滑剂应满足降低轧制能耗，减小和避免连轧机轧卡事故，提高轧辊使用寿命和改善热轧钢管内外表面质量等要求。润滑剂应满足以下性能要求。

1）优异的高温润滑性和抗磨性。

2）高温稳定性好，时效变化小。润滑剂在轧制过程中应当具有良好的润滑稳定性，且时效变化必须小。

3）黏度适中，以便能够完全、均匀地包覆芯棒表面形成有一定厚度且黏结良好的有效润滑层。

4）在高温状态下对金属表面无腐蚀。

5）环保无污染。

2. 无缝钢管热轧润滑剂的分类

根据主要成分可将无缝钢管热轧润滑剂分为石墨和各种矿物油组成的润滑剂、石墨+食盐润滑剂、盐类润滑剂和全油型、水-油分散型以及石墨系（水中分散型）润滑剂。

石墨和各种矿物油组成的润滑剂在使用过程中由于矿物油燃烧使金属表面增碳，长时间使用石墨会丧失抗磨性，因此该类润滑剂已逐渐淘汰。石墨+食盐润滑剂可以有效降低脱芯机的负荷，并大大减轻车间烟气。而盐类润滑剂是目前比较成熟的以氯化物和磷酸盐为主的无烟润滑剂，这类润滑剂可有效降低摩擦因数，从工艺手段来看是目前最可靠、最有效的润滑手段之一。

全油型、水-油分散型以及石墨系（水中分散型）润滑剂常用于芯棒的润滑。在轧管过程中，芯棒处在850℃以上的钢管中，并且在承受极高轧制压力的条件下与钢管产生相对滑动。因此，高性能的芯棒润滑剂就成为连轧管机组生产的关键材料。

芯棒润滑剂的主要成分是具有层状结构的石墨，主要起高温润滑作用；其他成分为添加剂，需要经过复杂的化学反应而形成，主要功能是保证水基溶液的悬浮性以及喷涂后石墨层能有效地黏结在芯棒表面并快速干燥，即使在干燥、高温的状态下石墨层也不易剥离。表4-7给出了一种石墨芯棒润滑剂的主要理化参数。

表4-7 一种石墨芯棒润滑剂的主要理化参数

外观	密度（15℃）/(gmL)	固形物（%）	pH	黏度（25℃）/(mPa·s)
黑色黏稠状液体	1.19±0.05	25±5	6~10	600~900

三、金属轧制油液的选用

金属轧制油液的品种较多，产品的性能差异巨大，如果选择的金属轧制油液不合适，不仅不会达到理想的润滑、冷却效果，反而容易产生严重的生产事故，进而影响企业正常的生产。下面主要从轧机类型、油液供给系统、轧件材质、轧制工艺、退火工艺、水质、存储条件、废液处理和安全环保性方面介绍金属轧制油液的选用。

（一）轧机类型

轧机类型决定了轧制产品的材质、规格尺寸、质量以及产量。轧机类型不同，选择的轧制油液也不同。宽带和窄带轧机轧制普通碳素钢时，轧件产品厚度相同时，宽带轧机应选用润滑性、冷却性更好的轧制油液来保证产品的表面质量和板形。采用二十辊单机架可逆轧机轧制不锈钢时，可选择全油基轧制油或乳化液进行润滑，但在使用多机架冷连轧轧机轧制不锈钢时，因轧制速度快，生产率高，对轧制油液的冷却性要求更高，因此应选择冷却性优异的轧制油液。

（二）油液供给系统

一般来说，轧制过程中的油液供给系统由净油箱、污油箱、供液泵、回流泵、过滤装置、搅拌装置等组成。油液供应系统不同可选择的轧制油液也有所不同。弥散型冷轧乳化液具有润滑性好、轧制加工后板面清洁度高的特点，但因其乳化液稳定性差、油水分离快、浓度控制困难，因此无搅拌装置的油液供给系统不应选用弥散型冷轧乳化液。而稳定型乳化液虽然润滑性较差，但自乳化性和稳定性好，对搅拌并无特殊要求，因此当油液供给系统无搅拌装置时可选用稳定型乳化液。

（三）轧件材质

轧件材质不同，对轧制油液的性能要求也不同，因此应根据轧件材质选用特定的轧制油液。硅钢不仅硬度大，易腐蚀，而且轧制过程中易产生硅－油泥，应选用润滑性高，缓蚀性好，防锈性能优异，清洗性好，抗污染能力强的轧制油液；不锈钢的硬度比普通碳素钢高，变形抗力大，导热性差，变形过程中粘辊倾向大，应选用润滑性、冷却性优异，隔离能力强的轧制油液；铝合金易腐蚀，轧制过程中易粘连轧辊，轧后对板面清净性要求高，应选用润滑性好，退火清净性优异的油基轧制油液。

（四）轧制工艺

轧制油液应根据轧制工艺如轧制规程、轧制速度等进行选用。高速、大压下量的轧制工艺对轧制油液的润滑、冷却性能要求更高。铝材粗轧和中轧工序追求大压下量，强化生产，应选用黏度更大、润滑性更好的轧制油液以满足润滑需求；精轧工序注重板面质量和退火清净性，应选用黏度小、挥发性好的轧制油。

（五）退火工艺

在冷轧过程中金属容易发生加工硬化，因此需要通过退火实现材料晶粒的细化和材料组织的调整，消除材料组织缺陷和残余应力，从而减少材料变形和产生裂纹的可能。退火工艺根据轧件材质、产品技术标准、尺寸和重卷等因素决定。退火工艺不同，对轧制油液的性能要求也有所不同。普通碳素钢以及铜板带退火工艺有时会采用控制气氛的光亮退火工艺，省去了刷洗工序，这就要求使用退火清净性优异的轧制油液。

（六）水质

由于轧制油液在使用前需要用水稀释，而且水在轧制油液中所占比例高达90%以上，所以水质是影响轧制油液使用性能的一个重要因素。一般来说，若水的电导率过高，硬度过大，其中的钙镁离子会与轧制油液中的有效成分发生反应，使之失效，如与乳化剂、助溶剂发生反应，生成皂类沉淀，导致乳化剂、助溶剂性能下降，使轧制油液体系失稳，平衡破坏，析油析皂；与防锈剂反应，导致轧制油液防锈性下降；与部分润滑剂反应，导致润滑性降低。除了水的电导率、硬度，水中的氯离子也影响着轧制油液的使用性能，主要是会导致轧件的锈蚀，发生点蚀，形成较深的腐蚀坑，甚至穿孔。所以，在选择轧制油液前应先对水质进行检测，根据水质条件选择合适的轧制油液。当水质硬度过高时，选择硬水适应性高的轧制油液；当氯离子、硫酸根离子含量较高时，选择防锈性好的轧制油液。

（七）存储条件

选择轧制油液时应充分考虑存储条件的影响，如大型高速轧机经常用到高皂化值的植物油基轧制油液，产品的倾点高，一般在10℃以下就容易凝固析出，当存储环境有保温或恒温措施时方可选用这类高倾点的轧制油液。

（八）废液处理

废轧制油液属于危险废物，必须经过处理才能排放。在选择轧制油液前，应充分考虑其废油液处理难易程度，选择废油液易于回收处理的轧制油液，以满足国家环保法律、法规的要求。

（九）安全环保性

选择金属轧制油液时应充分考虑安全环保性，应选择轧制过程中产生的油雾无异味、对人体皮肤和呼吸道无刺激及对人体无毒无害的轧制油液。工厂在选择轧制油液时应要求供应商提供产品的 MSDS 和其他禁用的化学品检测结果。

四、金属轧制油液的选用推荐

（一）产品推荐

近年来，随着我国汽车、船舶、机械等行业的飞速发展，对高品质轧制产品的需求也越来越多，同时随着环保法律、法规的日趋完善，对金属轧制油液的要求不断提高，加快了金属轧制油液的迭代升级。为了方便读者选择，表 4-8 列举出中外典型的金属轧制油液产品。

表 4-8　中外典型的金属轧制油液产品

品牌名称	品牌介绍	典型产品	产品特点及应用
奎克好富顿	由奎克和好富顿重组而来，产品涉及金属加工液、淬火油和防锈油等	QUAKEROL® 3ZEM 1.0	通过运用新型高效防锈添加剂、特殊耐高温合成酯和高分散性乳化剂包，使产品具有优异的防锈性，良好的高温润滑性和优异的轧后板面和轧机清洁性，通常使用浓度为3.0%～5.0%（质量分数），广泛应用于国内各高牌号硅钢森吉米尔冷轧机组
		QUAKEROL® CR-N805 DPD	精选低挥发、无臭、精制高效基础油及添加剂，将原来油品中气味刺激的原材料用低挥发/气味的原材料进行替代，同时油品油膜强度及抗磨性能得到显著提升；选用新型分散剂，提高对铁粉及油污的分散性能，能明显提升轧后板面以及轧机的清洁性，广泛应用于高强钢连轧机组
		TANDEMOL® 62××	通过运用绿色高效极压添加剂包、新型合成酯技术、特殊乳化剂包，使产品具有优异的热分离性，在保持稳定高润滑的同时，兼具满足新环保需求的低气味和优异的轧机清洁性，应用于用热连轧，满足高速轧制、优异的润滑性能、适当的冷却能力、高表面质量要求的乳液产品
		TANDEMOL® 63××	应用于用铝热粗轧生产大尺寸产品、大压下率、获得优异高温润滑冷却性能的乳液产品

（续）

品牌名称	品牌介绍	典型产品	产品特点及应用
福斯	专业研制、生产、销售各种车辆润滑油、摩托车油、工业润滑油及特种油脂，其金属加工油液产品也具有一定的市场影响力	TRENOIL CRC 800 Series	应用独特添加剂，能很好地控制轧制油的离水展着性能；应用高性能的极压添加剂包，酯含量高，能保持持续高效的润滑性能；应用于高压下率轧制，降低轧制力，降低能耗；低油耗、低辊耗，帮助企业显著降低成本；轧后板面残留易清洗，应用于轧制高清洁性、高质量的带钢；可用低硬度水配置使用；TRENOIL CRC 800 系列产品可广泛应用于碳钢冷连轧机和可逆轧机机组
		TRENOIL HRC Series	应用高含量酯，润滑性能好；含有离水展着促进剂，黏附性能高；抗水洗能力强；含有高性能极压添加剂包，润滑性能卓越；摩擦因数低，能很好地降低轧制力；延长工作辊寿命，延长轧制公里数；改善轧制质量，减少带钢表面氧化皮；可轻松实现降低能耗；TRENOIL HRC 系列产品可广泛应用于带有辊缝润滑系统的热轧精轧机机组
清润博	依托于清华大学天津高端装备研究院雄厚的科研实力，清润博以技术创新和产品质量为核心竞争力，涉及润滑油、金属加工液制造及废液无害化处理等领域	QF-1801	由高润滑性精炼植物油和合成酯为基础油，与多种功能型添加剂复配而成，满足硅钢轧制过程中的润滑要求；采用先进的缓蚀抑制技术，可显著降低单机架可逆轧机的斑迹缺陷；应用于三菱日立 1420mmUCM 轧机，用于中、低牌号无取向硅钢的冷轧轧制
		QF-1102	采用新型的极压润滑剂，润滑性好，满足在高杂油、高电导率条件下轧制的润滑需求；采用特殊的乳化体系，可使用地下水配置乳化液，保证在全寿命周期内乳化液的稳定性；板面清净性好，乳化液使用寿命长；广泛应用于各类窄带连轧轧机机组
安美	具有 30 余年工业用化学品的研究及应用经验，产品包括工业润滑油、金属加工液、特种润滑脂、防锈及表面处理剂等	AL7410	弥散型大颗粒技术，应用于中低速、小型轧机的冷轧薄板、冷轧带钢的轧制工艺；良好的铁粉分散性能，优异的抗氧化性能，退火后表面清净性优良，能更大程度地发挥乳化液的润滑和冷却作用；有效降低轧辊磨损，延长轧辊寿命，并能提供优异的工序间防锈性能；主要应用于钢材的冷轧轧制
		AL7300	带钢冷轧油 AL7300 系列以高黏度指数之精炼窄馏分低黏度矿物油为基础油，添加多量极压添加剂、油性剂、防锈剂等，专为要求严苛的不锈钢及冷轧板多辊轧机冷轧而研制，应用于森吉米尔辊轧机（SENDZIMIR 600m/min）、欧美各国单机架多辊可逆式轧机，用于不锈钢的冷轧轧制

（二）选用案例

1. 板带钢热轧油选用案例

基于某企业对热轧过程中的轧辊寿命和板面质量的需求，采用福斯 TRENOIL HRC 177 进行轧制。该产品性价比高，与水混合后低浓度应用，很好地改善轧制变形区的摩擦和减少工作辊磨损。产品性能特点：①应用高含量酯，润滑性能好。②含有离水展着促进剂，黏附性能高。③抗水洗能力强。④含有高性能极压添加剂包，润滑性能卓越。⑤摩擦因数低，能很好地降低轧制力。⑥延长工作辊寿命，延长轧制公里数。⑦改善轧制质量，减少带钢表面氧化皮。⑧可轻松实现降低能耗。

该产品应用于 CSP 7 机架 2250mm 精轧机，轧制辊缝润滑系统，直喷油水混合使用浓度为 0.3% ~0.5%。轧制过程应用效果：①平均轧制力下降 10%。②工作辊表面磨损减少（见图 4-3），工作辊轧制公里数延长 30%。③后道酸洗板质量得到提升。

图 4-3　轧辊辊面磨损

2. 板带钢冷轧乳化油选用案例

（1）绿色环保型超高润滑轧制油　近年来，南方某钢厂超高强度冷连轧生产线由于附近居民对异味的投诉，同时对于目前油品在超高强钢润滑性和经济性（需要高浓度轧制）上存在迫切的改进驱动力，因此采用奎克好富顿公司的一款新型绿色超高润滑性 QUAKEROL® CR-N805 DPD 轧制油。在该产品中，精选低挥发、无臭、精制高效基础油及添加剂，将原来油品中气味刺激的原材料用低挥发/气味的原材料进行替代，同时油品油膜强度及抗磨性能得到显著提升；选用新型分散剂，提高对铁粉及油污的分散性能，能明显提升轧后板面以及轧机的清洁度。

QUAKEROL® CR-N805 DPD 轧制油使用后达到以下使用效果：①乳化液的使用浓度从2.7% ~3.0%（质量分数）下降到 1.6% ~1.9%（质量分数），轧制负荷与切换前相当，润滑性能有明显的提升，同时降低乳化液的 COD，油耗由原来的 0.25 ~0.30kg/t 钢下降为 0.18 ~0.20kg/t 钢。②普通碳素钢反射率提高 5%，高强钢（60kg 级）反射率均略有提高 2% ~3%。③环保性能，臭气浓度（无量纲）由原先的 730 下降到平均 90 左右。

（2）高牌号硅钢森吉米尔轧机冷轧轧制油　由于轧制油在高牌号硅钢森吉米尔轧机轧制过程中的润滑性和经济性需求，奎克好富顿公司开发了高牌号硅钢森吉米尔轧机冷轧轧制油 QUAKEROL® 3ZEM 1.0，这是一款专用于高牌号硅钢冷轧的乳化油产品。通过运用新型高效防锈添加剂、特殊耐高温合成酯和高分散性乳化剂包，使产品具有优异的防锈性，良好的高温润滑性和优异的轧后板面和轧机清洁性，成功应用于国内各高牌号硅钢森吉米尔冷轧机组。通常使用浓度仅为 3.0% ~5.0%。

（3）低斑迹硅钢冷轧轧制油　南方某大型钢厂使用单机架可逆轧机进行中、低牌号无取向硅钢的冷轧轧制过程中在带头、带尾产生较严重的斑迹缺陷，更换多家轧制油后均无明显改观。清润博开发了 QF-1801，在该产品中由高润滑性精炼植物油和合成酯为基础油，与多种功能型添加剂复配而成，满足硅钢轧制过程中的润滑要求；采用先进的缓蚀抑制技术，可显著降低单机架可逆轧机的斑迹缺陷。

该款轧制油应用于1420mm单机架六辊可逆轧机，用于轧制中、低牌号无取向硅钢，规格为(0.3~0.5)mm×(1080~1240)mm，乳化液使用浓度为2.5%~3%（质量分数）。轧制后达到以下应用效果：①因斑迹缺陷导致的封闭损失降低50%以上。②硅钢板面反射率提高4%~7%。

（4）低油耗钢冷轧轧制油　为降低碳素钢薄料轧制过程中的油耗，采用福斯钢冷轧轧制油TRENOIL CRC 863。该产品特别适用于可逆轧机轧制薄料、光亮料。产品性能上呈现如下特点：①应用独特添加剂，能很好地控制轧制油的离水展着性能。②应用高性能的极压添加剂包，酯含量高，能保持持续高效的润滑性能。③应用于高压下率轧制，降低轧制力，降低能耗。④低油耗、低辊耗，帮助企业显著降低成本。⑤轧后板面残留易清洗，适用于轧制高清洁度、高质量的带钢。⑥可用低硬度水配置使用。

该产品用于单机架六辊1010mm可逆式轧机，轧制钢种为SPCC，轧制规格为（0.17~0.27）mm×（650~950）mm，单程最大压下率为90%，采用地下水配液，使用浓度为2%（质量分数），取得油品t钢消耗较之前下降24.5%的应用效果。

参考文献

[1] 杨春华，王洪斌，陈志．国内外金属加工润滑剂技术水平及发展趋势［J］．润滑油，2007，22（6）：5-9.

[2] 梁治齐，李金华．功能性乳化剂与乳状液［M］．北京：中国轻工业出版社，2000.

[3] 罗来康．特种粘接技术及应用实例［M］．北京：化学工业出版社，2003.

[4] 胥福顺，陈德斌，岳有成，等．铝及铝合金轧制技术［M］．北京：冶金工业出版社，2018.

[5] 孙建林．材料成形摩擦与润滑［M］．北京：国防工业出版社，2007.

[6] 黄贞益．现代工业概论［M］．上海：华东理工大学出版社，2008.

[7] 孙建林．钢铁轧制润滑技术发展与展望［J］．润滑油，2010，25（4）：1-5.

[8] AZUSHIMA A，XUE W D，YDSHIDA Y. Lubrication mechanism in hot rolling by newly developed simulation testing mechine［J］. CIRP Annals，2007，56（1）：297-300.

[9] 孙训华．热轧油在中厚板轧机上的应用［J］．钢铁研究，1986（3）：16-25.

[10] 程宏远．第5届中国金属学会青年学术年会论文集［C］．北京：中国金属学会，2010.

[11] 王继全．热轧带钢头部飞翘原因分析及对策［J］．四川冶金，2004（3）：11-13.

[12] 谷臣清．材料工程基础［M］．北京：机械工业出版社，2004.

[13] 王士庭，朱广平，王一助，等．第二届轧制润滑技术学术研讨会论文集［C］．北京：北京机械工程学会，2009.

[14] 张军，孙建林，蔡文通，等．板带钢冷轧乳化液及润滑效果研究［J］．润滑与密封，2007，32（9）：119-121，147.

[15] 康永林．轧制工程学［M］．北京：冶金工业出版社，2004.

[16] 鲁斐，马千，刘腾飞，等．硅钢冷轧板面黑斑缺陷原因分析及控制［J］．天津化工，2019，33（3）：36-38.

[17] 白振华，吴安民，王骏飞，等．热滑伤判断条件及其影响因素［J］．钢铁研究学报，2006，18

(1)：20-23.

[18] 黄福川，熊维程，陈玉宝．铝冷轧制油应用和生产工艺研究 [J]．润滑油，2002，17 (5)：36-40.

[19] 苑光照，姜伟，罗芳，等．新一代铝材轧制油成分对其润滑性能的影响 [J]．轻合金加工技术，2016，44 (11)：23-26.

[20] 孙建林，吴晓东，康永林，等．铝板带轧制油中添加剂的综合评价与实验研究 [J]．润滑与密封，2004 (2)：5-8.

[21] 张光炎，王祝堂．铝合金厚板生产工艺和实测性能及缺陷分析 [J]．轻合金加工技术，2014，42 (5)：1-16.

[22] 马永宏．2009 润滑油技术经济论坛论文文辑 [C]．大连：润滑油杂志社，2009.

[23] 西鹏，高晶，李文刚．高技术纤维 [M]．北京：化学工业出版社，2004.

[24] 张汝忻，王起江，陈妙祥，等．SJ-3 芯棒润滑剂的研制及其综合性能考察 [J]．摩擦学学报，1992，12 (4)：340-346.

[25] 周晓锋，史庆志，张传友．提高 MPM 连轧管机组芯棒使用寿命的措施 [J]．钢管，2010，39 (4)：70-73.

第五章

热处理油液

一、概述

热处理是指金属材料在固体的状态下，通过控制温度（加热、保温及冷却），获得预期组织结构和性能的一种金属热加工工艺。以钢铁材料为例，其工艺曲线可以分为三个阶段。

第一阶段，加热过程。将材料加热到800～1200℃，实现材料组织由珠光体向奥氏体的转变。

第二阶段，保温过程。实现材料组织的完全奥氏体化。

第三阶段，冷却过程。在不同的冷却速度下，控制材料组织由奥氏体转变为马氏体、贝氏体、珠光体或多种混合组织。

热处理就是对金属材料的加热和冷却的加工过程。以两者的重要性而论，加热仅占两成，冷却要占八成，这就是热处理的“二八”规则。淬火冷却作为热处理工艺中最重要的工序，能够实现对金属材料组织的调控，从而优化金属材料组织。其目的有：提高齿轮、轴及各类结构件用低中碳钢材料的强韧性；提高轴承、模具用高碳钢材料的硬度和耐磨性；提高不锈钢件和耐热钢件的耐蚀性和耐热性；提高弹簧用中、高碳钢和合金钢材料的弹性；提高永久磁铁用高碳钢材料的硬磁性；提高各类机器结构零件材料的综合力学性能。

淬火冷却是一个十分复杂的热处理过程，其中，淬火冷却介质是该过程的关键因素。因此，本章首先对淬火方法进行简单介绍，然后重点对淬火冷却介质的研究和正确选择进行全面介绍。

二、淬火方法

淬火方法按淬火冷却介质不同分类，可分为水冷淬火、油冷淬火、空冷淬火、风冷淬火、气冷淬火、盐水淬火和有机聚合物水溶液淬火；按冷却方式不同可分为喷液淬火、喷雾冷却淬火、热浴淬火、双液淬火、自冷淬火、模压淬火和预冷淬火（又称为延迟淬火）；按加热冷却后所需求的材料组织不同，可分为马氏体分级淬火、贝氏体等温淬火和亚温淬火。实际工业生产过程中，需要根据不同的材料和性能要求选用不同的淬火方法。常用的方法有单液淬火、双液淬火、分级淬火和等温淬火，此外还有预冷淬火、复合淬火、局部淬火、自回火淬火等。下面重点对几种淬火方法进行简单介绍。

1）单液淬火法。它操作简单，可实现机械化和自动化，直接将材料放入单一介质中进行冷却，其淬火冷却曲线如图5-1中的曲线1所示。但这种方法极易让材料内部形成组织应力、内应力和热应力，使材料发生变形和开裂，常用于形状简单、尺寸不大、变形要求不严格的碳素钢件，通常根据材料的热导率、淬透性、尺寸和形状等参数选择不同的淬火冷却介质。

2）双液淬火法。在冷却过程中采用两种淬火液先后进行冷却，其淬火冷却曲线如图5-1中的曲线2所示。先在快速冷却剂中冷却到 *Ms* 点（过冷奥氏体开始转变为马氏体的温度点）左右，再迅速将工件放入另一种降温速率较慢的淬火冷却介质中，进行慢速冷却，直至马氏体转变结束。一般是“先水后油”“先水后硝盐”“先水后空气”或“先油后空气”，可应用于形状复杂件或高碳钢、合金钢制作的大型工件的淬火。使用该方法时，应重点关注工件在水中的冷却时间，过少容易造成材料淬不硬，过多容易淬裂。

3）分级淬火法。它也称为分段淬火，其淬火冷却曲线如图5-1中的曲线3所示。先将加热后的工件放入液温稍高或稍低于 *Ms* 点的淬火冷却介质中，待工件内部温度与淬火冷却介质温度相近时（工件材料组织不发生变化），将工件取出，再空冷缓慢冷却至室温。一般是采用温度高于 *Ms* 点10～30℃的熔盐、熔碱介质。该方法处理后，材料的组织应力和热应力较小，可大大减少淬火造成的缺陷，适用于形状复杂或尺寸要求严格的小型工件、高速钢和高合金工具钢、模具钢。

4）等温淬火法。将高温工件放入高于 *Ms* 点的淬火冷却介质中，通过保温使奥氏体转变为贝氏体，然后采用空冷方式冷却，其淬火冷却曲线如图5-1中的曲线4所示。等温淬火法还可细分为马氏体等温淬火法、贝氏体等温淬火法、索氏体等温淬火法和预冷等温淬火法。

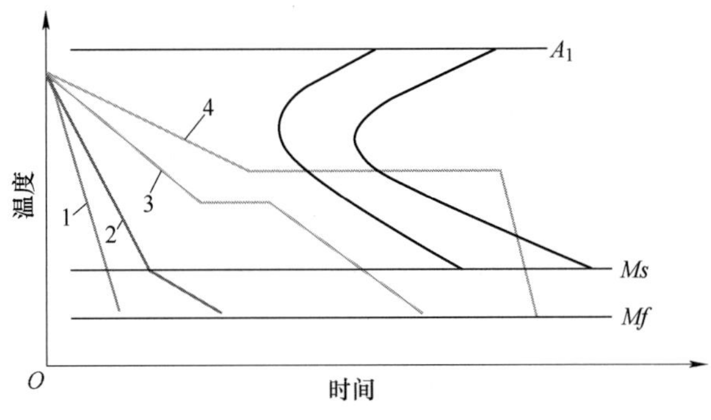

图5-1 淬火冷却曲线

三、热处理油液

热处理冷却过程中，淬火冷却介质的流动性能、化学挥发性、黏度等理化性能会直接影响材料的淬硬性和淬透性，最优的淬火冷却介质应该在保证工件可以转变为马氏体的同时尽量减少淬火应力的产生。淬火冷却介质冷却工件过程，会经历三个阶段。在高温材料与低温淬火冷却介质接触的瞬间，部分介质被汽化，这是冷却过程的第一阶段，即蒸汽膜阶段。该阶段通常会持续几秒钟，使整个工件表面能够快速均匀冷却。随着冷却时间的延长，蒸汽膜发生破裂，淬火冷却介质再次接触高温材料并吸收大量热量，产生大量气泡，此阶段称为沸腾阶段，对于尺寸较大的零件，可以通过延长沸腾时间实现更好的淬火效果。当材料温度下降到一定数值后，淬火冷却介质不再沸腾，其内部产生热对流，此阶段称为热对流阶段。

在材料的冷却过程中存在一个理想的冷却特性曲线。图5-2所示为钢在淬火冷却介质中的理想冷却特性曲线。从冷却特性曲线上可以看出，在淬火初期，为尽量避免热应力的产生，应该缓慢冷却；同样是为减少淬火时内应力的产生，工件温度在 Ms 点附近时同样需要缓慢冷却；在珠光体转变曲线“鼻子”处，需要快速冷却，此区域材料组织属于过冷奥氏体最不稳定的阶段。总体而言，淬火冷却介质应保证材料在中温时降温速率大，低温时降温速率小。

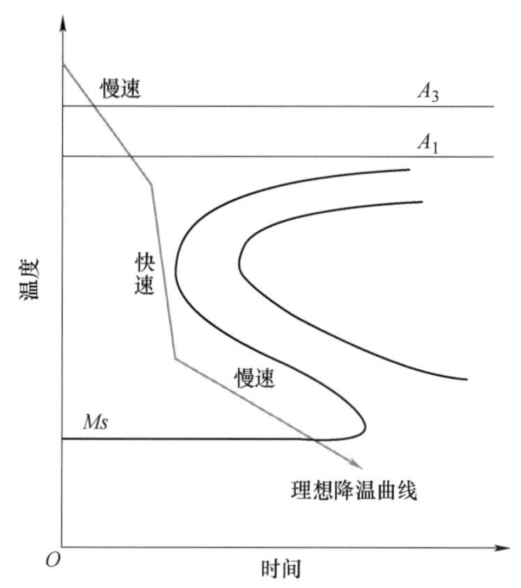

图 5-2 钢在淬火冷却介质中的理想冷却特性曲线

为保证不同材料分别拥有理想的冷却特性曲线，种类繁多的淬火冷却介质相继涌现，在实际应用中可根据材料的尺寸、形状及种类选择合适的淬火冷却介质。淬火冷却介质按形态可分为液态、气态（空气、压缩空气、液化气等）和固态（流态床、金属板等）三种，其中液态淬火冷却介质使用最多。液态淬火冷却介质又可分为发生物态变化和不发生物态变化两类，前者主要包括油质、水质淬火冷却介质和水溶液等，后者主要包含各种熔融状态的盐、碱和金属等。当然，除了冷却能力外，淬火冷却介质还应保证材料表面的清洁性及其自身在使用过程中的稳定性、烟雾性、毒性。目前，较为常用的淬火冷却介质主要包括水、淬火油等。JB/T 6955—2008 中指出了常用淬火冷却介质一般技术要求和应用范围，见表 5-1。

表 5-1 常用淬火冷却介质一般技术要求和应用范围

淬火冷却介质		一般技术要求	应用范围
水及水溶液	水	清洁、流动（或循环、搅拌）；水温 20 ~ 40℃；水的冷却特性见表 5-2	碳素结构钢、碳素工具钢、合金结构钢、铝合金、铜合金和钛合金
	无机盐水溶液	按要求选择浓度：常用浓度（质量分数为 5% ~ 15%）；高浓度（质量分数≥20%、饱和浓度）；液温 20 ~ 45℃；循环或搅拌；pH 6.5 ~ 13。无机盐水溶液的冷却特性见表 5-3	碳素结构钢、低合金结构钢、碳素工具钢
	聚合物水溶液	按专用产品技术条件及要求选择浓度；低浓度、中等浓度、高浓度；液温 20 ~ 50℃；搅拌或循环；pH 8 ~ 12（或按专门规定）；聚合物水溶液的冷却见表 5-4	碳素结构钢、合金结构钢、轴承钢、弹簧钢、碳素工具钢、合金工具钢、铝合金、球墨铸铁和灰铸铁
淬火油	L-AN 全损耗系统用油	按 GB 443—1989 技术条件；最高使用油温应低于闪点 80℃；常规油温 20 ~ 80℃；热油油温 > 80℃；循环或搅拌；L-AN 全损耗系统用油的冷却特性见表 5-6	碳素工具钢、合金结构钢、合金工具钢、轴承钢、弹簧钢和高速钢
	专用淬火油	按工艺要求选择不同淬火油（快速、光亮、等温、真空及回火油）；技术条件按生产企业标准；最高使用油温应低于闪点 80℃；常规油温 20 ~ 80℃；热油油温 > 80℃；循环或搅拌	

（续）

淬火冷却介质		一般技术要求	应用范围
热浴	盐浴	使用温度允许波动范围 ±10℃；按要求浴温选择配方，见表5-8；硝盐浴氯离子质量分数≤0.3%；硫酸根质量分数≤0.5%；pH 6.5～8.5	碳的质量分数≥0.45%的碳素结构钢、碳素工具钢、合金结构钢、合金工具钢和高速钢
	碱浴	使用温度允许波动范围 ±10℃；按要求选择配方见表5-8；碳酸根质量分数≤4%	

（一）水

水作为最经济、最广泛使用的淬火冷却介质，具有无毒、理化性能稳定、冷却性能强等特点。18℃的水在650～550℃的冷却速度约为600℃/s，能保证材料组织迅速由奥氏体转变为马氏体。水的冷却特性曲线如图5-3所示（采用直径为20mm的银球作为探头），可见380℃为20℃静止水的特性温度，800～380℃、380～100℃和100℃至室温三个阶段分别为蒸汽膜阶段、沸腾阶段和热对流阶段，三个阶段的平均冷却速度分别为180℃/s、200℃/s和100℃/s。

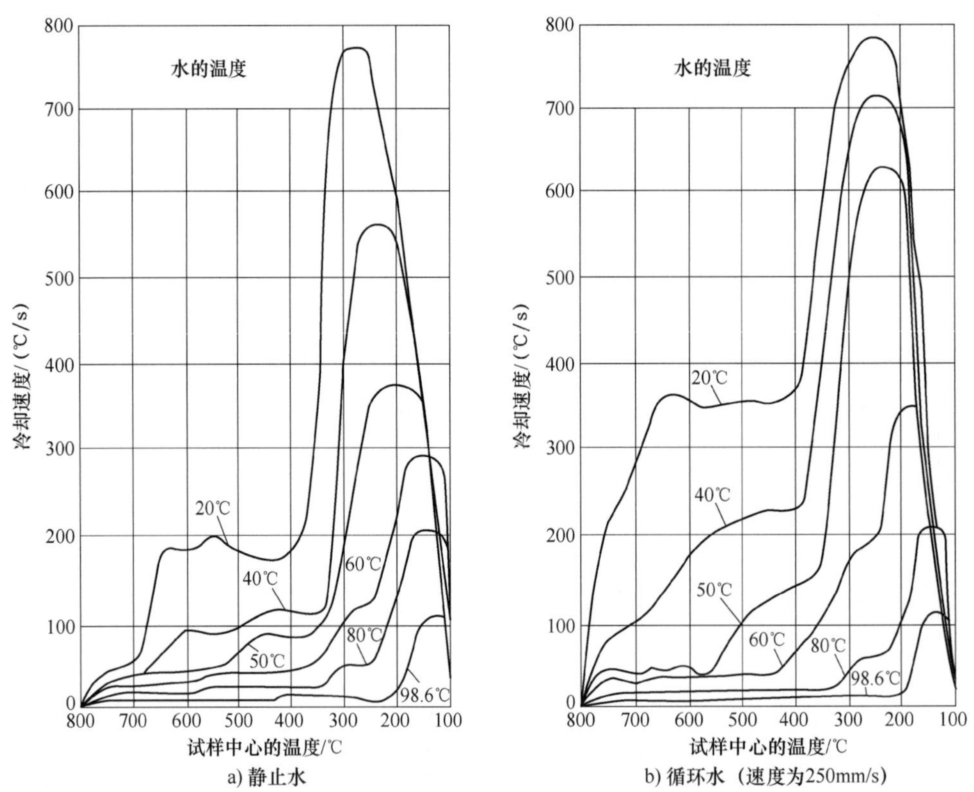

图5-3　水的冷却特性曲线

作为淬火冷却介质，水同样存在一些较为明显的缺点。例如：在低温（300～200℃）区间内，水处于沸腾阶段，冷却速度过快，易使材料组织转变过快，造成极大的内应力，导致材料变形甚至开裂；初始温度对水的冷却特性有很大影响，初始水温较高时，其冷却效果急剧变差；一些难溶或微溶杂质（如油、肥皂）的混入会加速蒸汽膜的形成并提高膜的稳定性，使处理后的材料容易产生软点。

当然，我们可以通过控制水的温度和状态实现对水冷却效果的改善。水的冷却特性见表5-2（参照JB/T 6955—2008），但水温度和状态的控制需要添加额外的设备，这必然会增加整体生产的成本，同时材料性能的稳定性也会受到较大影响，故水作为淬火冷却介质的推广和应用受到限制。纯水仅应用在少数淬透性低、形状简单和截面尺寸小的碳钢材料的淬火过程。

表5-2　水的冷却特性

淬火冷却介质	温度/℃	状态	最大冷却速度		300℃冷却速度/（℃/s）
			所在温度/℃	速度/(℃/s)	
自来水	10	静止	669	253	83.0
	30	静止	614	218	83.0
	30	搅拌	660	236	91.2
	50	静止	584	172	83.0
	70	静止	450	122	76.8

研究发现，在水中添加适量的盐等无机物或有机高分子聚合物，形成各种不同的无机盐/聚合物水溶液，可改善水的淬火性能，目前这类介质在淬火技术中具有重要地位。但这类淬火冷却介质中，溶质的浓度对淬火冷却速度影响大。在日常生产使用中，由于蒸发、工件沾带等原因，浓度常常会发生变化，所以在连续使用过程中，需定期参照JB/T 4392—2011中的分析方法对水溶液介质的成分、浓度、密度、黏度和pH等指标进行监测。

（二）无机盐水溶液

无机盐水溶液比较稳定，具有无毒、难污染、难分解等特点。无机盐水溶液作为淬火冷却介质时，会在高温材料表面析出结晶盐粒并发生爆裂，破坏蒸汽膜及材料表面氧化皮，从而改善高温区的冷却效率和冷却均匀性。利用无机盐水溶液作为淬火冷却介质时，材料容易淬硬，不易产生局部软点或软带。在JB/T 6955—2008中指出了温度为30℃的几种典型静止无机盐水溶液的冷却特性，具体数值见表5-3。

表5-3　无机盐水溶液的冷却特性

淬火冷却介质	浓度（质量分数,%）	密度/(g/cm^3)	最大冷却速度		300℃冷却速度/(℃/s)
			所在温度/℃	速度/(℃/s)	
氯化钠水溶液	5	1.0311	714	266	96.0
	10	1.0744	720	272	93.0
	20	1.1477	678	178	88.6
	30	1.1999	650	146	81.5

（续）

淬火冷却介质	浓度（质量分数,%）	密度/(g/cm³)	最大冷却速度		300℃冷却速度/(℃/s)
			所在温度/℃	速度/(℃/s)	
氯化钙水溶液	5	1.0399	692	247	90.2
	10	1.0818	691	243	88.1
	20	1.1838	671	241	84.2
	40	1.3299	661	233	78.3
碳酸钠水溶液	5	1.0232	699	262	86.5
	10	1.0421	699	245	87.2
	20	1.0818	664	210	85.3
氢氧化钠	5	1.0529	693	286	91.8
	10	1.1144	703	291	95.7
	15	1.2255	690	297	86.5
	20	1.3277	685	277	84.3
复合盐类淬火液	3	1.0261	638	239	94.2
	6	1.0502	660	260	96.3
	10	1.0853	669	264	95.3

下面对几种典型的无机盐水溶液淬火冷却介质进行展开介绍。

1. 氯化钠水溶液

氯化钠水溶液常用的浓度为5%～15%（质量分数），浓度越高，冷却能力越强，但浓度超过17%（质量分数）后，会由于黏度增大造成冷却能力下降。15%（质量分数）氯化钠水溶液的最大冷却速度为2600℃/s（水的最大冷却速度为780℃/s）。氯化钠水溶液的使用温度一般低于60℃，广泛应用于部分碳素工具钢及结构钢材料的淬火，但淬火后应及时清洗并做防锈处理。当氯化钠水溶液作为淬火冷却介质时，高温区的冷却能力约为纯水的10倍且其蒸汽膜破裂的温度高于纯水，处理后的材料硬度较高且较为均匀。因此，在碳素钢淬火领域中，氯化钠水溶液基本替代了纯水，但氯化钠水溶液同样存在低温区间冷却速度较低的问题。

2. 氯化钙水溶液

氯化钙水溶液的使用温度一般为20～70℃，饱和氯化钙水溶液的最大冷却速度为1300℃/s，此时对应的工件温度为600℃左右。氯化钙水溶液在300℃以下冷却速度明显降低，是具有良好冷却性能的淬火冷却介质。饱和氯化钙水溶液最适用于小、薄零件和形状复杂零件的处理，可以有效降低零件开裂的概率，并且相关处理工艺过程成熟。但饱和氯化钙水溶液容易在低温长期静置过程中发生结晶析出，影响其冷却能力。

3. 碳酸钠水溶液

碳酸钠水溶液常用的浓度为3%～20%（质量分数），使用温度一般低于60℃。低浓度碳酸钠水溶液的用途跟氯化钠水溶液相似，但冷却能力稍弱，高浓度［15%～20%（质量分数）］碳酸钠水溶液适用于厚度超过25mm的轴承钢淬火。

4. 氢氧化钠

氢氧化钠常用的浓度为5% ~15%（质量分数），以10%（质量分数）氢氧化钠作为淬火冷却介质时，由于在不同温度下的冷却速率不同，趋势是高温区大、低温区相对较小，比纯水和氯化钠水溶液更符合理想的淬火冷却特性曲线，因此得到的材料硬度更高、更均匀，不易发生变形或开裂，且工件表面光洁，常用于碳素工具钢和结构钢的淬火。随着氢氧化钠浓度的增大，其冷却效果会发生较大变化。在15%（质量分数）时，冷却效果大幅提高，导致在马氏体转变区域冷却速率过大；当浓度继续增大到50%（质量分数）时，冷却速率又变得较为理想，尤其在温度为96℃时，可以用于断面较大、水淬易开裂、油淬硬度不够的碳素钢材料。但整体而言，氢氧化钠腐蚀性强、有刺激性气味、易老化变质，应用不及氯化钠水溶液广泛。

5. 氯化镁水溶液

30%（质量分数）的氯化镁水溶液在550℃左右时有最大冷却速度（1 600℃/s 左右），其在低温区（<300℃）时，由于黏度的增大其冷却速度明显降低。氯化镁水溶液通常使用密度为1.05 ~1.46g/cm³的饱和水溶液，使用温度为10 ~60℃，使用状态为静止、搅拌、循环均可。它适用于碳素结构钢、工具钢和低合金结构钢、弹簧钢等材料的淬火。

6. 三硝水溶液

常用组分（质量分数）为：25% $NaNO_3$ +20% $NaNO_2$ +20% KNO_3 +35% H_2O，密度为1.45 ~1.50g/cm³。过饱和三硝水溶液比油的冷却速度快3倍，低温区介于水和油之间。过饱和三硝水溶液与水和油的冷却能力对比如图5-4所示。过饱和三硝水溶液是较为理想的淬火冷却介质。但其在使用时，一定要使用其饱和水溶液，否则容易发生淬裂。在对碳素钢和合金钢进行处理时，其密度要分别严格控制在1.40 ~1.45g/cm³和1.45 ~ 1.50g/cm³，使用温度控制为20 ~60℃。在使用过饱和三硝水溶液作为淬火冷却介质时，可以在工件冷却至200 ~300℃时，取出工件让其在空气中冷却至室温，这样处理能够更好地防止淬裂。

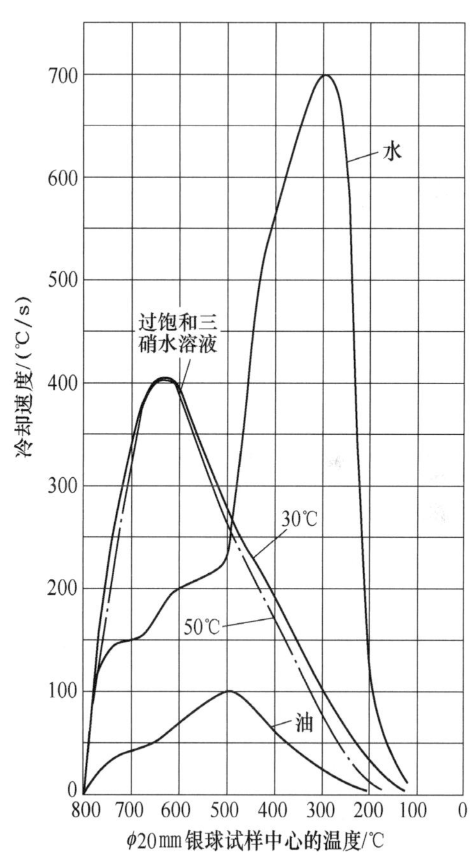

图5-4 过饱和三硝水溶液与水和油的冷却能力对比

7. 水玻璃（硅酸盐）**水溶液**

该类型的淬火冷却介质是将水玻璃用水稀释后添加一种或多种盐、碱制备而成。水玻璃水溶液的模数（$M = SiO_2/Na_2O$）、浓度均可调节其冷却速度，其冷却特性曲线与纯水相似。水玻璃水溶液的最佳使用温度为30 ~65℃，是一种较为理想的淬火冷却介质，适用于轴承钢、低合金结构钢和碳素结构钢的淬火。

（三）聚合物水溶液

在水中加入聚烷撑乙二醇、聚乙烯醇、聚丙烯酰胺等聚合物形成聚合物水溶液淬火冷却介质。不同的聚合物对介质的冷却性能影响不同，大多数聚合物水溶液都属于成膜型淬火冷却介质，其冷却效果与工件表面聚合物膜的成膜机制、结构和强度密切相关。该类淬火冷却介质的冷却速度与溶液浓度、温度和聚合物膜厚度均成反比，与介质流动速度成正比。聚合物水溶液作为淬火冷却介质将是未来的主要发展方向，将逐步替代淬火油和水。作为参考，JB/T 6955—2008中列举了30℃聚合物水溶液的冷却特性，具体数值见表5-4。

表5-4　30℃的聚合物水溶液的冷却特性

淬火冷却介质	浓度（质量分数,%）	液温/℃	冷却特性		
			最大冷却速度所在温度/℃	最大冷却速度/(℃/s)	300℃冷却速度/(℃/s)
聚丙烯酸钠水溶液	5	30	343	93	84.0
	10		291	66	64.6
	15		257	56	41.4
	20		271	52	48.1
聚乙烯醇水溶液	0.1	30	623	200	82.6
	0.3		549	159	55.2
	0.5		506	135	43.0
	0.5		472	102	33.2
PAG聚合物水溶液	5	30	705	179	80.5
	8		700	170	68.1
	10		731	165	58.6
	12		710	158	47.4
	15		707	153	43.7
	20		710	145	39.5

聚合物水溶液淬火冷却介质中，只有PAG、PVA和PAM等几种在我国得到广泛的实际应用，其中PVA的使用量最大。下面对这几种常用的聚合物水溶液淬火冷却介质进行具体介绍。

1. PAG

中文名称为聚烷撑乙二醇，又称为聚醚合成油，是聚合物水溶液淬火冷却介质中的典型代表，也是目前使用最多的聚合物淬火冷却介质。PAG聚合物淬火冷却介质浓缩液为微黄色黏稠液体，密度在1.05～1.15g/cm³，40℃的运动黏度为200～700mm²/s，沸点不低于70℃，pH为8～10，折光率为1.39，一般使用浓度为5%～20%（质量分数），拥有良好的冷却均匀性，适用于工件的整体淬火。该淬火冷却介质具有逆溶性，温度升高后，PAG会发生析出并在材料表面形成热阻层，让低温区的冷却速度与淬火油相似，实现低浓度替代水、高浓度替代油的冷却效果。PAG水溶液淬火冷却介质的冷却速度介于水和油之间，调节浓度可以改变冷却速度。浓度低，可接近或稍大于水的冷却性能；浓度高，冷却性能可接近于油，代替油。这类淬火冷却介质适用于喷冷淬火和整体淬火的淬火方式。不同种类的PAG水溶液的冷却速度可覆盖氯化钠水溶液和油之间的全部冷却速度范围，且长期使用过程中性能稳定，一般使用寿命不低于1年。

2. PVA

聚乙烯醇（PVA）水溶液是最早使用的聚合物水溶液淬火冷却介质。一般而言，PVA水溶液淬火冷却介质的使用寿命应不低于3个月。PVA淬火冷却介质浓缩液的外观为浅黄色半透明液体，密度为1.05～1.15g/cm^3，pH为6～8，折光率为1.34。PVA淬火冷却介质的使用浓度低，一般为0.3%（质量分数）左右，且价格便宜，使用简单。在淬火过程的蒸汽膜阶段，PVA会在蒸汽膜周围形成黏性膜，延长蒸汽膜的持续时间，从而降低冷却速度；在沸腾阶段，黏性的PVA膜破裂，冷却速度变快；进入热对流阶段后，PVA又重新形成黏性膜，再次降低冷却速度，这将有利于避免工件发生开裂或变形。该淬火冷却介质在高温区的冷却速率与水近似，低温区比水慢。但PVA水溶液的冷却性能随浓度变化较为敏感，存在冷却速度不稳定的缺点，很难保证淬火质量的均一性，而且在工件表面生成的聚合物层不能再溶解，易形成残留，目前使用相对较少。

3. PAM

聚丙烯酰胺（PAM）水溶液的稳定性比其他聚合物水溶液好，应用于直接淬火、感应喷射淬火及锻造余热淬火等淬火冷却中，尤其常用于大型工件的淬火冷却。当PAM浓度超过15%（质量分数）后，该介质淬火工件发生淬裂的可能性明显变小，适用于碳钢、弹簧钢、模具钢及低合金钢的淬火。但PAM水溶液的化学耗氧量高，对环境的冲击性较大。

（四）淬火油

油是一种常用的淬火冷却介质，常用的有植物油和矿物油两种。植物油冷却特性较好，但易于氧化，寿命短，价格昂贵，目前市场上几乎不使用其作为淬火冷却介质。矿物油具有良好的抗氧化性和热稳定性，且少油烟、低黏度、高闪点、少油垢。作为淬火冷却介质时，矿物油的冷却速率不大、冷却性能良好，且无腐蚀、价格低廉。热处理淬火油主要包括全损耗系统用油、普通淬火油、光亮淬火油等。

黏度是影响淬火油冷却能力的主要因素，黏度越大，越难流动，冷却能力就会相对越差。增加淬火油的温度，它的黏度会随之减小，流动性会伴随增强，同时其冷却能力会相应提高，但油的温度不能太高，必须低于其闪点（润滑油蒸气与空气的混合物遇到明火5s内不着火的最低温度），以防着火。一般普通淬火油的使用温度控制在60～80℃，最高不超过120℃。另外，使用过程中，淬火油长期与炽热工件及工件带入的盐类、水分、氧化皮和空气等接触，会发生分解氧化聚合反应，造成油流动性差、黏度大和老化现象，导致淬火油原有的冷却能力减小至消失。在应用中，可通过淬火油的闪点、酸值、皂化值等指标来监测淬火油的使用状态，定期维护、适时补充新油，可延长淬火油寿命，一般淬火油的使用周期大概为2～3年。

淬火油的冷却速率较慢，低温时的冷却速率只有水的1/10，使用油作为淬火冷却介质处理的材料变形较小，不易发生开裂。在油中复合功能不同的添加剂，如光亮剂、抗氧化剂等，同时配合喷淋、搅拌等方式，能够大幅度改善淬火油的冷却效果，并可延长其使用寿命。随着热处理技术的不断发展，在全损耗系统用油的基础上相继涌现了不同种类的专用淬火油，包括快速淬火油、快速光亮淬火油、超速淬火油、真空淬火油和等温分级淬火油等，并均得到广泛应用。下面对这些具有代表性的淬火油进行介绍。

1. 淬火油的分类

（1）全损耗系统用油　全损耗系统用油的实质是润滑油，以前也称为“机械油”，参照 GB 443—1989，不同黏度等级的全损耗系统用油（L-AN）的理化指标见表 5-5。热处理常用的全损耗系统用油为 N15、N32 等，其相关的冷却特性见表 5-6，可以看出，全损耗系统用油的黏度越高，油温对其冷却特性的影响越明显。全损耗系统用油普遍存在冷却能力弱、易老化等问题，但目前仍有部分工厂由于成本和使用习惯等原因仍在使用全损耗系统用油作为淬火油。

表 5-5　L-AN 全损耗系统用油的理化指标

<table>
<tr><td>项　目</td><td colspan="10">理化指标</td><td rowspan="2">试验方法</td></tr>
<tr><td>品种</td><td colspan="10">L-AN</td></tr>
<tr><td>黏度等级（按 GB/T 3141—1994）</td><td>5</td><td>7</td><td>10</td><td>15</td><td>22</td><td>32</td><td>46</td><td>68</td><td>100</td><td>105</td><td>—</td></tr>
<tr><td>运动黏度（40℃）/(mm²/s)</td><td>4.14 ~ 5.06</td><td>6.12 ~ 7.48</td><td>9.00 ~ 11.0</td><td>13.5 ~ 16.5</td><td>19.8 ~ 24.2</td><td>28.8 ~ 35.2</td><td>41.4 ~ 50.6</td><td>61.2 ~ 74.8</td><td>90.0 ~ 110</td><td>135 ~ 165</td><td>GB/T 265—1988</td></tr>
<tr><td>倾点[①]/℃　不高于</td><td colspan="10">-5</td><td>GB/T 3535—2006</td></tr>
<tr><td>水溶性酸或碱</td><td colspan="10">无</td><td>GB 259—1988</td></tr>
<tr><td>中和值/(mgKOH/g)</td><td colspan="10">报告</td><td>GB/T 4945—2002</td></tr>
<tr><td>机械杂质（%）　不大于</td><td colspan="3">无</td><td colspan="2">0.005</td><td colspan="5">0.007</td><td>GB/T 511—2010</td></tr>
<tr><td>水分（%）　不大于</td><td colspan="10">痕迹</td><td>GB/T 260—2016</td></tr>
<tr><td>闪点（开口）/℃　不低于</td><td>80</td><td>110</td><td>130</td><td colspan="3">150</td><td colspan="2">160</td><td colspan="2">180</td><td>GB/T 3536—2008</td></tr>
<tr><td>腐蚀试验（铜片，100℃，3h）　不大于</td><td colspan="10">1 级</td><td>GB/T 5096—2017</td></tr>
<tr><td>色度　不大于</td><td colspan="4">2 号</td><td>2.5 号</td><td colspan="5">报告</td><td>GB 6540—1986</td></tr>
</table>

① 当本产品用于寒区时，其倾点指标可由供需方协商后另订。

表 5-6　L-AN 全损耗系统用油的冷却特性

<table>
<tr><td rowspan="2">淬火冷却介质</td><td rowspan="2">油温/℃</td><td colspan="3">冷却特性</td></tr>
<tr><td>最大冷却速度所在温度/℃</td><td>最大冷却速度/(℃/s)</td><td>特性温度/℃</td></tr>
<tr><td rowspan="3">L-AN32 全损耗系统用油</td><td>40</td><td>526</td><td>49</td><td>580</td></tr>
<tr><td>60</td><td>535</td><td>53</td><td>590</td></tr>
<tr><td>80</td><td>532</td><td>52</td><td>586</td></tr>
<tr><td rowspan="3">L-AN15 全损耗系统用油</td><td>40</td><td>510</td><td>57</td><td>576</td></tr>
<tr><td>60</td><td>511</td><td>58</td><td>578</td></tr>
<tr><td>80</td><td>518</td><td>56</td><td>570</td></tr>
<tr><td>L-AN15 +8% 冷却速度调整添加剂</td><td rowspan="2">80</td><td>597</td><td>99</td><td>695</td></tr>
<tr><td>L-AN15 +10% 冷却速度调整添加剂</td><td>605</td><td>101</td><td>702</td></tr>
</table>

（2）普通淬火油　普通淬火油是在全损耗系统用油的基础上添加催冷剂、抗氧剂、光亮剂、表面活性剂等复合而成，相比于全损耗系统用油，普通淬火油的理化指标全面提升，闪点更高、

寿命更长，且其最大冷却速度提高，淬透性和淬硬性更好，能够更好地满足生产需要。

（3）快速淬火油　它是通过将不同类型、不同黏度的矿物油按适当配比相互混合，或者在普通淬火油中加入石油磺酸的钡盐、钙盐、钠盐以及磷酸盐、硬脂酸盐等添加剂调配而成。快速淬火油使用寿命长，冷却性能稳定，冷却过程中通过形成粉灰状浮游物的方式在高温区实现淬火油冷却速度的提高。油温为40℃、60℃和80℃时，最大冷却速度分别为100℃/s、103℃/s和102℃/s，最大冷却速度所在温度约为609℃，特性温度（薄膜阶段向沸腾阶段转变的温度）在700℃左右。

（4）快速光亮淬火油　它借助不同性质光亮添加剂的功能，将不溶解于淬火油的老化产物从油中分离出来，避免在材料表面发生吸附和聚集。油温为40℃、60℃和80℃时，最大冷却速度分别为90℃/s、100℃/s和99℃/s，最大冷却速度所在温度约为600℃，特性温度为702℃。它主要用于在保护气氛中加热的工件冷却，淬火工序简单，被广泛应用于各类形状复杂、淬火要求高的材料淬火，包括齿轮、轴承和活塞环等。

（5）超速淬火油　它具有良好的淬透性能，能够使高温材料的温度以极快速度冷却，可以代替水油双液淬火，用于碳素结构钢等淬火，尤其适合于形状复杂和淬火易变形、开裂的零件。对于大截面中碳合金结构钢零件的淬火处理，能够显示出较强的冷却能力，可明显提高零件的淬硬性和淬透性。

（6）真空淬火油　它是服务于真空技术与热处理技术相结合的新技术，可避免氧化、渗碳、脱碳，保证表面具有良好的光亮性。使用过程中，真空淬火油在具有高而稳定冷却速度的前提下还需保证较高的饱和蒸气压，否则会影响真空热处理的效果。真空淬火油的油温为40℃、60℃和80℃时，最大冷却速度分别为100℃/s、103℃/s和102℃/s，最大冷却速度所在温度约为560℃，特性温度为660℃。

（7）等温分级淬火油　它可用于材料的分级淬火冷却，具有高闪点、高抗氧化性、优良黏温性能和冷却性能，能够实现将材料的变形和开裂降低到最小，适用于渗碳钢、轴承钢制造的精密零件以及易变形零件的淬火。油温为40℃、60℃和80℃时，最大冷却速度分别为78℃/s、81℃/s和80℃/s，最大冷却速度所在温度约为660℃，特性温度为710℃。

2. 淬火油的选择、使用和管理

经过多年的发展，目前国内外均已形成了系列化的淬火油产品。国产淬火油的冷却性能、热稳定性等基本与国外进口产品处于同一水平，相应的质量标准也较为完善。淬火油的产品质量标准见表5-7。

表5-7　淬火油的产品质量标准

项目			冷淬火油						热淬火油		试验方法
			普通淬火油	快速淬火油	超速淬火油	快速光亮淬火油	1号真空淬火油	2号真空淬火油	1号等温分级淬火油	2号等温分级淬火油	
运动黏度/(mm^2/s)	40℃	不大于	30	26	17	38	40	90	—	—	GB/T 265—1988
	100℃	不大于	—	—	—	—	—	—	20	50	

（续）

项目		冷淬火油						热淬火油		试验方法
		普通淬火油	快速淬火油	超速淬火油	快速光亮淬火油	1号真空淬火油	2号真空淬火油	1号等温分级淬火油	2号等温分级淬火油	
闪点（开口）/℃ 不低于		180	170	160	180	170	210	200	250	GB/T 3536—2008
燃点/℃ 不低于		200	190	180	200	190	230	220	280	GB/T 3536—2008
水分 不大于		痕迹			无			痕迹		GB/T 260—2016
倾点/℃ 不高于		-9			-5			-5		GB/T 3535—2006
腐蚀（铜片，100，3h），级 不大于		1						1		GB/T 5096—2017
光亮性/级 不大于		3	2	2	1			2		
饱和蒸气压（20℃）/kPa 不高于		—			—	6.7×10^{-6}		—		SH/T 0293—1992
热氧化安定性	黏度比 不大于	1.5						1.5		SH/T 0219—1992
	残炭增加值（%） 不大于	1.5						1.5		
冷却性能	特性温度（80℃时）/℃ 不低于	520	600	585	600	600	585	—		SH/T 0220—1992
	800℃→400℃时间（80℃时）/s 不大于	5.0	4.0	—	4.5	5.5	7.5	—		
	800℃→300℃时间（80℃时）/s 不大于	—		6.0	—			—		
	特性温度（120℃时）/℃ 不低于	—	500	—				600		
	800℃→400℃时间（120℃时）/s 不大于	—						5.0	5.5	
	特性温度（160℃时）/℃ 不低于	—						—	600	
	800℃→400℃时间（160时）/s 不大于	—						—	6.0	

（1）淬火油的选择

1）共性原则。选择淬火油的共性原则包括淬火油的冷却性能适宜；对淬火工件具有优良的淬硬、淬透性，防止工件畸变；冷却过程的三个阶段与工件工艺要求有较大的适宜性；在使用过程中，具有抗氧化能力、低黏度、高闪点、高燃点；使用后，可保证工件易清洗，对工件具有一定的防锈能力。

2）个性原则。个性原则是针对某种工件，例如钢种、淬火工艺等因素需要考虑的原则。由于不同钢种具有不同的临界冷却速度，故没有一种淬火油可满足所有钢种冷却速度并保证不产生较大温差且利于热应力释放，因此需要对不同钢种选取相适宜特性温度的淬火油。另外，不同工件对其工艺有不同的要求，需选择不同的淬火工艺，对应对淬火油的性能也有不同的要求，如真空淬火应用中使用真空淬火油，不同饱和蒸气压对淬火油的冷却速度也有很大影响。

（2）淬火油的使用

1）淬火油的验收。淬火油的供方和需方均应按照相应的质量标准进行验收，同时留样备查。

主要验收的指标为运动黏度（40℃/100℃）、水分（%）、冷却性能和光亮性。

2）淬火油的性能改进剂。在使用过程中，淬火油可能产生冷却性能下降、抗氧化性能降低、光亮性恶化及产生大量的泡沫等问题。消除以上问题最便捷的方法就是加入淬火油的性能改进剂（也称为复合剂），这是改造淬火油性能的有力手段，且成本较低。目前市面上，淬火油性能改进剂有：催冷剂，改善淬火油冷却性能，有的催冷剂可提高高温区的冷却性能，有的催冷剂可提高低温区的冷却性能；光亮剂，改善淬火油的光亮性，使胶质悬浮于淬火油中，不接触或少接触工件表面，使工件表面光亮；抗氧剂，改善淬火油的抗氧化性，阻止与延缓氧化；复合添加剂，即多种功效复合起来的添加改进剂。

（3）淬火油的管理　淬火油的使用条件较为苛刻，在长期使用过程中，其理化性质、冷却性能、光亮性能都会发生变化。为避免淬火油缺陷，保证淬火质量，减少损失，需对淬火油进行有效管理。

避免高温氧化，可选择适宜的淬火油并严控使用油温，避免淬火油的氧化；避免混进水分，有效控制淬火油可接触到水的环节，如贮存及使用时进水与吸收空气中水分，工件水淬后进入油冷时工件带水等；避免机械杂质污染，需对淬火槽进行清理，将炭黑、氧化皮与油泥等杂质清除，保证淬火油的清洁。

油面下降液槽的5%～10%，还需对淬火油进行补充，添加优选同厂家同型号淬火油，更换其他淬火油时，需提前做混合试验。另外，淬火油若使用时间长久，氧化状况严重，无法继续用淬火油的性能改进剂调节，应彻底更换淬火油。

（五）熔盐、熔碱

“水淬易裂，油淬不硬”，这是常用水或者油作为淬火冷却介质的缺点。对于一些形状复杂、截面尺寸变化大的材料或者工模具，需要用到熔盐、熔碱这类淬火冷却介质，主要包括氯化盐、亚硝酸盐、硝酸盐等以及氢氧化钠、氢氧化钾等，部分配方及使用温度参考 JB/T 6955—2008，详见表5-8。冷却过程中，介质不发生物态变化，主要依靠热传递和热对流实现淬火。熔盐、熔碱的淬火性能优良、淬透性强，基本不产生裂纹，具有较小黏度，减少工件带出损失。

表5-8　熔盐、熔碱配方及使用温度

热　浴	成分配方（质量分数,%）	熔点/℃	工作温度/℃
盐浴	45% $NaNO_3$ + 55% KNO_3	218	230～550
	50% $NaNO_3$ + 50% KNO_3	218	230～550
	75% $NaNO_3$ + 25% KNO_3	240	280～550
	55% $NaNO_3$ + 45% $NaNO_3$	220	230～550
	55% KNO_3 + 45% KNO_3	218	230～550
	50% KNO_3 + 50% $NaNO_3$	140	150～550
	55% KNO_3 + 45% $NaNO_3$	137	150～550
	46% $NaNO_3$ + 27% $NaNO_3$ + 27% KNO_3	120	140～260
	75% $CaCl_2$ + 25% NaCl	500	540～580
	30% KCl + 20% NaCl + 50% $BaCl_2$	560	580～800
碱浴	65% KOH + 35% NaOH	155	170～300
	80% KOH + 20% NaOH + 10% H_2O	130	150～300
	80% NaOH + 20% $NaNO_2$	250	280～550

1. 熔盐

熔盐作为淬火冷却介质通常使用硝酸盐及亚硝酸盐通过调节不同的配比，得到不同熔点的硝盐浴。在使用过程中，通常加入少量的水分，来提高冷却性能，改变冷却工件的过程。使用盐浴作为淬火冷却介质的优点是可以获得较高硬度的工件且畸变小、不开裂；缺点是盐浴易老化，对工件有腐蚀和氧化性。对盐浴的淬火冷却介质进行检测，需根据 JB/T 6955—2008 中的规定对碳酸根、硫酸根、氯离子、水、不溶物含量及 pH 进行检测，检测周期为 1 个月。

2. 熔碱

熔碱具有较大的应用范围，优点是不仅淬火性能优良，淬透性强，并且有较大的冷却能力；缺点是碱蒸气具有腐蚀性，对皮肤具有刺激性，需采取必要的防护措施及保证通风。同熔盐相同，加入少量水分，可明显降低熔化温度，增大冷却能力；但水含量过高，会引起过热工件激烈沸腾，导致介质沸腾。一般熔碱介质中水含量需低于 6%（质量分数）。

3. 盐与碱的混合

盐与碱的混合浴主要应用于要求变形小、形状复杂的碳素工具钢、渗碳钢、弹簧钢和其他一些合金钢工件的淬火。盐与碱混合浴不仅具有盐浴、碱浴相同的优点，减少工件畸变量与开裂倾向，而且可以使工件表面产生一层蓝或褐色的氧化膜，具有防锈性。

（六）其他淬火冷却介质

其他淬火冷却介质包括气体淬火冷却介质和固体淬火冷却介质。气体淬火冷却介质一般分为空气和氮、氩、氦等惰性气体，其冷却速度与气体的流速成正比例关系。固体淬火冷却介质有金属板、金属模（内通水冷却），还有固体粒子与压缩空气或水混合组成的流态床介质。流态床的冷却能力介于油和空气之间，接近于油。几种淬火冷却介质的冷却曲线如图 5-5 所示。

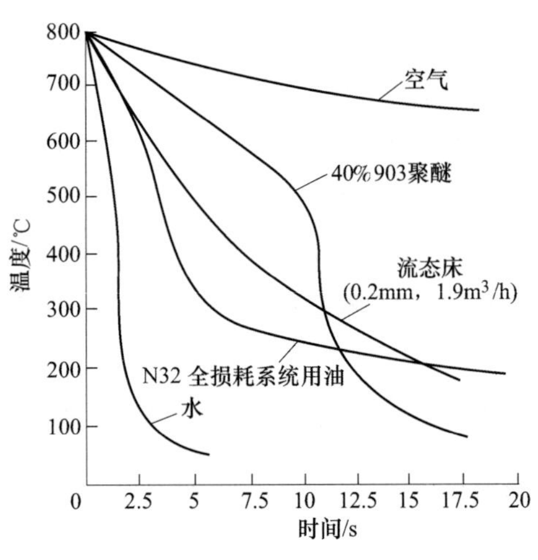

图 5-5　几种淬火冷却介质的冷却曲线

在当前的热处理生产过程中，作为淬火冷却介质，气体淬火冷却介质和固体淬火冷却介质应用不多，高压惰性气体占 1%，刚玉粉流态床约占 1%。

四、热处理油液的选用与维护

用于热处理淬火冷却的介质，简称为淬火冷却介质。通常对淬火冷却介质性能的要求应满足钢的奥氏体冷却转变曲线对冷却速度的要求，避免工件变形和开裂；淬火后工件表面应保持清洁，即使有黏附物也易于清洗，不腐蚀工件；在使用过程中性能稳定，不分解、不变质、不老化，易于控制；工件浸入时不产生大量油雾和有害气体，以保持良好的劳动条件；便于配制、运输和储存，使用安全；原材料易得，成本低廉。

在实际生产过程中，由于工件选用的材料不同，材料自身的临界冷却速度不同，所以对工件的硬度、精度及变形控制的要求也各不相同。需要针对工件技术的实际情况，选择可以达到满足其冷却速度的热处理油液。

（一）选用原则

1. 工件碳含量的高低

钢中含有碳元素，碳含量高低会影响钢的各种性能，而且影响淬火效果。对于碳钢，其碳的质量分数≤0.5%时，多选择无机盐水溶液、聚合物水溶液等；中低合金结构钢，通常采用双液淬火冷却方式或采用冷却速度较小的淬火冷却介质；对于碳含量较高的碳素工具钢，它多采用熔盐、熔碱类的淬火冷却介质分级淬火，一般不采用淬火油。

2. 钢的淬透性

针对钢的过冷奥氏体等温转变曲线的分析，淬透性差的钢，如碳素钢和低合金钢，要求的淬火冷却介质的最大冷却速度要高；淬透性较好的钢，如高合金钢，冷却速度低一些影响不大，同样可以把工件淬硬。根据工件中所用钢的淬透性来配制合适的淬火冷却介质。

3. 工件的有效直径及复杂程度

工件材料截面尺寸越小，越易淬硬，并且工件表皮与内部淬硬程度相近。每种钢有一个临界淬火直径。当工件表面冷却到 *Ms* 点，立即大幅减缓介质的冷却速度，则工件内部的热量向淬火冷却介质散发的速度也大幅减慢，工件内部的奥氏体组织还未完成向马氏体转变，导致表面一定深度以内硬度不足。当工件比较厚大时，为了保证淬硬层深度，应选择低温冷却速度较快的淬火冷却介质。同理，工件薄小时，则可选择低温冷却速度慢的淬火冷却介质。

工件的形状也是选择淬火冷却介质的影响因素。形状复杂的工件，尤其是内孔或较深凹面的工件，在淬火过程中，某些部位会快速进入沸腾阶段冷却，有的部位仍停留在蒸汽膜阶段。由于冷却速度差异大，易造成淬火畸变。为减少工件变形量同时淬硬内孔，应选用蒸汽膜阶段较短的，即特性温度高的淬火冷却介质。相反，形状相对简单的工件，则可以使用蒸汽膜阶段稍长的淬火冷却介质。

4. 工艺要求

针对工件允许的变形量大小选择淬火冷却介质。工件要求畸变小，淬火冷却介质应当有冷却速度带较窄、蒸汽膜阶段冷却时间短、低温区冷却速度慢、油温变化对冷却性能影响小等性能；而允许的畸变量较大时，淬火冷却介质可以有宽的冷却速度带。允许的冷却速度带宽，可以采用一般能达到淬火硬度的介质。另外，采用不同的淬火方法，如等温淬火或分级淬火，可以有效缩短工件的冷却速度带。

由于工件品种多样，热处理工艺要求各异，新型淬火冷却介质不断更新，因此给淬火冷却介质的选择带来更大难度。本着经济性和合理性原则，根据具体应用选择相对理想的淬火冷却介质即可。

（二）维护管理

在实际使用过程中，需要定期对淬火冷却介质槽液进行检测，具体的检测项目见表 5-9。对于水溶液淬火冷却介质而言，当添加足量杀菌剂也不能改善水溶液发黑、发臭的现象时，或者当补充足量新液也无法改善冷却性能时，需要整体更换液槽中的旧液。对于淬火油而言，当 40℃运动黏度比新油增加 50%、水分≥1%（质量分数）、酸值比新油增加 1mg KOH/g 或者冷却特性无法通过补充冷却速度调整添加剂进行改善时，则需要更换。

表 5-9　淬火冷却介质维护的检测项目

淬火冷却介质	检测项目	检测方法	周　期
水溶液	密度、浓度、黏度、pH	JB/T 4392—2011	连续使用 3～7 天
	冷却特性	GB/T 30823—2014	
油	水分	GB/T 260—2016	连续使用 3～6 个月
	闪点	GB/T 3536—2008	
	酸值	GB 264—1983	
	黏度	GB/T 265—1988	
	冷却特性	GB/T 30823—2014	
盐浴、碱浴	碳酸根、硫酸根、氯离子、水及不溶物含量	GB/T 209—2018、GB 210.1—2004、GB/T 1919—2014、JB/T 9202—2004	1 个月
	pH	GB/T 9724—2007	

注：1. 检测项目允许根据淬火冷却介质具体情况选择或增设内容。
2. 检测周期允许根据实际生产情况延长或缩短。

五、热处理油液选用推荐

热处理油液通过添加改进剂，可以显著改善淬火冷却介质的冷却性能、光亮性能和抗氧化性能。目前，热处理油液的生产厂家较多，既有批量生产的厂家，生产满足大批量、低成本淬火工艺要求的热处理油液，也有专业性强的厂家，针对不同工艺要求生产热处理油液，同时还有厂家不断优化淬火冷却介质性能，开发出新型淬火冷却介质。

（一）产品推荐

对占据市场份额较大的国内外常用淬火冷却介质做一个简单介绍，见表 5-10。

表 5-10　国内外常用淬火冷却介质

品牌名称	品牌介绍	典型产品	产品特点及应用
奎克好富顿	奎克好富顿（NYSE：KWR）是金属加工液的全球领先者，提供产品分类众多，包括切削液、清洗剂、磨削液到淬火液/油等，其中淬火液/油主要提供 PAG 类聚合物水溶性淬火液和淬火油两大类	马氏体等温分级淬火油 MAR-TEMP® OIL 355	采用加氢精炼的石蜡基基础油，配以独特的复合抗氧化剂，极大地兼顾淬硬和控制淬火畸变之间的平衡
		快速淬火油 HOUGHTO-QUENCH® K	采用优选的石蜡基基础油，配以独有技术的油性促冷剂，具有极强的淬硬能力，使用时油烟少、环境友好

（续）

品牌名称	品牌介绍	典型产品	产品特点及应用
德润宝	德润宝的产品在热处理、金属加工、清洗、黑色及有色金属的轧制、防锈、液压以及造纸等工业加工过程中起着重要的作用	真空淬火油 VACUQUENCH 605	经其淬火的工件，具有内应力低、变形小的特点，是一种性能极佳的控制变形的真空炉用淬火油
泰利德化学 Tectyl	Tectyl 是享誉全球的品牌，产品已经被广泛地用于金属加工和制造行业	高温用热处理油 Tectyl Quench Mar Temp 2355	热处理油主要应用于汽车配件、轴承等
		水溶性热处理介质 Tectyl Quench 2251	可替代淬火油，并可减少变形，防止裂开，可应用于汽车配件、大型锻造等
长城	长城润滑油是中国石化为适应润滑油市场国际化竞争而组建的润滑油专业公司	普通淬火油 U8101	以深度精制矿物油为基础油，加入抗氧剂/催冷剂等多种精选添加剂调和而成，应用于中小尺寸或淬透性好的工件的淬火工艺
北京华立	北京华立精细化工是国内最早专业从事新型淬火冷却介质研发、生产、销售和服务的高新技术企业	水溶性淬火冷却介质及各类淬火油	种类繁多，选取适合不同淬火工艺要求的热处理油液
南京科润	南京科润是一家专业从事金属加工介质研发、生产、销售和服务的高科技企业，产品主要分为热处理淬火冷却介质、工业清洗防锈剂、金属表面处理剂、金属加工及成形介质、工业润滑介质等	KERUN 轴承专用淬火油	应用于各类轴承内、外套圈的淬火，能够有效地减小轴承套圈淬火冷却过程中圆度和锥度的变化，并保持良好的表面光亮性

（二）选用案例

1. 汽车变速器齿轮

汽车齿轮，如变速器传动齿轮（主动齿轮和从动齿轮），齿轮大小或模数不一（见图5-6），为了保证能稳定长时间工作，一般都必须经过渗碳淬火热处理。

图5-6　汽车变速器传动齿轮

为了既保证齿轮的表面渗碳层可以获得理想的马氏体及残留奥氏体级别（一般要求控制在1～4级）；又要满足较低的畸变量和优良的心部组织，对于这类齿轮的渗碳淬火的冷却，不光要求淬火油必须具有一定的冷却速度，同时又要有较高的抗氧化能力，以保证稳定长时间工作。

目前，大多数主流的汽车变速器传动齿轮生产企业，均大量使用奎克好富顿公司的 MAR-TEMP® OIL 355 或具有相似性能指标的马氏体等温分级淬火油（或俗称为“热油”）。

2. SUV 汽车变速器传动齿轮

1）工件材料：20CrNiMo、20MnCr5、20CrMnTi 等。

2）热处理设备：密封箱式多用炉（见图 5-7）。

3）热处理工艺：渗碳淬火 + 低温回火。

4）淬火油：奎克好富顿 MAR-TEMP® OIL 355 马氏体等温分级淬火油。

5）淬火油槽容积：10 ~ 15t。

6）使用温度：100 ~ 140℃。

7）经 MAR-TEMP® OIL 355 马氏体等温分级淬火油淬火后，除满足齿轮渗碳层深度要求以外，齿轮的表面硬度达 59HRC 以上，渗碳层马氏体及残留奥氏体级别均可控制在 2 级以内，而且齿轮的心部硬度可达到 32 ~ 40 HRC（视齿轮淬透性大小和模数不同而定）。

8）可获得优良的回火马氏体心部组织（见图 5-8）。

图 5-7　密封箱式多用炉

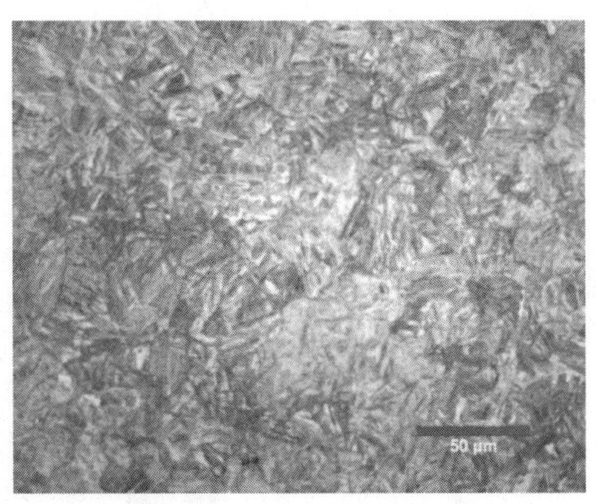

图 5-8　回火马氏体心部组织

3. 风电齿轮

风电齿轮一般都很大，齿轮模数甚至有超过 20 以上的（见图 5-9）。为了保证稳定长时间工作，风电齿轮必须经过渗碳淬火的热处理工艺。为了既满足表面耐磨，同时又要保持较高的心部力学性能，对于大模数的风电齿轮的渗碳淬火的冷却，要求必须使用具有较高冷却速度的快速淬火油。目前，中国主要的风电齿轮制造商使用最多的风电齿轮渗碳淬火的快速淬火油是奎克好富顿公司的 HOUGHTO-QUENCH® K。

图 5-9　风电齿轮

4. 大模数风电齿轮/齿圈

1）工件材料：17CrNiMo7-6。

2）热处理设备：大型井式渗碳炉/密封箱式多用炉（见图 5-10）。

3）热处理工艺：渗碳淬火 + 低温回火。

4）淬火油：HOUGHTO-QUENCH® K 快速淬火油。

5）淬火油槽容积：100 ~ 500t。

6）使用温度：60 ~ 80℃。

7）经 HOUGHTO-QUENCH® K 油淬火后，除满足齿轮渗碳层深度要求以外，齿轮的表面硬度达 58HRC 以上，渗碳层马氏体及残留奥氏体级别均可控制在 2 级以内，齿轮的心部硬度可达到 30 ~ 32 HRC（仅针对模数 20 以上的 17CrNiMo7-6 制作的齿轮）。

图 5-10　大型井式渗碳炉/密封箱式多用炉

参 考 文 献

[1] 王陆军．热处理淬火油选择原则与方法［J］．金属加工（热加工），2014（3）：36-37.

[2] 高铁生．普通淬火油与机械油冷却性能分析比较［J］．热加工工艺，2008（12）：82-83.

[3] 李茂山，张克俭．热处理淬火介质的新进展［J］．金属热处理，1999（4）：39-42.

[4] 于程歆．热处理实用技术丛书 淬火冷却技术及淬火介质［M］．沈阳：辽宁科学技术出版社，2010.

[5] 中国机械工业联合会．热处理常用淬火介质　技术要求：JB/T 6955—2008［S］．北京：机械工业出版社，2008.

[6] 谈淑咏，蒋穹．氯化钙水溶液淬火介质在碳素工具钢热处理中的应用［J］．机械工程材料，2008，32（3）：72-74.

[7] 李松林，李忠琳，芮斌．有机聚合物淬火液的研究进展［J］．当代化工，2017，46（2）：316-318.

[8] 李枝梅，韩永珍，朱嘉，等．PAG 淬火介质的应用［J］．金属热处理，2019（4）：216-223.

[9] 解辉．热处理淬火介质及其发展前景的研究［J］．农业机械，2005（1）：84-85.

[10] 中国石油化工集团公司．L-AN 全损耗系统用油：GB 443—1989［S］．北京：中国标准出版社，1989.

[11] 雷声，陈希原，杨凯士，等．等温淬火油用于齿轮的淬火冷却［J］．热加工工艺，2010，39（2）：104-107.

[12] 中国石油化工总公司．热处理油：SH 0564—1993［S］．北京：中国标准出版社，1993.

[13] 许天已．典型零件热处理工艺要点及实例［M］．北京：化学工业出版社，2015.

[14] 隆平．近代热处理技术的发展概述［J］．高校实验室工作研究，2009（3）：76-78.

[15] 邹文立．浅谈淬火油的选择及常见问题处理［J］．石油商技，2009，27（6）：74-76.

[16] 赵步青，胡会峰．淬火冷却介质的选用［J］．金属加工（热加工），2019（5）：14-17.

第六章

防锈油液

一、概述

（一）锈蚀及防锈的必要性

锈蚀是指金属在氧气和水的作用下，发生化学或电化学反应生成金属氧化物和氢氧化物的过程。锈蚀无处不在，金属设备和制品在日常使用中就会与空气中的水分、氧气等成分接触，这就为锈蚀的发生提供了充分条件。据相关统计，世界上每年因锈蚀等问题而失去使用价值的钢铁制品大约为当年金属总产量的10% ~20%。钢铁制品锈蚀会降低设备使用精度，影响设备使用，更有甚者会造成设备的报废，使得维修成本和使用成本大大增加。

（二）防锈的历史及方法

锈蚀问题是伴随着人们对金属工具的使用而产生的，目前可以考证的人类最早对防锈技术的应用可以追溯至公元250年左右，那时的人们便懂得将石油用于铁质器具的防锈。随后，在公元15世纪中叶，欧洲出现了涂抹白苏子油的纸，这种涂油纸正是用来包裹铁质针的，这便是防锈纸使用的开始。

工业革命之后，大量金属制品出现在人们的生活中，同时得益于战争中武器装备等金属制品的防锈需求，金属防锈技术得到了进一步发展。1943年，英国较早地制定了包装标准BS 1133—1986，并且在第二年单独出版并发行了标准中的金属防锈部分，相关标准和政策在民用领域得到了较好推广。第二次世界大战期间，为了解决军用设备在东南亚高温高湿环境中的锈蚀问题，相关人员进行了较为深入的研发，这也在很大程度上推进了防锈技术的发展。20世纪四五十年代，苏联、日本和美国等国家均大力开展了防锈技术的研究，相关的研究成果层出不穷，为以后防锈技术的进一步规范和推广奠定了坚实基础。20世纪60年代，美国整理了已有的防锈材料的标准以及相关测试方法，制定了防锈材料的P系列标准。随后，日本在美国P系列标准基础之上结合国内实际情况，制定了NP系列标准，英国则制定了TP系列标准。我国在1988年成立了全国金属与非金属覆盖层标准化技术委员会（CSBTS/TC 57）防锈分委员会，并由防锈分委员会负责我国相关防锈领域标准的制定与修订。2000年，我国依据日本的JIS K 2246—1994，发布了防锈油脂产品系列的行业标准SH/T 0692—2000。

二、防锈油液

（一）防锈油

以防锈为主要功能的油性试剂称为防锈油。在防锈油中，基础油为主要成分，另外还包括油溶性防锈剂和其他助剂。基础油一般起溶剂和载体作用，而油溶性防锈剂一般起防锈作用，其他辅助添加剂包括抗氧剂、防霉剂、分散剂、极压抗磨剂和黏度指数改进剂等分别起不同的功能性作用。防锈油一般是通过浸泡、喷涂、辊涂或其他方式均匀涂覆在工件表面，有效地隔绝水分、氧气等，从而减缓或抑制锈蚀的发生。

1. 油溶性防锈剂

在防锈油中，起到主要防锈作用的便是油溶性防锈剂。防锈剂成分能够通过物理或化学作用，在材料表面形成一层保护膜，从而隔绝氧气、水分或其他腐蚀性物质，起到防锈作用。目前来说，油溶性防锈剂种类很多，按照其极性基团可分为磺酸盐类、羧酸及其盐类、酯类、有机胺类和其他类五大类，下面对这五大类进行展开介绍。

（1）磺酸盐类　磺酸盐是使用较早且较为广泛的防锈剂，其使用时间始于 20 世纪 30 年代。按照其金属成分可分为镁盐、钙盐、钡盐和钠盐等，其中钡盐是最多用作防锈剂的，其次为钙盐和钠盐，另外钙盐还常被用作清净剂。石油磺酸钡是国内应用最为普遍的防锈剂品种。磺酸钡不但有较好的防锈性能，也具有较为突出的水置换性和酸中和性，同时其抗湿热、抗盐水能力也比较优异。石油磺酸钠（T702）兼具防锈和乳化作用，其性能特点使其既可以在防锈油中作为防锈剂，又可以在乳化油中作为乳化剂。相关人员研究了石油磺酸钠的相对分子质量与防锈性能的关系，结果表明，在一定范围内石油磺酸钠的相对分子质量越大，其防锈性能越好。

以磺酸盐来源来分的话，可以简单分为合成磺酸盐和石油磺酸盐。按照碱值来分，磺酸盐又可以分为中性磺酸盐和碱性磺酸盐。低碱值、中碱值和高碱值磺酸盐均可以作为防锈剂使用，但磺酸盐的碱值越高，其防锈性就越差。所以防锈剂中低碱值的磺酸盐较普遍，而高碱值磺酸盐多用于发动机油，主要发挥清净和中和作用。

（2）羧酸及其盐类　羧酸及其盐类作为防锈剂也有较为广泛的应用。长链脂肪酸以及对应的脂肪酸金属盐均有一定的防锈性，而两者对比来说，脂肪酸金属盐的防锈性更佳。常用羧酸及其盐类防锈剂有烯基或烷基丁二酸、环烷酸锌以及羊毛脂镁皂。烯基或烷基丁二酸防锈性能优异，使用量较少且对水不敏感，广泛应用于液压油、汽轮机油和导轨油，添加量一般为 0. 02%（质量分数）左右即可通过防锈测试。烯基或烷基丁二酸与磺酸钡复配使用后，其抗盐雾、抗湿热效果更佳。环烷酸锌的油溶性较好，添加量一般为 2% ~3%（质量分数），对有色金属和黑色金属均有不错的防锈效果。环烷酸锌在实际使用过程中，一般也会与磺酸钡复配。羊毛脂镁皂也是一种常见的羧酸盐类防锈剂，其高低温性能较好，防锈性能优异，可单独使用，也可与其他类型的防锈剂复配，多用作长期封存防锈油脂。表 6-1 给出了羊毛脂镁皂的技术指标，其镁含量一般要求不小于 1. 5%（质量分数），同时其与变压器油复配（质量分数为 5% 羊毛脂，质量分数为 95% 变压器油）后，能够使 45 钢的抗湿热能力达到 15d。

表 6-1　羊毛脂镁皂的技术指标

指　　标	管控范围	测试标准
外观	棕褐色固体	—
镁含量（质量分数,%）	≥1.5	—
水分（质量分数,%）	≤0.1	GB/T 260—2016
湿热测试（质量分数为5%羊毛脂，质量分数为95%变压器油） 45 钢，(49 ±1)℃，RH >95%	≥15d	GB/T 2361—1992

（3）酯类　酯类由于其自身极性较弱，一般需要加入较大的量才能起到防锈作用，所以会在酯类化合物中辅助加入合适的极性基团来增加酯类的极性，以提高防锈效果。Span80（山梨糖醇单油酸酯）是使用最为广泛的一种酯类防锈剂。Span80 兼具防锈性和乳化性，可以用于封存防锈油和水包油型乳化液的调配。其他常用的酯类防锈剂还包括油酸丁二醇、脂肪酸季戊四醇酯和丁三醇单酯等。

（4）有机胺类　有机胺类包括单胺类、二胺类以及多胺类。由于有机胺类在矿物油中的溶解性差，所以与油溶性的石油磺酸、烷基磷酸或 N－油酰肌氨酸中和成盐后，可明显提高其油溶性。使用较多的胺盐类防锈剂包括十七烯基咪唑啉烯基丁二酸盐、N－油酰肌氨酸十八胺盐等。对比来看，直链脂肪胺要比支链脂肪胺的防锈性更好。有机胺类防锈剂具有较好的抗潮湿和酸中和能力，另外水置换性能也比较优异，但对铜、锌和铅都有一定的腐蚀性。

（5）其他类　咪唑啉的丁二酸盐、咪唑啉的烷基磷酸酯盐和苯骈三氮唑等也常被用作防锈剂。其中，苯骈三氮唑（T706）是最常用的有色金属（铜、银）的防锈剂，同时对碳素钢类也有一定的防锈作用。但苯骈三氮唑难溶于矿物油，一般将它与助剂混溶调配后再加入矿物油中进行使用。

2. 防锈油的作用机理

一般来说，防锈油的成分可大致分为基础油、防锈剂（油溶性防锈剂）以及其他辅助添加剂等。其防锈原理主要包括以下几个方面。

（1）防锈剂的吸附作用　防锈油中起到主要防锈作用的油溶性防锈剂，一般包含亲油基和亲水基。亲水基（极性基）可通过极性作用，定向吸附在金属表面，亲油基裸露在外，排列成较为致密的保护膜，有效阻止氧气、水分和其他腐蚀性介质与金属作用，从而缓解或抑制腐蚀发生。

油溶性防锈剂依靠极性基团吸附在金属表面的同时，相邻的分子之间也会凭借范德华力而紧靠在一起，而这些范德华力在总吸附能中能够占到40%左右。相关研究表明，在亲水基相同的情况下，亲油基大的比亲油基小的防锈性要更好；同时直链烃基的防锈性要比支链烃基防锈性更佳。

图 6-1 所示为磺酸盐的防护原理，磺酸盐的极性基团能够吸附在金属表面，同时排出金属表面的水分，非极性基团能够形成一层屏障膜，起到很好的保护作用。同时，多余的磺酸盐能够以极性基团向里、非极性基团向外的形式，将能够导致锈蚀的极性化合物包裹住。

（2）防锈油的水置换和溶剂化作用　油溶性防锈剂的极性基团能够定向吸附在金属材料表面，当极性基团的吸附力足够强时，材料表面的水便能够被防锈剂置换出来，即通过油溶性防锈

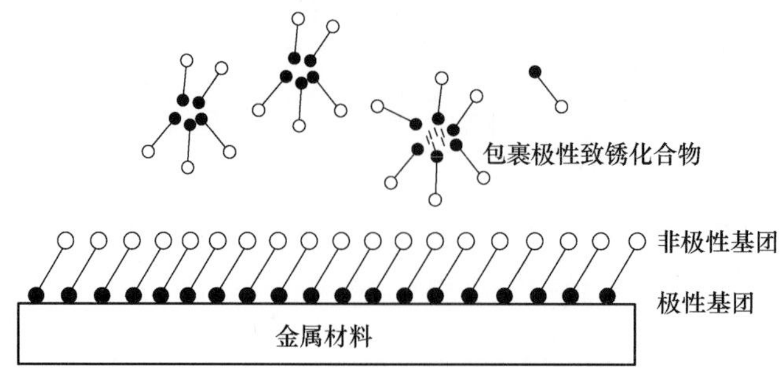

图 6-1　磺酸盐的防护原理

剂的水置换过程，减缓或抑制锈蚀发生。

当油溶性防锈剂的浓度达到或者超过临界浓度时，防锈剂分子便会以逆型胶束状态存在于体系内部，即极性基团向里，而非极性基团向外。防锈剂分子形成的逆型胶束基团，能够有效地将存在的致锈物质吸附、封存。通过上述的吸附、封存过程，能够有效地净化接触环境，起到很好的防锈作用。

（3）基础油的增效作用　防锈油体系中最为主要的成分便是基础油，虽然不添加防锈剂，基础油不能起到很好的防锈作用，但是如果没有基础油，油溶性防锈剂的防锈性也很差。

在防锈油体系中，基础油能够溶解和分散体系中的各种功能性添加剂，起到关键的载体作用。更为重要的，油溶性防锈剂虽然能够定向吸附在金属材料表面，但吸附的分子之间仍会存在一定的间隙，而这些间隙都是潜在的锈蚀区域。体系中的基础油能够很好地填充在间隙位置，形成更为致密的吸附膜层。

3. 防锈油的分类

依据行业标准 SH/T 0692—2000，可将防锈油大致分成五种类型，即除指纹型防锈油、溶剂稀释型防锈油、脂型防锈油、润滑油型防锈油和气相防锈油。防锈油的分类见表 6-2。根据膜的性质、油的黏度等标准，又可以细分为 15 个代号，如 RC、RG、RE 和 RK 等。

表 6-2　防锈油的分类

<table>
<tr><th colspan="3">种　类</th><th>代号
L－</th><th>膜的性质</th><th>主 要 用 途</th></tr>
<tr><td colspan="3">除指纹型防锈油</td><td>RC</td><td>低黏度油膜</td><td>除去一般机械部件上附着的指纹，达到防锈目的</td></tr>
<tr><td rowspan="5">溶剂稀释型防锈油</td><td colspan="2">Ⅰ</td><td>RG</td><td>硬质膜</td><td>室内外防锈</td></tr>
<tr><td colspan="2">Ⅱ</td><td>RE</td><td>软质膜</td><td>以室内防锈为主</td></tr>
<tr><td rowspan="2">Ⅲ</td><td>1 号</td><td>REE－1</td><td>软质膜</td><td rowspan="2">以室内防锈为主（水置换型）</td></tr>
<tr><td>2 号</td><td>REE－2</td><td>中高黏度油膜</td></tr>
<tr><td colspan="2">Ⅳ</td><td>RF</td><td>透明、硬质膜</td><td>室内外防锈</td></tr>
<tr><td colspan="3">脂型防锈油</td><td>RK</td><td>软质膜</td><td>类似转动轴承类的高精度机加工表面的防锈，涂敷温度 80℃以下</td></tr>
</table>

（续）

<table>
<tr><th colspan="3">种　类</th><th>代号
L-</th><th>膜的性质</th><th>主要用途</th></tr>
<tr><td rowspan="6">润滑油型
防锈油</td><td rowspan="3">Ⅰ</td><td>1号</td><td>RD-1</td><td>中黏度油膜</td><td rowspan="3">金属材料及其制品的防锈</td></tr>
<tr><td>2号</td><td>RD-2</td><td>低黏度油膜</td></tr>
<tr><td>3号</td><td>RD-3</td><td>低黏度油膜</td></tr>
<tr><td rowspan="3">Ⅱ</td><td>1号</td><td>RD-4-1</td><td>低黏度油膜</td><td rowspan="3">内燃机防锈。以保管为主，适用于中负荷，暂时运转的场合</td></tr>
<tr><td>2号</td><td>RD-4-2</td><td>中黏度油膜</td></tr>
<tr><td>3号</td><td>RD-4-3</td><td>高黏度油膜</td></tr>
<tr><td colspan="2" rowspan="2">气相防锈油</td><td>1号</td><td>RQ-1</td><td>低黏度油膜</td><td rowspan="2">密闭空间防锈</td></tr>
<tr><td>2号</td><td>RQ-2</td><td>中黏度油膜</td></tr>
</table>

（1）除指纹型防锈油　除指纹型防锈油即能够除去材料表面附着指纹的防锈油。人手的指纹印在材料表面后，也会附着一些汗液和其他污渍。汗液中的水分、盐类、尿素等多种物质会加速金属材料的腐蚀。除指纹型防锈油涂覆在金属材料表面，能够把表面附着的汗液和污渍等溶解、中和或者置换出来，从而实现减缓或抑制金属腐蚀的目标。除指纹型防锈油技术要求见表6-3。

表6-3　除指纹型防锈油技术要求

<table>
<tr><th colspan="2">项　目</th><th>质量指标</th><th>试验方法</th></tr>
<tr><td>闪点/℃</td><td>不低于</td><td>38</td><td>GB/T 261—2008</td></tr>
<tr><td>运动黏度（40℃）/（mm²/s）</td><td>不大于</td><td>12</td><td>GB/T 265—1988</td></tr>
<tr><td colspan="2">分离安定性</td><td>无相变，不分离</td><td>SH/T 0214—1998</td></tr>
<tr><td colspan="2">除指纹性</td><td>合格</td><td>SH/T 0107—1992</td></tr>
<tr><td colspan="2">人汗防蚀性</td><td>合格</td><td>SH/T 0106—1992</td></tr>
<tr><td colspan="2">除膜性（湿热后）</td><td>能除膜</td><td>SH/T 0212—1998</td></tr>
<tr><td colspan="2">腐蚀性（质量变化）/（mg/cm²）</td><td>钢 ±0.1
铝 ±0.1
黄铜 ±1.0
锌 ±3.0
铅 ±45.0</td><td>SH/T 0080①—1991</td></tr>
<tr><td>湿热（A级）/h</td><td>不小于</td><td>168</td><td>GB/T 2361—1992</td></tr>
</table>

① 试验片种类可与用户协商。

除指纹型防锈油具有优异的分离安定性、除指纹性和人汗防蚀性，其闪点不低于38℃，40℃运动黏度不大于12mm²/s。实际使用过程中，除指纹型防锈油可以用刷涂或喷涂的方式涂覆在材料表面，主要用于金属部件加工过程中的中间工序处理或室内短周期库存。

（2）溶剂稀释型防锈油　溶剂稀释型防锈油的标准代号为L-RG、L-RE、L-REE-1、L-REE-2和L-RF，其技术要求见表6-4。按油膜的特点，它又可以简单分为硬质膜油和软质膜油。溶剂稀释型硬膜防锈油主要是使用油溶性树脂作为成膜材料，使用溶剂油稀释，同时辅助加入适量的防锈添加剂调配而成。溶剂稀释型硬膜防锈油涂覆于金属表面后，溶剂很快会挥发，留下一层干燥且坚硬的固态薄膜，从而实现防锈。在后续的加工过程中，可以使用汽油或煤油洗去表面的硬膜层。溶剂稀释型软膜防锈油的优势在于油品的溶剂挥发后，形成的油膜质软且呈透明状。后续工序加工时，不需要再次清除表面的油膜，部分产品还可以直接进行焊接或其他表面处理工艺。一般来说，软膜防锈油适用于室内防锈为主，其防锈性能略差于硬膜防锈油。但随着添加剂技术的进步，溶剂稀释型软膜防锈油的防锈性能也有了较大程度的提高，软膜防锈油也可用于金属零部件的中长期防锈封存。

表 6-4　溶剂稀释型防锈油技术要求

<table>
<tr><th colspan="2" rowspan="2">项　目</th><th colspan="5">质量指标</th><th rowspan="2">试验方法</th></tr>
<tr><th>L-RG</th><th>L-RE</th><th>L-REE－1</th><th>L-REE－2</th><th>L-RF</th></tr>
<tr><td colspan="2">闪点/℃　不低于</td><td>38</td><td>38</td><td>38</td><td>70</td><td>38</td><td>GB/T 261—2008</td></tr>
<tr><td colspan="2">干燥性</td><td>不黏着状态</td><td>柔软状态</td><td>柔软状态</td><td>柔软或油状态</td><td>指触干燥（4h）
不黏着（24h）</td><td>SH/T 0063—1991</td></tr>
<tr><td colspan="2">流下点/℃　不低于</td><td>80</td><td colspan="3">—</td><td>80</td><td>SH/T 0082—1991</td></tr>
<tr><td colspan="2">低温附着性</td><td colspan="5">合格</td><td>SH/T 0211—1998</td></tr>
<tr><td colspan="2">水置换性</td><td colspan="2">—</td><td colspan="2">合格</td><td>—</td><td>SH/T 0036—1990</td></tr>
<tr><td colspan="2">喷雾性</td><td colspan="5">膜连续</td><td>SH/T 0216—1999</td></tr>
<tr><td colspan="2">分离安定性</td><td colspan="5">无相变，不分离</td><td>SH/T 0214—1998</td></tr>
<tr><td rowspan="2">除膜性</td><td>耐候性后</td><td>除膜（30 次）</td><td colspan="4">—</td><td rowspan="2">SH/T 0212①—1998</td></tr>
<tr><td>包装贮存后</td><td>—</td><td>除膜（15 次）</td><td colspan="2">除膜（6 次）</td><td>除膜（15 次）</td></tr>
<tr><td colspan="2">透明性</td><td colspan="4">—</td><td>能看到印记</td><td>SH/T 0692—2000</td></tr>
<tr><td colspan="2">腐蚀性（质量变化）/(mg/cm²)</td><td colspan="5">钢 ±0.2　黄铜 ±1.0　锌 ±7.5　铝 ±0.2
镁 ±0.5　镉 ±5.0　铬不失去光泽</td><td>SH/T 0080②—1991</td></tr>
<tr><td colspan="2">膜厚/μm　不大于</td><td>100</td><td>50</td><td>25</td><td>15</td><td>50</td><td>SH/T 0105—1992</td></tr>
<tr><td rowspan="4">防锈性</td><td>湿热（A 级）/h　不小于</td><td>—</td><td>720①</td><td>720①</td><td>480</td><td>720①</td><td>GB/T 2361—1992</td></tr>
<tr><td>盐雾（A 级）/h　不小于</td><td>336</td><td>168</td><td colspan="2">—</td><td>336</td><td>SH/T 0081—1991</td></tr>
<tr><td>耐候（A 级）/h　不小于</td><td>600</td><td colspan="4">—</td><td>SH/T 0083—1991</td></tr>
<tr><td>包装贮存（A 级）/d　不小于</td><td>—</td><td>360</td><td>180</td><td>90</td><td>360</td><td>SH/T 0584①—1994</td></tr>
</table>

① 为保证项目，定期测定。
② 试验片种类可与用户协商。

溶剂稀释型硬膜防锈油的闪点一般不低于 38℃，同时具有优异的干燥性、低温附着性、水置换性和分离安定性。溶剂稀释型软膜防锈油一般是用凡士林、石油脂等作为成膜剂，辅以适量防锈剂和其他辅助添加剂，用石油溶剂做载体调配而成。该类型产品相当于美国和日本防锈油系列中的 P-2 和 NP-2，相当于暂时保护腐蚀产品系列中的 RE。

（3）脂型防锈油　脂型防锈油一般是以蜡膏、全损耗系统用油或石油脂为基础油，加入多种优良的防锈添加剂和其他辅助添加剂调配而成。脂型防锈油主要用于机械制品及零部件的封存，同时也可用于一般和精密机械部件在库内长期封存。脂型防锈油具有优异的抗湿热、耐盐雾、抗氧化、强黏附和防锈性能。脂型防锈油技术要求见表6-5，其锥入度一般为20～32.5mm，滴熔点不低于55℃，闪点不低于175℃，同时需要具备优异的分离安定性、磨损性、除膜性、低温附着性和防锈性。脂型防锈油需要保证在较高的温度下不流失、不滑落，油品可以长期滞留在被保护的产品表面。同时，黏附在金属表面的油品也能有效地防止水分、氧气或其他腐蚀性介质侵入金属表面。

表6-5 脂型防锈油技术要求

项目			质量指标	试验方法
锥入度（25℃）/(1/10mm)			200～325	GB/T 269—1991
滴熔点/℃		不低于	55	GB/T 8026—2014
闪点/℃		不低于	175	GB/T 3536—2008
分离安定性			无相变，不分离	SH/T 0214—1998
蒸发量（%）(m/m)		不大于	1.0	SH/T 0035—1990
吸氧量/kPa（100h，99℃）		不大于	150	SH/T 0060—1991
沉淀量/mL		不大于	0.05	SH/T 0215—1999
磨损性			无伤痕	SH/T 0215—1999
流下点/℃		不低于	40	SH/T 0082—1991
除膜性			除膜（15次）	SH/T 0212—1998
低温附着性			合格	SH/T 0211—1998
腐蚀性（质量变化）/（mg/cm^2）			钢±0.2 黄铜±0.2 锌±0.2 铅±1.0 铝±0.2 镁±0.5 镉±0.2 除铅外，无明显锈蚀、污物及变色	SH/T 0080①—1991
防锈性	湿热（A级）/h	不小于	720	GB/T 2361②—1992
	盐雾（A级）/h	不小于	120	SH/T 0081—1991
	包装贮存（A级）/d	不小于	360	SH/T 0584②—1999

① 试验片种类可与用户协商。
② 为保证项目，定期测定。

脂型防锈油在储存过程中，应避免水分、灰尘等异物的侵入，同时也需要防止润滑脂的氧化变质。脂型防锈油不能加热熔化后使用，也不能与润滑脂混合使用。使用时，为避免出现析油问题，应该抹平涂覆的油脂。

（4）润滑油型防锈油　润滑油型防锈油在起到防锈作用的同时，还需要兼具一定的润滑性。润滑油型防锈油也称为渗透润滑油，其表面张力较低，涂覆至材料表面后，即可迅速铺展开来，形成均匀的油膜。形成的油膜一方面可以隔绝水分、氧气或其他腐蚀性气体与金属接触；另一方面还能对金属活动部件进行润滑，减少损耗和摩擦。润滑油型防锈油的代号又可分为L-RD-1、L-RD-2、L-RD-3等。润滑油型防锈油技术要求见表6-6。

表 6-6　润滑油型防锈油技术要求

项　　目		质量指标						试验方法
		L-RD-1	L-RD-2	L-RD-3	L-RD-4-1	L-RD-4-2	L-RD-4-3	
闪点/℃	不低于	180	150	130	170	190	200	GB/T 3536—2008
倾点/℃	不高于	-10	-20	-30	-25	-10	-5	GB/T 3535—2006
运动黏度/(mm^2/s)	40℃	100±25	18±2	13±2		—	—	GB/T 265—1988
	100℃	—	—	—	—	9.3~12.5	16.3~21.9	
低温动力黏度（-18℃）/mP·s	不大于	—			2500	—		GB/T 6538—2010
黏度指数	不小于	—			75	70		GB/T 1995—1998
氧化安定性（165.5℃，24h）								SH/T 0692—2000
黏度比	不大于				3.0	2.0		
总酸值增加/(mgKOH/g)	不大于	—			3.0	3.0		
挥发性物质量（%）（m/m）	不大于	—			2			SH/T 0660—1998
泡沫性，泡沫量/mL								GB/T 12579—2002
24℃	不大于				300			
93.5℃	不大于	—			25			
后 24℃	不大于				300			
酸中和性		—			合格			SH/T 0660—1998
叠片试验，周期		协议			—			SH/T 0692—2000
铜片腐蚀(100℃,3h)/级	不大于	2			—			GB/T 5096—2017
除膜性，湿热后		能除膜						SH/T 0212—1998
防锈性 湿热（A 级）/h	不小于	240	192		480			GB/T 2361—1992
防锈性 盐雾（A 级）/h	不小于	48	—		—			SH/T 0081—1991
防锈性 盐水浸渍（A 级）/h	不小于	—			20			SH/T 0025—1999

润滑油型防锈油也可细分为Ⅰ类和Ⅱ类。Ⅰ类润滑油型防锈油一般为中黏度和低黏度，适用于金属材料及其制品的防锈，L-RD-1、L-RD-2、L-RD-3 属于该类别；Ⅱ类润滑油型防锈油包含低黏度、中黏度和高黏度，一般用于内燃机防锈，适用于中低负荷暂时运转的场合，包括 L-RD-4-1、L-RD-4-2 和 L-RD-4-3。

润滑油型防锈油应用较为广泛，其在提供便捷和安全的使用性能的同时，也有着易流淌、影响环境的缺点。润滑油型触变性防锈油，在普通润滑油型防锈油的基础上改善了触变性，能够优化其易流淌的缺点，使得防锈油在立面上也能形成均匀稳定的油膜，减少油层损失，提高了防锈性能。国际贸易中，大量的货物都需要通过海运方式进行运输，而涂覆在金属制品表面的防锈油容易在长途运输中流失，加之海运高温、高湿和高盐的环境，更加速了锈蚀情况的发生。触变性防锈油能够保证设备表面油层的均匀和稳定，可以在很大程度上改善海运过程中的防锈问题。国内某种触变性防锈油与国外同类产品的典型性能指标见表 6-7，触变指数保持在 4~6，其触变指数越高，油品抗流挂性或抗流淌性越好。

表 6-7 国内某种触变性防锈油与国外同类产品的典型性能指标

指　　标	国内某产品	国外同类产品	测试标准
外观	透明液体	透明液体	—
触变指数	5.7	4.3	—
闪点	170	198	GB/T 3536—2008
盐雾试验 (35±1)℃，A级/h	48	48	SH/T 0081—1991
湿热试验 (49±1)℃，A级/h	720	720	GB/T 2361—1992

（5）气相防锈油　气相防锈油一般是由基础油、液相防锈剂和气相防锈剂组成。在防锈油浸润不到的金属表面，气相防锈成分能够通过挥发吸附，形成有效的保护层，特别适用于减速器、发动机等有内腔的金属设备防护。表6-8给出了气相防锈油技术要求。

表 6-8 气相防锈油技术要求

项　　目		质量指标		试验方法
		L-RQ-1	L-RQ-2	
闪点/℃　不低于		115	120	GB/T 3536—2008
倾点/℃　不高于		-25.0	-12.5	GB/T 3535—2006
运动黏度/(mm^2/s)	100℃	—	8.5~13.0	GB/T 265—1988
	40℃	不小于10	95~125	
挥发性物质量（%）（m/m）　不大于		15	5	SH/T 0660—1998
黏度变化（%）		-5~20		SH/T 0692—2000
沉淀值/mL　不大于		0.05		SH/T 0215—1999
烃溶解性		无相变，不分离		SH/T 0660—1998
酸中和性		合格		SH/T 0660—1998
水置换性		合格		SH/T 0036—1990
腐蚀性（质量变化）/(mg/cm^2)		铜±1.0 钢±0.1 铝±0.1		SH/T 0080—1991
防锈性	湿热（A级）/h　不小于	200		GB/T 2361—1992
	气相防锈性	无锈蚀		SH/T 0660—1998
	暴露后气相防锈性	无锈蚀		
	加温后气相防锈性	无锈蚀		

基础油在气相防锈油中所占的比例约为80%~90%。基础油的种类不同，其防锈效果也会有所差异。一般来说，矿物油的防锈性能最佳，硅油和双酯的防锈性能次之，含有游离羟基的聚醚防锈性能最差。出于综合性能考量，目前气相防锈油多以矿物油为基础油。气相防锈油中的液相

防锈剂与其他类型防锈油类似，主要包括石油磺酸钡、石油磺酸钠、苯骈三氮唑等。气相防锈油的各项性能与使用的气相防锈剂关系密切，如气相防锈油的诱导性、有效距离等指标。相比来说，挥发性大的气相防锈剂能够快速到达金属表面，最早起到防护作用，而挥发性小的气相防锈剂的持久性较好，能够长时间防锈。在气相防锈油实际调配过程中，一般会选择不同挥发性的气相防锈剂进行复配，从而兼顾即时性和持久性。

（二）水基防锈液

水基防锈液是以水为基础溶剂，水溶性的防锈剂以及其他辅剂为添加剂调配而成的防锈液。水基防锈液一般可作为暂时性防锈产品，由于其以水为溶剂，使用便捷、安全，且涂覆之后较容易清洗掉，故已经成为金属材料设备加工或储存过程中不可或缺的防锈液。在实际使用过程中，水基防锈液的使用效果影响因素较多，如材料表面质量、环境温度、湿度等，相同的防锈液会因使用条件不同而表现出不同的防锈效果。

参考 GB 7631.6—1989（等同于 ISO 6743-8:1987），水基防锈液可以大致分为四种类型：RB为具有薄油膜的水稀释型液体，可用于零件或成品的工序间储存防锈；RH 为具有蜡至脂状膜的水稀释型液体，可用于普通机械零件库存的防锈；RM 为具有蜡至干膜的水稀释型液体或溶剂，可用于普通镀层钢板、钢卷的防锈以及汽车车身等部件的储存防锈；RP 为具有可剥性膜的溶剂或水稀释型液体，主要可用于金属薄板（如薄铝板）或不锈钢板的防护。

由于水基防锈液实际使用效果受使用条件的影响较大，故其研究程度远远不如油基防锈液，目前也尚无水基防锈液的国家标准及行业标准。水基防锈液一般由防锈剂、成膜剂、pH 调节剂、缓释剂以及其他成分组成，其中一些代表材料见表 6-9。

表 6-9　水基防锈液的基本组成

组成类别	代表成分
溶剂	水
水溶性防锈剂	亚硝酸盐、钨酸盐、钼酸盐、磷酸盐、醇胺类、羧酸盐（主要是以一元酸、二元酸和三元酸为主）、咪唑啉及其衍生物等
pH 调节剂	胺类、碱类
其他	螯合剂、着色剂等

1. 水溶性防锈剂

水溶性防锈剂作为水基防锈液中不可或缺的组成部分，在使用过程中起着主要的防锈作用。一般来说，水溶性防锈剂能够与金属表面相互作用，在金属表面形成一层保护膜，如氧化膜、难溶的盐类保护膜或络合物膜等。这层保护膜通过抑制电化学反应过程，起到防锈的作用。

水溶性防锈剂可大致分为无机和有机两大类。其中无机类防锈剂包括亚硝酸盐、钨酸盐、钼酸盐和磷酸盐等；有机类包括醇胺类、羧酸盐（主要是以一元酸、二元酸和三元酸为主）、咪唑啉及其衍生物等。

亚硝酸盐属于应用较早的一类水溶性防锈剂。由于其防锈性能优异，水溶性好、成本低且容易得到，故亚硝酸盐在国内外得到了广泛的应用。实际使用过程中一般将亚硝酸盐与其他防锈剂复配使用，以达到最佳的防锈效果。例如：机加工工序间防锈水一般使用亚硝酸钠与碳酸钠的组合。虽然亚硝酸盐使用性能优良，但其毒性也是人所共知的。由于亚硝酸盐的口服半数致死剂量在250~350mg/kg，是具有中等毒性的化学物质，所以出于环保及安全考虑，亚硝酸盐类防锈剂现在已经逐渐禁止使用在水基防锈液中。一般来说，环境温度对亚硝酸钠的抗腐蚀效果影响较大；同时在一定范围内，亚硝酸钠浓度与抗腐蚀效果呈正相关关系。

钨酸盐和钼酸盐是阳极钝化型防锈剂，在氧化条件下它们的阴离子能够与金属离子反应，在金属表面形成一层氧化膜。如果氧含量充分，与金属离子间的钝化作用进行得较快。当氧的浓度较低时，钨酸盐和钼酸盐想要达到理想的氧化程度，则需要较高的反应浓度。因此在低浓度下，两种防锈剂不但不发挥作用有时还会促进腐蚀。目前来说，由于钨酸盐和钼酸盐存在的主要问题是浓度大、成本高，所以两种防锈剂得到进一步应用的前提是降低使用量以及成本。

咪唑啉及其衍生物的开发和研究，是伴随着油气田金属管道和设备的迫切防腐需求进行的。20世纪50年代，含N杂环的有机咪唑啉及其衍生物防锈剂在美国诞生，且成功用于油田生产中金属管道、设备的防腐工作。我国对咪唑啉及其衍生物类的防锈剂研究也在逐渐深入，现在已成功研发出了DPI、TG、IM（烷基咪唑啉型盐酸酸洗防锈剂）和衍生物MP、MC等。咪唑啉防锈剂能够在金属表面定向吸附，吸附后的咪唑啉能够形成一层致密的膜层，从而避免金属表面与腐蚀介质的接触，减缓或抑制腐蚀的发生。相关学者研究了季铵化咪唑啉浓度对缓蚀率的影响，研究结果表明在一定浓度范围内，缓释率随着季铵化咪唑啉浓度的提高而明显加强。

在石油和天然气输送过程中，醇胺类防锈剂能够有效地去除二氧化碳和硫化氢，解决输送管道面临的腐蚀问题，因此受到了人们的广泛关注。在醇胺体系中，如乙醇胺（MEA）、二乙醇胺（DEA）、二甘醇胺（DGA）、三乙醇胺（TEA）、N-甲基二乙醇胺（MDEA）、2-氨基2-甲基1-丙醇胺（AMP）和哌嗪（PE）等，都对二氧化碳、硫化氢等腐蚀性气体有一定的吸收去除作用。

2. 水基防锈液的作用机理

水基防锈液的作用机理，通常可以分成以下几种。

（1）在金属表面形成致密的氧化膜　此类防锈液中的水溶性防锈剂均具有较强的氧化性，能够和金属表面发生反应，形成一层不可溶解的致密氧化膜，从而阻止金属的阳极电化学反应，实现对金属材料的保护。此类水基防锈液中的防锈剂包括钼酸盐、钨酸盐等。

（2）在金属表面生成难溶解的沉淀膜　这类水基防锈液中的防锈剂能够与金属反应，生成难溶解的盐类，覆盖在金属表面，从而形成一层致密的保护膜，阻止金属溶解，起到保护作用。此类防锈剂包括硅酸盐、磷酸盐等。

（3）在金属表面生成难溶解的络合物　这类防锈液中的水溶防锈剂一般均含有氧、氮等元素的杂环基团，这些基团可以与金属表面的离子产生络合反应，在金属表面生成一层难溶解的络合物保护膜，起到一定的防锈作用，苯骈三氮唑对铜的保护就属于这种情况。

（4）在金属表面形成物理吸附膜　这类防锈液中通常含有水溶性的高分子成膜剂，防锈液涂覆在金属材料上，水分蒸发后成膜剂能够在金属表面形成一层保护膜，有效地隔绝金属材料与氧气及其他腐蚀性物质的接触，实现对金属的防护。

当然，常用的水基防锈液中都会复配加入多种防锈剂，各种防锈剂能够起到一定的协同作用，从而能够保证在较低使用浓度下起到较强的防锈作用。所以，以上各种水基防锈液的防护机理也是共同存在、协同起效的。

3. 水基防锈液应用实例

金属零部件或设备工序间防锈往往采用油基或水基工序间防锈液，考虑到环境因素以及对后续工序的影响，水基工序间防锈液往往是最佳选择，具有防锈性佳、易清洗、不污染操作环境等优势。水基工序间防锈液的典型配方见表6-10。在实际使用过程中，将防锈液涂覆于工件表面，水分慢慢蒸发后，便可形成附着于材料表面的致密保护膜，可以稳定材料表面pH，使金属表面氧含量大大降低，起到防锈作用。当防锈液使用浓度达到或超过10%（质量分数）时，防锈期可以超过1个月。此产品附着于金属表面后，不会与金属表面发生化学反应，能够保持金属表面平整、润湿及光滑等特性，特别适用于后续工序需要钎焊的产品，且后续工序钎焊时无需将表面的防锈液去除，可以直接进行焊接。产品防锈性能好，能与水以任意比例互溶，溶液也可以反复使用，防锈液在金属表面涂覆后，表面比较湿润，给机加工带来了方便；同时工件清洗也比较方便，只需将工件置于温水中浸泡较短时间即可将防锈液除净。

表6-10 水基工序间防锈液的典型配方

组　　分	配　　比	
	1号	2号
酸类/kg	1	1
氢氧化钾/kg	0.05	0.04
胺类/kg	1	0.08
氨水/L	1	0.1
乳化剂/L	—	0.1
水/kg	2	—

（三）气相防锈产品

气相防锈技术也称为VCI（Volatile Corrosion Inhibitor）技术，其独特性在于使用气相防锈剂实现金属防锈保护。气相防锈剂的饱和蒸气压较低，挥发出的气态成分能够附着在金属材料表面，形成防锈保护层。该保护层一方面能够阻挡腐蚀性介质侵蚀材料表面，另一方面也能够切断电子的移动，抑制电化学腐蚀的发生。

与常见防锈产品相比，气相防锈技术的优势主要体现在以下几个方面。

（1）防锈期长　能够根据实际需求设定防锈期，最长防锈期可达10年左右。

（2）适用范围广　特别对于结构复杂、不易涂覆防锈油的材料或结构件，能够实现全方位、长周期的防锈要求。

（3）易处理、无害化、无污染　大部分材料均可以回收利用。

受制于自身的工业发展速度，我国气相防锈技术起步较晚，但发展速度较快，目前已经基本达到或超过了发达国家的水平。我国从20世纪50年代开始研究气相防锈剂，逐渐研发出了磷酸二环己胺、亚硝酸二环己胺、磷酸环己胺以及铬酸二环己胺等气相防锈剂。20世纪六七十年代，武汉材料保护研究所等先后开发出了适用于多种金属的气相防锈剂、气相防锈纸等产品。目前我国的气相防锈剂产品已向高效性、低成本和多样化发展，已经广泛应用于汽车制造、金属加工和精密材料制造等行业，并取得了显著的经济、社会效益。

目前来看，气相防锈产品主要包括气相防锈油、气相防锈膜、气相防锈粉和气相防锈纸。

（1）气相防锈油　气相防锈油的相关内容在前面章节已经做了详细介绍，对比来看气相防锈油是应用最为广泛的气相防锈技术之一。

（2）气相防锈膜　气相防锈膜的典型组成形式为薄膜-薄膜形式，将载体薄膜（含有气相防锈剂）黏附于基体薄膜上。随着技术的发展，已经逐步发展成为两层或多层的气相防锈膜。气相防锈膜的防锈期较长，如果辅以气相防锈剂使用，其防锈期可达10年。

（3）气相防锈粉　气相防锈粉是使用历史最为长久的气相防锈产品，一般是将其撒在被防护物上，或者直接分置于被防护物的四周。气相防锈粉的有效距离取决于气相防锈剂的效力及其饱和蒸气压。

（4）气相防锈纸　气相防锈纸是指在牛皮纸或者其他纸上涂布特定类型的气相防锈剂，带有气相防锈剂的气相防锈纸可以用来直接包裹被防护物，起到一定的防锈作用。气相防锈纸所使用的纸一般为牛皮纸、黏有塑料薄膜或铝箔的气相纸或沥青纸，其气相防锈剂量一般为5～60g/m^2。气相防锈纸的有效距离比气相防锈粉要大一些，在实际使用时，气相防锈纸与被保护工件之间，不能有其他纸张或包装物。

三、防锈油液选用指导

防锈油液的首要作用便是防锈，因此人们在实际使用中更多地关心油液的防锈性能。而防锈油液的防锈表现又与涂油工艺、工件材质、外界环境的温度和湿度等因素密切相关，即各种因素的变化都会对防锈油液的性能造成很大影响。同时，随着对防锈油液产品性能的开发，往往又要求其兼具润滑性、清洗性和环保等特点，因此在选择防锈油液时，必须综合考虑使用需求、油品性能等多方因素。防锈油液可大致分成除指纹型、溶剂稀释型、脂型、润滑油型、气相防锈油以及常见的水基防锈液等，由于不同类型的产品配方组成不同，性能千差万别，所以选择合适的防锈油液至关重要。

（一）涂覆工艺

涂覆工艺是防锈油液选择时首先要考虑的因素。常见的涂覆工艺包括刷涂、喷涂、辊涂、浸泡以及静电喷涂等。涂覆工艺不同，对油液的要求也会不同。一般来说，如果使用简单的刷涂、浸泡等方式，则对油液的黏度没有特殊要求，可以选择的产品黏度范围较广。对于喷涂的防锈产品，其黏度要偏低一些，黏度偏低其雾化性能较好，有助于提高喷涂均匀性。静电喷涂是最为特殊的涂覆工艺，其通过高压静电场使防锈油油雾离子带电，从而定向、均匀地涂覆在金属材料表面，故要求油品必须具有较好的雾化性能。同时，由于油品的工作环境特殊，对其击穿电压值也会有一定的要求，所以静电涂油方式必须选择专用的静电喷涂防锈油。

（二）防锈期

对产品防锈期的要求，也是必须要考虑的一个因素。如果工件只是做工序间的短期防锈，则可以选择水基防锈液或者封存防锈油。水基防锈液的防锈性能完全满足工序间防锈的需求，同时涂覆方式简单，可以刷涂或喷涂，且易清洗，也不会对现场工作环境造成污染。封存防锈油也可用于工件的工序间防锈，且能适应喷涂、刷涂或滴涂等多种涂覆工艺。当然，如果工件需要长时间储存，则需要选择防锈性能更佳的防锈油。工件的库存期达到半年或更长，则可以选用硬膜防锈油，该类油品能够在产品表面形成稳定的硬质保护膜，可在较长时期内起到防锈效果。对于海运的金属制品，一则要求的防锈期较长，可达半月或者几个月的时间；同时，海运的环境为高温、高湿、高盐，对油品的性能提出了更高的要求。海运的条件下，可以选择触变性防锈油，其具有低的流淌性，能够保证产品的立面或坡面有较稳定的油层厚度，延长产品的防锈期。

（三）清洗性

从工件的整个加工流程考虑，油液的清洗性也是需要考虑的问题。工件库存、运输后，后续工序往往会对工件表面质量有一定的要求，以便于更好地完成加工，所以使用前需要清洗掉表面的防锈油液，故要求防锈油液具有较为优异的清洗性。这种情况下，水基防锈液是较好的选择，其清洗性最佳；如果需要使用防锈油，则要求防锈油在保证防锈性能的前提下，也要具有较好的清洗性。

（四）工件材质

由于不同类型的防锈油液其适用的工件材质也不同，所以选择防锈油液时，需要根据工件材质，选择最为有效的防锈油液。不同材质的金属，其锈蚀机理和反应过程都会有所差异，所适用的防锈剂会有所不同。现有的防锈产品中，适用于铁质工件的较多，可选的防锈产品类型也较多。如果工件为铜、铝等特殊材质，则需要重点关注防锈油液的适用范围，选择特定的防锈产品。

（五）成本

高性价比是选择防锈油液或者其他介质所追求的目标。在达到防锈要求的前提下，产品价格越低越好。当然，计算成本时不应该只考虑油（液）的价格，还需要兼顾使用方式、平均使用量、防锈周期、涂覆效果以及对工作环境或后续工序的影响等多种因素来综合考虑防锈油液的使用成本，选择性价比最高的产品。

（六）安全环保

安全环保在制造业中越来越受到重视，介质的环保性对工件产品等具有决定性的影响。由于防锈油液涂覆在工件的表面，所以油液的安全环保性是最为重要的。一方面，防锈油液应没有异味，且不会对人体皮肤或呼吸道产生刺激。尤其是对于喷涂和静电涂覆工艺来说，油液会雾化成液滴，更容易散发出异味。另一方面，防锈油液自身的成分中，应不含有重金属元素或其他有害元素，要符合相关的环保要求。工厂在选择时应要求供应商提供 MSDS 和其他的禁用化学品检测结果。

（七）其他

对于有些工厂，存在特定的工艺要求，从而也会对防锈油液有特定需求。例如：有些工厂采用滴涂的方式对生产的线材或管材进行涂覆防锈，此时应选择黏度适中的防锈油进行涂覆，如果油品黏度太低，则滴涂的防锈油不能很好地附着在产品表面；反之如果黏度太大，则油品在运动中的线材或管材表面不能涂覆均匀，影响防锈效果。另外，有些工厂对使用的防锈油液的颜色也会有特殊要求。

四、防锈油液选用推荐

防锈油液系列产品经过近几十年的快速发展，已经形成了庞大的产品体系。当然，对防锈产品的要求也会随着工艺、环境、使用成本等因素的不同而有所区别。这就要求防锈油液供应商在保证产品质量的前提下，更加深入地研究市场需求，细化产品种类；同时，油品使用者要根据自身的需求，选择更为合适的产品。

（一）产品推荐

对防锈油液的产品市场进行了深入调研，将主要的防锈油液产品及对应的产品特点做了总结，见表6-11。

表6-11 防锈油液产品推荐

品牌名称	品牌介绍	典型产品	产品特点及应用
福斯	专业研制、生产、销售各种车辆润滑油、摩托车油、工业润滑油及特种油脂，其防锈油产品也具有一定的市场影响力	ANTICORIT DFW 8301	广泛应用于金属部件、工具机床部件、齿轮和发动机机器零部件等，其与发动机油、齿轮油等常规油品兼容，后续不用去除。该产品具有稳定的抗酸碱污染性能，特别适用于电镀工业中的后续脱水及保护
		ANTICORIT PL 3802-39 S	触变性（低流淌）防锈油，同时不含重金属钡，属于环保类的产品。该产品防锈性能优异、冲压润滑性好，广泛应用于各大钢厂的中高端板材的防锈。同时，在汽车钢丝绳行业，该产品也展现了极强的抗疲劳性能和防锈特性
奎克好富顿	由奎克和好富顿重组而来，专业涉及金属加工液、淬火油和防锈油等	FERROCOTE® 6130 GM	该产品专用于钢板冲压工序，具有良好的防锈性和润湿性，并且符合环保要求，不含有钡或任何重金属
嘉实多	公认的润滑油专家，产品涉及发电、运输和机械等	Rustilo 637	该产品是一种含有气相防锈剂的油性防锈液，不含重金属元素，与矿物油和脂兼容，适用于所有类型的精密及超精密工程产品，浸涂或喷涂使用
		Rustilo 647	一种低黏度中期防锈的防锈油，应用于工序间中期防锈或黑色金属板材及钢板包装前的临时防锈，不含重金属元素，能够形成均匀保护膜，提供卓越的黑色金属防锈保护，适合浸泡、冲洗或喷涂使用
		Rustilo 4175	一种水溶性的全工序间防锈剂，可用作室内储存的工件，也可用机器冲洗，作为漂洗及防锈使用。根据防锈时间长短调整使用浓度至1%～10%（质量分数）

（续）

品牌名称	品牌介绍	典型产品	产品特点及应用
安美	具有30余年工业用化学品的研究及应用经验，产品包括工业润滑油、金属加工液、特种润滑脂、防锈及表面处理剂等	P91	本产品为高黏度长期封存防锈剂，施于金属表面之后留下一层均匀防锈膜，广泛用于钢铁相当长时间的封存防锈保护，防锈期长、易清洗，可通过泡、喷、刷、涂等方式使用
		P193	本产品为硬膜防锈油，由环保溶剂和多种特效防锈添加剂精制而成，施于金属表面之后，溶剂挥发而剩下一层均匀防锈硬膜，油膜美观，不易脱膜，广泛用于钢铁物件较长时间的防锈和封存保护，可提供长达1.5年以上的防锈期
		P15T	P15T是由多种表面活性剂及防锈剂复配而成的环保型水基防锈液，对黑色金属尤其铸铁具有优异的防锈性能，能在工件表面形成一层非常薄的保护膜，可以加3~10倍的水稀释后浸泡使用，适用于黑色铁质金属的防锈
富兰克（Francool）	国家高新技术企业，涉足金属加工液、车用机油、自动化工业设备和精密加工等多个领域	FANTIRUST V80	该产品为油膜型防锈油，不含钡，能迅速置换金属表面的水分，黏度较高，可在金属表面留下油膜保护，有效抵御外界的腐蚀，适合黑色金属长期封存，可采用喷涂、浸泡、刷涂进行防锈处理
		FANTIRUST WFE	水基型防锈液，不含钡、亚硝酸盐、苯酚，可根据防锈期长短来调节兑水稀释比例至理想的效果，提供黑色金属的短期户内防锈和工序间防锈，使用后可在金属表面留下极薄的、透明水溶性保护膜，并易于用中性清洗剂去除，推荐使用浸泡方式防锈
Motorex	Motorex成立于1917年，主要从事开发、生产和销售包括润滑油和其他化学技术产品在内的润滑油产品	MOTOREX COOL-X	即用型主轴系统切削液，可为高性能电主轴提供防锈保护。该产品包含的成分可钝化各种材质，起到长期防腐蚀的作用。MOTOREX COOL-X冷却效果非常好，其比热容只有4.1J/g·K，几乎相当于水的比热容（4.187J/g·K），在保护的同时提供最佳的冷却效果，减少维护成本和维修率
康达特	拥有丰富的化学专业知识，作为润滑油脂和表面活性剂的配方专家，康达特将自己定位为许多应用领域的世界领导者	CONDAPROTECT 防水防锈油	康达特防水防锈油能够有效去除工件表面的水分，当上游工艺使用的是水基润滑剂的时候，如在使用可溶性全损耗系统用油或可溶性金属成形油制造管、棒和型材后，推荐使用防水防锈油
		VCI 2000 系列产品	挥发性腐蚀抑制系列产品，所有VCI防腐包装都能保护商品和金属零件，避免因腐蚀而造成损坏，防腐蚀性能良好，适合多种金属，且能够避免上油和整理操作
新美科	金属加工液专业制造商，始于1894年的米拉克龙，拥有100多年的机床工业领域的研究和开发经验	CIMGUARD R562	水基型防锈液，不含亚硝酸盐和矿物油，用于铸铁和钢件储存和运输过程中的防锈，根据防锈要求稀释不同浓度，可应用于喷涂、浸泡或喷雾，也可作为高压喷涂清洗剂的防锈剂

（续）

品牌名称	品牌介绍	典型产品	产品特点及应用
德润宝	德润宝的产品在热处理、金属加工、清洗、黑色及有色金属的轧制、防锈、液压及造纸等工业加工过程中起着重要的作用	ISOTECT 380E	采用多种防锈材料配制而成，具有优良的耐高温、耐高湿、抗盐雾、抗大气腐蚀及中和置换能力，适用于轴承、机床、工具、汽车、拖拉机和军械等零部件的长期封存防锈工艺
		ISOTECT 390A	防锈油390A是一种极具活性并具有排水性的产品，可用于各种表面和零件的室内防锈，可采用刷涂、浸渍或喷涂等方式防锈
泰伦特	泰伦特致力于环保型金属加工工艺品及工业废液处理循环再生利用的研究，产品涵盖金属加工润滑系列、金属防护系列、表面处理系列	封存防锈油 FPC-620I	该产品可在金属表面形成均匀的防锈膜，具有优异的附着性能，优良的防腐蚀性能，对钢、铸铁和铜具有较长的防锈期
		免清洗防锈油 FPC-630CⅡ	该产品具有优异的防锈蚀性能，可在金属表面快速形成薄而均匀的保护膜，处理后的工件防锈期可达3～12个月，可带油直接装配，无须清洗
		水基型防锈液 FPC-640M	该产品除具有优异的防锈蚀性能外，兼具一定的清洗性能，成膜性能佳，金属零件外形美观，无白斑，广泛适用于黑色金属零部件的工序间防锈
清润博	依托于清华大学天津高端装备研究院雄厚的科研实力，清润博以技术创新和产品质量为核心竞争力，涉及润滑油、金属加工液制造及废液无害化处理等领域	封存防锈油 QP-0110	该产品为油膜型中长期封存防锈油，不含钡，涂覆后能迅速置换金属表面的水分，在金属表面形成均匀稳定的油膜层，适合钢、铸铁和铜等金属制品的中长期封存，可采用喷涂、浸泡、刷涂进行防锈处理
		静电喷涂防锈油 QP-0121	静电喷涂防锈油，集防锈性、清洗性、雾化性、安全性于一体，广泛用于冷轧、镀锌等带钢的防锈保护。同时，该产品润滑性能优异，能改善金属制品的冲压性能
		水溶性防锈剂 QP-3101	水溶性黑色金属防锈剂，适用于各类黑色金属工件的工序间防锈，不含二级胺，安全环保，可依据防锈要求调配不同的使用浓度

（二）选用案例

1. 福斯 ANTICORIT DFW 8301 防锈油

ANTICORIT DFW 8301 是最新一代不含钡且有脱水性能的防锈油，同时，精选的添加剂及使用的合成类溶剂使得该产品基本上是无味的。

ANTICORIT DFW 8301 广泛应用于金属部件、工具（如刀具）机床部件、齿轮和发动机机器零部件等，其极薄的防锈膜与通用的发动机油、齿轮油等常规油品兼容，后续不用去除。该产品具有稳定的抗酸碱污染性能，特别适用于电镀工业中的干燥和保护。

某大型汽车零部件客户采用 ANTICORIT DFW 8301 后，对比之前使用的防锈剂，发现该产品可以减少生产工艺（之前的烘干工艺可以去除），降低生产的电耗、能耗。同时，该产品的消耗量更低，油品可以长时间循环使用，仅需每天将油槽底部的水排出即可。更薄的油膜提高该客户齿轮的外观质量，更强的防锈能力解决了之前一直存在的约5%锈蚀率的问题。总体上，该产品帮助该客户实现了15%的综合生产成本的降低。

2. 福斯 ANTICORIT PL 3802-39 S 触变性防锈油

ANTICORIT PL 3802-39 S 是一款触变性（低流淌）防锈油，同时不含重金属钡，属于环保类的产品。该产品因为其优异的防锈能力（适用于各种极端的气候情况），优良的深度拉深（冲压润滑性）性能而广泛地应用于全球各大钢厂的中高端汽车板材，为汽车板材提供防锈及后续冲压成型的润滑，减少清洗油和冲压油的使用。同时，在汽车钢丝绳行业，该产品也展现了极强的抗疲劳性能和防锈特性。

某连退机组生产汽车专用带钢，采用静电喷涂方式涂覆。涂油机为 DUMA 和 GFG 静电涂油机。涂油参数：油箱温度65℃，管路保温45～50℃，上/下刀梁温度65℃，上刀梁电压65kV，下刀梁电压70kV。涂油量根据产品表面粗糙度设定或者根据终端客户要求设定。

防锈油上线使用后，卷曲的钢卷两侧没有油品流淌，使得钢厂生产现场清洁干净，不再出现因为地上油太多导致工人行走不安全的情况；切片堆垛后（切下来的钢板一片一片堆叠在一起），不会出现相邻的钢板因为油膜黏在一起，导致机械手臂吸盘吸起两块钢板，进而导致停机人工维护；经过长期的运输存储后，触变性防锈油在钢板表面仍然是均匀地分布，减少了终端客户（如汽车 OEM 厂商和家电厂商）的清洗工序，从而产生了综合成本的降低——减少了清洗设备（价值百万人民币）投入以及持续不断的清洗油（每年消耗百万人民币）消耗。

3. 奎克好富顿 FERROCOTE®6130 GM 防锈油

FERROCOTE® 6130 GM 系列是一种专为钢板冲压设计的防锈油。该系列产品具有良好的防锈性和润湿性，并且符合环保要求，不含有钡或任何重金属。

某大型加工企业对冷轧板和镀锌板进行冲压拉深，后续有清洗和焊接工序。冷轧板厚度为0.8～1.2mm，镀锌板厚度为1～2mm，所用冲压设备为济南二机床产品。以刷涂的方式将 FERROCOTE® 6130 GM 涂覆在冷轧板和镀锌板上。产品在长时间库存期间没有发生锈蚀问题，同时涂覆防锈油的钢板冲压性能在一定范围内得到提升，未出现开裂、毛刺等问题。冲压后板材表面的防锈油易清洗，不影响后续焊接工序。

4. 清润博 QP-0121 静电喷涂防锈油

TSIpro-Antirust1810 静电喷涂防锈油是以深度精炼的矿物油作为基础油，添加优质的防锈剂、表面活性剂、润滑剂和抗氧化剂等成分调配而成的静电喷涂专用防锈油。以高防锈性、优异涂覆性和高润滑性为特点，在满足防锈要求的前提下，能够表现出更好的雾化性能，同时在一定范围内极大地提高板材的成形性能。

某大型钢铁企业连退机组以生产建筑和汽车用冷轧带钢为主，其静电涂油机为美国 GFG 产品。涂油参数：油箱温度45℃，上/下刀梁温度65℃，上刀梁电压55～65kV，下刀梁电压60～70kV。涂油量根据终端客户要求设定。

该静电喷涂防锈油产品上线后，现场涂覆效果良好，油品雾化效果佳，未出现漏涂或油斑等情况，如图6-2所示。油品抗老化性能优异，长期使用过程中，未出现因油品老化变质而导致过滤器堵塞或刀梁堵塞等情况。涂油后冷轧产品在陆运、海运过程中，未出现点状或片状锈蚀。

图 6-2　清润博 TSIpro-Antirust1810 涂覆效果

5. MOTOREX COOL-X 主轴切削液

MOTOREX COOL-X 是一款即用型主轴系统切削液，可为高性能电主轴提供防锈保护。该产品包含的成分可钝化各种材质，起到长期防腐蚀的作用。MOTOREX COOL-X 冷却效果非常好，其比热容只有 4.1J/g·K，几乎相当于水的比热容（4.187J/g·K），在保护的同时提供最佳的冷却效果，减少维护成本和维修率。

MOTOREX COOL-X 用于某汽车零件和模具加工企业，配备电主轴的多轴高速机床，在使用 MOTOREX COOL-X 过程中，一年半更换一次，维修率下降，成本下降 30%。

参 考 文 献

[1] 袁学军．防锈油现状及发展趋势［J］．润滑油，2007，22（6）：61-64.

[2] 桜井俊男．石油产品添加剂［M］．北京：石油工业出版社，1980.

[3] 赵阔，谭胜，黄丘军．防锈油脂与气相缓蚀技术［M］．北京：冶金工业出版社，2017.

[4] 刘建国，李言涛，侯保荣．防锈油脂概述［J］．腐蚀科学与防护技术，2008，20（5）：372-376.

[5] 黄文轩．防锈剂的作用机理、主要品种及应用［J］．石油商技，2018，36（2）：84-95.

[6] 谭胜，付洪瑞．防锈油发展现状［J］．河北化工，2003（5）：16-19.

[7] 王啸东，涂川俊，陈刚，等．油溶性缓蚀剂的研究现状及发展趋势［J］．工业催化，2014，22（7）：493-499.

[8] 欧阳平，蒋豪，张贤明，等．防锈油的研究进展［J］．应用化工，2015，44（5）：944-946，950.

[9] 武玉玲．防锈油脂发展现状［J］．石油商技，2001，19（6）：1-5.

[10] 中国石油化工集团．防锈油：SH/T 0692—2000［S］．北京：中国标准出版社，2000.

[11] 邓象贤，张志东，黄劲松．润滑油型触变性防锈油的研制［J］．石油商技，2017，35（2）：22-25.

[12] 肖怀斌．气相缓蚀剂的研究与发展［J］．材料保护，2000，33（1）：26-28.

[13] SUBRAMANIAN A，NATESAN M，et al. An Overview Vapor pHase Corrosion Inhibitors［J］．Corrosion，2000，56（2）：144-155.

[14] PEREIRA E A，TAVARES MFM. Determination of volatile corrosion inhibitor by capillary electrophoresis

[J]. Journal of chromatography A, 2004, 1051 (1-2): 303-308.

[15] 李姐丽，邓象贤．水基防锈液研究现状和发展趋势［J］．石油商技，2019，37（6）：7-9.

[16] 史宁，张书弟，李德顺．环保型水溶性防锈剂的研究及性能测试［J］．电镀与精饰，2016，38（3）：9-12，20.

[17] 黄竹山，汪玉瑄．非亚硝酸盐型水基防锈剂的研制［J］．汽车工艺与材料，2002（1）：28-31.

[18] 姜志超，杨燕，彭浩平，等．水溶性咪唑啉缓蚀剂对 X80 管线钢的缓蚀性能研究［J］．油气田地面工程，2019，38（1）：105-109.

[19] 周丽，厉安昕，高慧妍，等．水溶性咪唑啉缓蚀剂的合成及应用研究［J］．当代化工研究，2018（9）：178-180.

[20] 李志广，黄红军，万红敬，等．金属气相防锈技术的应用进展［J］．腐蚀与防护，2008，29（11）：654-656.

第七章

金属清洗剂

一、概述

在机械加工和机械设备维护与修理时，大多采用汽油、煤油、柴油等油品对金属加工件或设备零件表面进行清洗，不仅造成了能源浪费，而且还伴随着极大安全隐患。为解决这一问题，金属清洗剂应运而生，其不仅可以很好地替代汽油、煤油、柴油等油品来对金属加工件或设备零件表面进行清洗，而且使用安全，价格便宜，有效地减少了能源浪费，降低了生产和维护成本。金属清洗剂既可以服务于简单设备单元的除尘、除垢清洗，也可应用于大型设备的系统清洗，如核工业的除垢去污（主要是核工业退役核设施，去污以降低核辐射污染）、海上平台的防爆除油、环保清洗等。

我国金属清洗剂的热点主要集中在电子信息、汽车和医疗器械等领域。在一段较长时间内（20 世纪 90 年代以后至 21 世纪初），随着电子信息工业的迅猛发展，大量应用于计算机部件、半导体、光电子产品及液晶设备清洗的清洗剂和清洗设备得到了广泛发展。紧接着，随着国内汽车产业的逐渐兴盛，为了满足汽车及其零部件的清洗要求，人们对清洗剂和清洗设备同时进行升级，使得清洗剂的技术含量及附加值进一步提高。另一方面，在医疗器械的生产制造过程中，为了保证医疗器械部件的生物无害化、无毒化，使用的清洗剂要求更为严苛。如今，金属清洗剂在我国其他应用领域，如冶金、纺织印刷、核工业及轻工业等领域也开始进入快速发展时期。

现代工业要求金属清洗剂应具有良好的去污效果，其中那些应用于黑色金属以及有色金属的清洗剂，还应当保证被清洗件满足后续其他处理的要求。金属清洗剂应该具有良好的适应性，即在对工件清洗的基础上还要对工件进行有效的防护与修饰。此外，金属清洗剂还应具有较好的抗泡性、电解质相容性、化学稳定性、防腐防锈性、低温操作性、环境友好性以及乳化作用和吸附及解吸性能。

二、金属清洗剂

根据需要清洗对象的不同，金属清洗剂分为除锈和除油两大类。呈酸性的金属清洗剂大多用于进行金属的除锈处理，既能去除金属管壁上沉积的金属不溶物及其他腐蚀物质，又可以去除金属表面形成的氧化物层；呈碱性的金属清洗剂主要用于对金属表面进行除油处理。

（一）酸性金属清洗剂

以常见的硫酸、盐酸等无机酸为主体，配以各种添加剂配置而成的金属清洗剂统称为酸性金属清洗剂，其清洗机理是利用自身酸性化学性质与工件表面的锈蚀产物发生化学反应，以及与工件材料发生化学反应产生气体来促使锈蚀产物更加容易地从金属表面脱除。为了加速酸液对锈蚀产物的浸润与渗透，提高清洗速率，往往都会在酸性金属清洗剂中加入少量表面活性剂。在工业生产过程中，酸洗广泛用于各种换热、传热及冷却等设备的除垢清洗。

1. 酸性介质

（1）盐酸　常用的酸性介质之一，是锅炉、换热器、反应设备及采暖系统等铜或铜合金设备清洗常用的酸性介质。盐酸之所以成为首选酸性介质是因为能满足清洗剂的基本技术要求，具有清洗效果好、价格便宜并且操作安全等优点。但盐酸易挥发，其产生的酸雾会对人员、设备造成损害。盐酸酸性金属清洗剂不适用于不锈钢、铝材等零件的清洗，因为盐酸含有大量的氯离子，易引起不锈钢、铝材的应力腐蚀开裂，因此其应用范围较窄。

（2）硫酸　工业上最常用的强酸，一般不能使用盐酸清洗的不锈钢、铝合金等特殊设备，可以使用此类清洗剂进行清洗。

（3）硝酸　三大酸性介质之一，属于氧化性酸，不论何种浓度，都能使铁、铝和铬等易氧化的金属发生钝化。污垢中有机物的分解以及许多难溶金属氧化物和盐的快速溶解，均归功于硝酸的氧化性。但不稳定性是硝酸的一大缺点，遇到光和热容易发生分解生成二氧化氮，对人体和环境造成危害。硝酸同样一般应用于不适合使用盐酸清洗的可钝化金属材料，如铝、不锈钢等，另外硅垢的清洗主要也是使用硝酸。

（4）氢氟酸　氢氟酸通常是与其他酸混合使用，对铁皮等氧化物具有高效的清洗效率。氢氟酸在低温的环境下同样可以溶解硅垢，具有良好的溶解能力，且对基体金属的损伤较少。

（5）柠檬酸　柠檬酸以其独特的物化性质成了酸性金属清洗剂中用量仅次于盐酸的有机酸。它自身离解的氢离子能和碱性氢氧化物作用，并且其本身对金属离子有络合作用，可促进金属氧化物溶解，因此柠檬酸酸性金属清洗剂可以溶解铁和铜锈垢。但柠檬酸的价格较高，主要用于清洗造价较高的高端设备表面。

除上述几种酸外，酸性金属清洗剂还包括厚工件清洗用的磷酸和唯一可用于清洗镀锌金属的氨基磺酸。酸性金属清洗剂的理化指标见表7-1。

表7-1　酸性金属清洗剂的理化指标

项　　目	指标无磷类
总五氧化二磷（P_2O_5）的质量分数（%）	≤1.1
有效酸的质量分数（%）	≥15
pH（质量分数为1%溶液，25℃）	1.0～5.0
荧光增白剂	不得检出

（续）

项　　目	指标无磷类
甲醇/(mg/g)	≤1.0
甲醛/(mg/g)	≤0.1
砷（质量分数为1%溶液中以As计）/(mg/kg)	≤0.05
重金属（质量分数为1%溶液中以Pb计）/(mg/kg)	≤1.0
去污力（%）	≥90
腐蚀率/［g/(m^2·h)］	≤2.0
氯化物（Cl^-）（质量分数为1%溶液中）（%）	≤0.0002

注：理化指标前三项作为常规检验项目。

2. 清洗工艺

在使用酸性金属清洗剂时，还要满足以下清洗技术指标和清洗方法。

（1）清洗温度　酸洗过程中酸液温度越高，清洗能力越强，但金属的腐蚀速度也随之增加，而大多数防锈剂的防锈能力随温度升高而降低。因此，为了控制酸洗时的腐蚀，酸洗温度要适宜。氢氟酸清洗温度一般为45~55℃，盐酸、硫酸、硝酸和氨基磺酸清洗温度一般为50~60℃，柠檬酸、羟基乙酸的清洗温度为85~95℃。

（2）清洗时间　硫酸、盐酸清洗溶液中存在大量的氢离子，为了防止发生金属渗氢，引起金属材料发生氢脆现象，加温以后的硫酸、盐酸清洗液与金属接触的时间一般不超过10h。酸洗监视管应在清洗系统开始进酸时同步投入，并控制监视管内流速与清洗系统的管内流速一致。

（3）何时停止清洗　当每一个回路清洗到预定时间后，加强进、回水的酸洗液浓度和铁离子浓度的分析，检查是否趋于平衡，当基本达到平衡时，即进、回水的酸洗液浓度和铁离子浓度的分析结果相差小于5%时，可以取下监视管检查清洗效果。当清洗液内铁离子浓度趋于平稳时，监视管内部基本清洁后，继续循环1h左右，即可停止酸洗。

3. 常见的清洗剂配方

一般来说，酸性金属清洗剂仅用于黑色金属的清洗。目前，为了减少三大强酸（硫酸、硝酸、盐酸）对人体的危害，但又不至于使得酸性清洗剂的清洗能力下降，普遍采用磷酸来代替它们。下面列举几种常见的含磷酸的清洗剂配方（以下百分数为质量分数），如下所述。

配方一：7.0%磷酸（85%）；3.0% $C_{12\sim15}$烷基（EO$)_{4.5}$醚；4.0%丁基溶纤维；剩余为水。

配方二：7.0%磷酸（85%）；0.3% N-（1，2-二羧乙基）-N-十八烷基磺基琥珀酰胺三钠（35%）；6.0%丁基溶纤维；剩余为水。

配方三：35.0%磷酸（85%）；1.5% 辛基酚（EO$)_{9\sim10}$醚；1.0%乙醇酸；剩余为水。

（二）碱性金属清洗剂

碱性金属清洗剂是指pH>7的清洗剂，使用范围很广，在高温、常温下均可快速去除油污，清洗过程中不会造成有色金属腐蚀，同时还具有安全、环保、对人体无害等优点。

碱性金属清洗剂的清洗机理是利用皂化作用、乳化作用以及浸透润湿作用来去除可皂化油脂（动植物油）和非皂化油脂（矿物油）等。其中皂化作用是指金属表面动植物油中的硬脂酸成分与清洗剂中的碱金属离子生成钠皂，并和甘油成分一同溶解到清洗溶液中，从而达到清洗的目的。乳化作用是指通过清洗剂中表面活性物质的亲水基团和憎水基团使金属与溶液间的界面张力降低，在流体扰动等因素下使金属件表面油膜破裂，从而脱离金属表面。浸透润湿作用是辅助皂化作用和乳化作用，使碱性金属溶液浸透到油脂内部，达到并浸润工件表面，提高脱脂除油效果，同时还可将油脂分散到清洗溶液中。碱性金属清洗剂的理化指标见表7-2。

表7-2 碱性金属清洗剂的理化指标

项　目	含磷（HL类）		无磷（WL类）	
	HL-A型	HL-B型	WL-A型	WL-B型
总五氧化二磷（P_2O_5）的质量分数（%）	—		≤1.1	
总碱的质量分数（以NaOH计）（%）	≥8.0	—	≥8.0	—
荧光增白剂	不得检出			
砷（质量分数为1%溶液中以As计）/(mg/kg)	≤0.05			
重金属（质量分数为1%溶液中以Pb计）/(mg/kg)	≤1.0			
去污力（%）	≥90			

注：碱性清洗增效剂的去污力指标要和碱性物质配合使用来测定（碱性清洗增效剂按实际使用浓度添加）。

常用的碱性金属清洗剂包括：①通用碱性金属清洗剂。②喷淋金属清洗剂。③重油污金属清洗剂。④中性有色金属清洗剂。⑤防锈液体清洗剂。碱性金属清洗剂常用于清洗钢、铜、铁、铝等材质表面，对零件加工过程中或封存时所用到的防锈油（脂）以及对冷轧过程中所使用的润滑剂均有良好的清洗效果。虽然碱性金属清洗剂清洗范围广，但在一些特殊情况下对油污的清洗效果比较有局限性，主要包括如下几点。

1）对于一般结构件有孔或者有折角的部位无法彻底清洗。

2）对一些重油污、高黏稠性的油污无法彻底清洗。

3）与酸性金属清洗剂一样，由于在清洗过程中会对金属部件产生一定的腐蚀作用，所以清洗对象局限在黑色金属。

4）清洗过程中需要加热，常温下的清洗效果不如高温下的清洗效果好。

5）对皮肤有接触腐蚀性，对眼睛有溶解性。

6）碱性金属清洗剂对可发生皂化反应的动植物油类去污效果最好，而对矿物油的清洗效果不好。

下面列举一些常用的碱性金属清洗剂配方，包括几种通用碱性金属清洗剂配方、强碱性金属清洗剂配方、喷淋金属清洗剂配方、重油污金属清洗剂配方和防锈液体清洗剂配方（以下百分数为质量分数）。

1. 通用碱性金属清洗剂配方

1）7.5% $C_{9\sim11}$烷基（EO）$_6$醚；8.0%烷基磷酸酯钾盐（50%）；15.6%偏硅酸钠（$5H_2O$）；1.0% EDTA；剩余为水。

2）55%～90%氢氧化钠；1%～3%壬基酚（EO）$_8$醚；10%～30%葡糖酸钠；2%～8% C_{12}

烷基苯磺酸钠。

3）10.0% $C_{9\sim11}$烷基（EO）$_6$醚；5.0%烷基磷酸酯钾盐（50%）；7.0%偏硅酸钠（$5H_2O$）；5.0% EDTA；3.0%氢氧化钠（50%）；2.0%磷酸三钠；剩余为水。

2. 强碱性金属清洗剂配方

1）2.0%壬基酚（EO）$_9$醚；1.8% N-月桂酰-β-丙氨酸钠；20.0%硅酸钠；剩余为水。

2）2.0%壬基酚（EO）$_9$醚；2.0% N-月桂酰-β-丙氨酸钠；20.0%氢氧化钠；剩余为水。

3）2.0%壬基酚（EO）$_9$醚；1.0% N-月桂酰-β-丙氨酸钠；20.0%氢氧化钠；剩余为水。

4）2.0%壬基酚（EO）$_9$醚；0.7% N-月桂酰-β-丙氨酸钠；20.0%硅酸钠；剩余为水。

3. 喷淋金属清洗剂配方

1）1.5% $C_{12\sim13}$烷基（EO）$_9$醚；2.5%乙醇胺；3.0% d-苎烯；7.5%液化丙烷；0.3%硬脂酸钾；剩余为水。

2）5.0 % $C_{12\sim15}$烷基（EO）$_8$醚；15.0%碳酸钠（轻质）；40.0%氢氧化钠（片状）；40%偏硅酸钠（无水）。

4. 重油污金属清洗剂配方

1）3.0% C_{13}烷基（EO）$_9$醚；1.5%偏硅酸钠（$5H_2O$）；6.0%烷基磷酸酯（倾点18℃）；10.0%丁基溶纤维；3.0%三乙醇胺；剩余为水。

2）0.6% CMC-Na；3.0%三聚磷酸钠；45.0%高岭土和0.1mm砂子混合物；0.3%碳酸钠；0.3%硫酸钠；4.0% C_{12}烷基苯磺酸钠；0.5%苯甲酸钠；1.3%硅酸钠；剩余为水。

5. 防锈液体清洗剂配方

1）5%～10%亚硝酸钠；0.5%～0.6%碳酸钠；90%～94%水。

2）0.5%亚硝酸钠；0.25%磷酸氢二钠；0.25%磷酸，99%水。

（三）溶剂型金属清洗剂

溶剂型金属清洗剂主要由有机溶剂组成，是利用各种有机溶剂对金属表面上油污的溶解作用达到清洗目的。溶剂型金属清洗剂可细分为三类：一是石油系溶剂，如汽油、煤油、液态正构烷烃等；二是芳香烃溶剂，如苯、萘、蒽及其衍生物等；三是卤代烃溶剂，包括二氯甲烷、三氯乙烷、氯仿等。溶剂型金属清洗剂对高黏度油脂以及高滴落点的油脂具有较高的脱脂效率，清洗效果极好。同时，其在常温下也可使用，广泛适用于不同金属材质以及不同规格的金属零件。目前溶剂型金属清洗剂广泛应用在具有特殊要求且机械化水平不高的工厂中。

溶剂型金属清洗剂包括液相有机溶剂清洗剂和气相有机溶剂清洗剂两大类。气相有机溶剂清洗剂的除油效率高，但不能清洗碱类、无机盐类及灰尘微粒；液相有机溶剂清洗剂可彻底清洗工件中的死角污垢，但清洗过程工作条件差、毒性大。一般溶剂型金属清洗剂所涉及的技术指标主要包括下述几个方面。

1. 水分

含水量是溶剂型金属清洗剂的一项重要技术指标，而在日常生产过程以及使用过程中不可避免地会有一部分水的存在。在溶剂型金属清洗剂成分中，如常见的低级醇、酮及部分的醚可以与水呈现完全互溶的状态。而这些成分中的某些成分在一定的温度下，其在水中的饱和溶解度会降低，产生析出现象。在这种情况下，容易导致溶剂型金属清洗剂中的某些必要组分（如稳定剂）从清洗剂中析出，从而降低溶剂型金属清洗剂的稳定性，影响最终的清洗效果。目前，行业要求溶剂型金属清洗剂中的水分含量要低于0.01%（质量分数）。产品的水分测定按照GB/T 6283—2008中所规定进行，并且还可以通过浊点法和气相色谱法进行简便测定。

2. 酸度

清洗剂的酸度是一项需严格控制的技术指标。酸度过大容易导致被清洗金属件表面的腐蚀，酸度过低则易导致清洗效果变差。酸度对溶剂型金属清洗剂尤为重要，其最终决定着被清洗工件的质量，同时也代表了清洗剂的稳定性。像如今市场中的氟、氯以及溴代烃类清洗剂，除了严格控制生产过程中的酸度外，还需要添加稳定剂以及抗氧剂。这些添加剂的存在可避免清洗剂在储存、使用以及加热过程中发生分解生成氟化氢、氯化氢以及溴化氢。这些分解产物遇水后极易生成所对应的酸，增加清洗剂的酸度，改变清洗剂的化学组成，影响清洗效果，并有可能对一些金属部件造成不可逆的酸蚀。

溶剂型金属清洗剂的酸度按照GB/T 4117—2008的检测标准执行，该标准等效于ISO 1393：1977国际标准。其检测方法采用酸碱滴定法或者采用水洗法，后者常用于不溶于水的清洗剂的酸度检测，检测方法较为烦琐。此外，为了便于车间内清洗剂的酸度检测，常采用无水乙醇碱液法来进行测量。

100g试样中酸度（以HCl计）的质量分数（w_2）按下式计算，即

$$w_2 = \frac{(V/1000) \times c \times M}{m} \times 100\% \tag{7-1}$$

式中，w_2是100g试样中酸度（以HCl计）的质量分数（%）；V是试样所消耗标准NaOH滴定液的体积（mL）；c是标准NaOH滴定液的浓度（mol/L）；M是氯化氢的摩尔质量（g/mol），M = 36.46g/mol；m是试样的质量（g）。

取两次平行测定结果的算术平均值为测试结果，两次平行测定结果的绝对差值应不大于0.1%，以大于0.1%的结果不超过5%为标准。

3. 毒性

为了避免对清洗操作人员的身体健康造成伤害以及对环境造成污染，溶剂型金属清洗剂的毒性即使对被清洗金属工件的质量没有影响，也仍是一项评价清洗剂是否可以安全使用的重要技术指标。通常清洗剂的毒性是通过对动物和人体生理实验数据进行基础确定的，但是严格的毒理实验需由卫生防预部门进行，根据实验结果可制订该清洗剂的工件场所安全标准和防护措施。

4. 不挥发物质

溶剂型金属清洗剂中的不挥发物质在清洗后会黏附于工件表面，从而影响工件表面的清洁度。理论上而言，工件表面的清洁度越低越好，一般出厂时控制在0.001%（质量分数）以下。不挥发物质检测方法参照GB/T 6324.2—2004和ISO 759：1981进行，其中常用的一种定性检测方法是将清洗剂滴于干净的玻璃片上，待其自然挥发后，通过观察表面残留大致检测不挥发物质的含量。

100g 试样中不挥发物质质量分数（w_1）按下式计算，即

$$w_1 = \frac{m_0 - m_1}{m_0} \times 100\% \tag{7-2}$$

式中，w_1是 100g 试样中不挥发物质质量分数（%）；m_1是试样烘干后失重（g）；m_0是试样质量（g）。

取两次平行测定结果的算术平均值为测试结果，两次平行测定结果的绝对差值应不大于 0.1%，以大于 0.1% 的结果不超过 5% 为标准。

除上述指标外，溶剂型清洗剂还应具有其他一些性能，如绝缘性、对材质的溶胀性、可燃性和挥发性等，针对不同的清洗对象，侧重选择不同的功能。GB/T 35759—2017 对溶剂型金属清洗剂提出了具体的指标要求，见表 7-3。

表 7-3　溶剂型金属清洗剂的指标要求

项　目			指　标
外观			均匀，不分层，无沉淀的液体
气味			略带溶剂气味
不挥发物含量（100g 试样中）（质量分数,%）			≤0.5
酸度（以 HCl 计/100g）（质量分数,%）			≤1.0
腐蚀性	45 钢	腐蚀量/mg	≤1
		外观/级	0
	Z30 铸铁	腐蚀量/mg	≤1
		外观/级	0
	LY12 硬铝	腐蚀量/mg	≤1
		外观/级	0
	H62 黄铜	腐蚀量/mg	≤1
		外观/级	0
水分（质量分数,%）			≤0.01
表面张力/(mN/m)			≤30
挥发性（$t_{样品}/t_{乙醚}$）			≤3

（四）水基金属清洗剂

随着国内机械工业的迅速发展，对金属表面的清洗要求更加苛刻，需要完全去除金属表面碎屑及附着物，使工件表面符合再加工或装配前的需求。酸、碱以及溶剂型金属清洗剂由于使用范围或环保要求的限制，大多无法实现普适应用。因此，亟须一种新型的具有较强去污能力、防锈、防腐、可常温使用的新型金属清洗剂来满足现代金属清洗的要求。

水基金属清洗剂主要是由表面活性剂、防锈剂及助剂等和水组成，具有无毒、环保且使用安全等特点，其清洗机理是其中的表面活性剂及各种助剂（如助洗剂、助溶剂、消泡剂和稳定剂等）协同作用，达到去除油污、尘垢的目的。它的主要清洗特点：①适用于动植物油以及矿物油的清洗。②适用于黑色金属以及有色金属的清洗，与金属基体不会产生任何化学反应。③渗透力较强，对一些特殊结构体工件同样能够彻底清洗。GB/T 35759—2017 规定了相关水基金属清洗剂

的指标要求，具体见表 7-4。

表 7-4　水基金属清洗剂的指标要求

<table>
<tr><th colspan="3" rowspan="3">项　目</th><th colspan="6">指　标</th></tr>
<tr><th rowspan="2">非防锈型</th><th colspan="5">防锈型</th></tr>
<tr><th>Ⅰ类</th><th>Ⅱ类</th><th>Ⅲ类</th><th>Ⅳ类</th><th>综合类</th></tr>
<tr><td rowspan="4">外观</td><td colspan="2">液体产品</td><td colspan="6">均匀，不分层，无沉淀</td></tr>
<tr><td colspan="2">浆状产品</td><td colspan="6">膏体均匀，无结块，无明显离析现象</td></tr>
<tr><td colspan="2">粉状（或粒状）产品</td><td colspan="6">均匀，无结块</td></tr>
<tr><td colspan="2">3%（质量分数）水溶液</td><td colspan="6">无分层、沉淀和异物</td></tr>
<tr><td rowspan="3">水分及挥发物</td><td colspan="2">液体产品（质量分数,%）</td><td colspan="6">≤80</td></tr>
<tr><td colspan="2">浆状产品（质量分数,%）</td><td colspan="6">≤50</td></tr>
<tr><td colspan="2">粉状（或粒状）产品（质量分数,%）</td><td colspan="6">≤30</td></tr>
<tr><td colspan="3">pH［3%（质量分数）水溶液，25℃］</td><td colspan="3">≥7.0</td><td colspan="3">7.0～11.5</td></tr>
<tr><td colspan="3">净洗力［3%（质量分数）水溶液，60℃］（质量分数,%）</td><td colspan="6">≥80</td></tr>
<tr><td colspan="3">泡沫性能（50±2）℃/mm</td><td colspan="6">即时高度：≤80；5min 高度：≤20（适用于压力喷洗型产品）</td></tr>
<tr><td rowspan="8">腐蚀性［(80±2)℃，2h］</td><td rowspan="2">45 钢</td><td>外观/级</td><td>0</td><td>0</td><td>—</td><td>—</td><td>—</td><td rowspan="12">腐蚀性及防锈性按样品明示类别选择对应的金属试片进行测试，限值应符合各单独类别要求</td></tr>
<tr><td>腐蚀量/mg</td><td>≤2</td><td>≤2</td><td>—</td><td>—</td><td>—</td></tr>
<tr><td rowspan="2">Z30 铸铁</td><td>外观/级</td><td>1</td><td>—</td><td>1</td><td>—</td><td>—</td></tr>
<tr><td>腐蚀量/mg</td><td>≤2</td><td>—</td><td>≤2</td><td>—</td><td>—</td></tr>
<tr><td rowspan="2">H62 黄铜</td><td>外观/级</td><td>1</td><td>—</td><td>—</td><td>1</td><td>—</td></tr>
<tr><td>腐蚀量/mg</td><td>≤3</td><td>—</td><td>—</td><td>≤3</td><td>—</td></tr>
<tr><td rowspan="2">LY12 硬铝</td><td>外观/级</td><td>0</td><td>—</td><td>—</td><td>—</td><td>0</td></tr>
<tr><td>腐蚀量/mg</td><td>≤2</td><td>—</td><td>—</td><td>—</td><td>≤2</td></tr>
<tr><td colspan="2" rowspan="4">防锈性［(35±2)℃，RH(90±2)%，24h］</td><td>45 号钢/级</td><td rowspan="4">不要求</td><td>0</td><td>—</td><td>—</td><td>—</td></tr>
<tr><td>Z30 铸铁/级</td><td>—</td><td>1</td><td>—</td><td>—</td></tr>
<tr><td>LY12 硬铝/级</td><td>—</td><td>—</td><td>1</td><td>—</td></tr>
<tr><td>H62 黄铜/级</td><td>—</td><td>—</td><td>—</td><td>0</td></tr>
<tr><td colspan="3">漂洗性能（不锈钢片）</td><td colspan="6">无可见清洗剂残留物</td></tr>
<tr><td colspan="2" rowspan="2">高温稳定性［(60±2)℃，6h］</td><td>液体产品</td><td colspan="6">均匀，不分层</td></tr>
<tr><td>浆状产品</td><td colspan="6">膏体均匀，不离析</td></tr>
<tr><td colspan="2" rowspan="2">低温稳定性［(−5±2)℃，24h］</td><td>液体产品</td><td colspan="6">均匀，不分层，无结晶或沉淀析出</td></tr>
<tr><td>浆状产品</td><td colspan="6">膏体均匀，无结晶析出，无明显离析</td></tr>
<tr><td colspan="3">总五氧化二磷含量（质量分数,%）</td><td colspan="6">≤1.1（适用于无磷型产品）</td></tr>
</table>

注：腐蚀性测试时，若腐蚀量出现负值（由系统误差引起的负值，其结果不超过 0.3 mg 除外），判定该项不符合。

净洗力是指用清洗剂溶液浸泡、摆洗金属试片，对表面人工油污的去除能力，计算方法如下。

净洗力（w_3）以洗去油污的质量分数表示，按式（7-3）计算，即

$$w_3 = \frac{m_1 - m_2}{m_1 - m_0} \times 100\% \qquad (7\text{-}3)$$

式中，w_3是净洗力（%）；m_0是试片质量（g）；m_1是涂抹油污试片清洗前的质量（g）；m_2是涂抹油污试片清洗后的质量（g）。

腐蚀量是指金属试片经清洗剂清洗前后的质量差，计算方法如下。

金属试片腐蚀量（w_4）以毫克数表示，按式（7-4）计算，即

$$w_4 = (m_1 - m_2) \times 1000 \qquad (7\text{-}4)$$

式中，w_4是试片腐蚀量（mg）；m_1是试片腐蚀试验前的质量（g）；m_2是试片腐蚀试验后的质量（g）。

1. 水基金属清洗剂主要添加剂

（1）表面活性剂　水基金属清洗剂的清洗性能主要取决于表面活性剂的选择，表面活性剂需要具有良好的洗涤和去污能力。表面活性剂在水基金属清洗剂中主要发挥如下作用：①降低清洗件表面油污的表面张力，通过润湿及乳化作用将金属表面油污剥离。②增大碱液与清洗件表面油脂的接触概率，提高清洗剂清洗能力。表面活性剂的类型多种多样，通常根据其电离离子类型分为阴离子型、阳离子型、两性离子型以及非离子型。

1）阴离子型表面活性剂，具有良好的分散、渗透及润湿性能，绝大部分的阴离子型表面活性剂都具有良好的耐硬水性能，但耐酸性较差。由于其 pH 呈中性且价格便宜，所以在清洗剂中被大量使用，此外还常被用作乳化剂和润湿剂。

2）阳离子型表面活性剂与阴离子型相比，除了具有良好的去污能力外，还具有杀菌和防锈能力。由于价格较贵，很少被用作清洗剂，但广泛使用在化妆品中。

3）两性离子型表面活性剂，即在溶液中可同时电离出阴离子和阳离子，因此该表面活性剂同时具有阴/阳离子型表面活性剂的优点，但价格比较昂贵，只有少数特殊的清洗剂中才会使用该表面活性剂，被广泛使用在化妆品中。

4）非离子型表面活性剂，其表面活性较高，耐酸碱性好，价格略高于阴离子型表面活性剂，同样常被使用在清洗剂中，而且还被用作消泡剂或乳化剂。

在实际使用中发现，复配两种或两种以上不同清洗特性的表面活性剂可提高清洗剂的清洗能力。常用表面活性剂的性能指标见表 7-5。

表 7-5　常用表面活性剂的性能指标

表面活性剂成分	外观	pH	HLB	浊点/℃	所属类型
壬基酚聚氧乙烯醚	浅黄色-黄色油状液体	6.5	13～14	60～67	非离子型
壬基酚聚氧乙烯醚磷酸酯	无色、透明液体	5.0	13～14.5	60～67	非离子型
椰子油二乙醇酰胺	淡黄-琥珀色黏稠液体	8.2	12	—	非离子型
椰子油二乙醇酰胺磷酸盐	微黄色黏稠液体	8.4	14	—	非离子型
十二烷基苯磺酸钠	白色固体	5.0	10.6	—	阴离子型
脂肪醇聚氧乙烯醚	白色膏状	6.9	12.5	75～81	非离子型

（2）防锈剂　防锈剂的加入不但可以抑制金属的腐蚀，还可增强清洗剂的去污能力。防锈剂的防锈机理为：通过在被清洗金属器件表面成膜，阻止其表面发生腐蚀作用。通常防锈剂包含氧化膜型、沉淀膜型以及吸附膜型三种。若按照其化学组成可分为无机防锈剂和有机防锈剂。其中清洗剂中所用的无机防锈剂包括硝酸盐、磷酸盐、硅酸盐、钼酸盐、碳酸盐、亚硝酸盐、多磷酸盐和铬酸盐等；有机防锈剂包括胺类化合物、醛类化合物、季铵盐、咪唑啉类和炔醇类等，其中最常用防锈剂是硅酸钠和硫脲。

（3）助剂　助剂用于提高几种表面活性剂在复配过程中相互之间的溶解能力，一般常用碱类或者水解显碱性的盐类作为助剂。这些碱性助剂可以为清洗剂提供一定的碱性，同时在清洗过程中可以缓冲清洗剂酸碱值，避免酸碱值变化过大造成金属腐蚀。不同碱性助剂的质量分数与清洗剂 pH 的关系如图 7-1 所示。在这些碱性助剂中，磷酸盐助剂在提供一定碱性的同时，还易与清洗剂中的钙镁离子形成可稳定分散的螯合物，同时具有较高的性价比，但磷酸盐易对生态环境造成污染，目前清洗剂产品已经向着无磷化发展。另外，在使用这些碱性助剂时，还要考虑到不同金属对这些碱的耐受性，其中常见的几种金属 - 耐碱性 pH 极限值分别为：锌 - 10.0；铝 - 10.0；锡 - 11.0；黄铜 - 11.5；硅铁 - 13.0；钢铁 - 耐碱性极强。

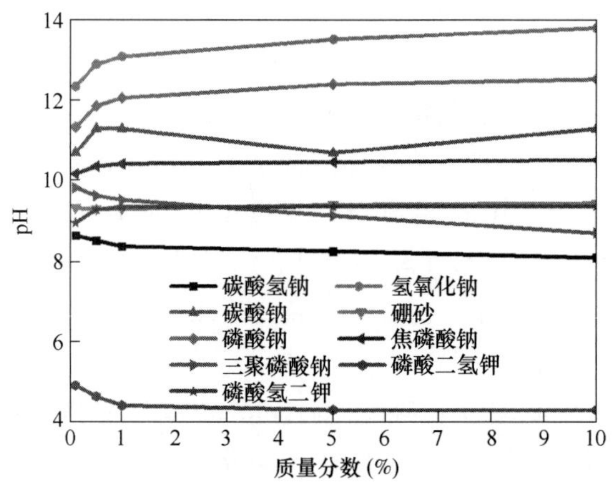

图 7-1　不同碱性助剂的质量分数与清洗剂 pH 的关系

2. 水基金属清洗剂的配制标准

常用的水基金属清洗剂的配制标准如下。

1）常温下应当具有较好的乳化效果及较强的分散能力，可短时间内与水形成均一稳定的溶液。

2）尽量选用泡沫适中的表面活性剂为主原料。

3）具有较好的快速润湿性能和渗透性能。

4）清洗过后对金属无腐蚀及损伤作用。

5）对人体无害，对环境无污染。

6）原料易得，价格低廉，易操作。

三、金属清洗剂的选用

由于金属清洗剂的种类较多，适用性多种多样，所以在清洗金属部件时，正确地选用金属清洗剂对保证清洗效果及清洗后金属部件的质量显得尤为重要。首先，由于所清洗油污组成的不同，应参考油污所具有的特性，来进行具有针对性的金属清洗剂选择。例如：汽车金属部件上的油污，其油污中除防锈油、润滑油之外，还有泥沙、雨雪腐蚀产生的铁锈等污物，因此在选用金属清洗剂时，应选择除油效果好、表面活性剂含量高及防锈性能好的金属清洗剂。另外，对于一些精密仪器用的金属部件来说，其金属部件易腐蚀，如清洗不当，会影响仪器性能，甚至造成仪器损坏，清洗时应选择对金属无腐蚀、防锈性能好的一类金属清洗剂。一般而言，金属清洗剂的选用需遵循以下原则。

1）在喷淋清洗工况下，需选用具有低泡性能的金属清洗剂。其他工况下，则应选用具有高泡性能的金属清洗剂。

2）对有色金属（如铝）进行清洗时，选用的金属清洗剂 pH 要低于 10.0，最好选用中性的金属清洗剂。为防止腐蚀，酸性金属清洗剂也不推荐使用。

3）含铜金属合金部件清洗时，应选用不腐蚀铜的金属清洗剂。

4）相对密度较大的金属清洗剂中因含有更多的无机盐成分，清洗后的效果较差，一般在选用时，应注意金属清洗剂的相对密度大小。

5）除清洗动植物油外，一般清洗推荐选用碱性低的金属清洗剂。

四、金属清洗剂选用推荐

（一）产品推荐

下面列举一些常用的金属清洗剂，见表 7-6。

表 7-6　常用的金属清洗剂

<table>
<tr><th>生产公司</th><th>品牌介绍</th><th>典型产品</th><th>产品特点及应用</th></tr>
<tr><td rowspan="2">埃克森美孚化工</td><td rowspan="2">埃克森美孚化工是世界著名的化工公司之一，其中在工业清洗领域中金属清洗剂涉及 Exxsol™ D 脱芳烃类碳氢清洗剂和 Isopar™ 异构烷烃类碳氢清洗剂</td><td>Exxsol™ D40
Exxsol™ D60（S）
Exxsol™ D80</td><td>均属于脱芳烃类碳氢清洗剂，馏程窄，纯度高，芳烃质量分数 $<0.1\%$，几乎无毒无味，改善工人职业健康，可以直接清洗脂肪类油污，也可被用作清洗剂的一种原料</td></tr>
<tr><td>Isopar™ G
Isopar™ H
Isopar™ L</td><td>均属于异构烷烃类碳氢清洗剂，馏程窄，纯度高，芳烃质量分数 $<0.01\%$，几乎无毒无味，改善工人职业健康，可以直接清洗脂肪类油污，也可被用作清洗剂的一种原料</td></tr>
</table>

（续）

生产公司	品牌介绍	典型产品	产品特点及应用
奎克好富顿	奎克好富顿（NYSE：KWR）是金属加工液的全球领先者，提供产品分类众多，包括切削液、清洗剂、磨削液和淬火液/油等，其中金属清洗剂主要提供高压喷淋低泡清洗剂	QUAKERCLEAN® 624 CPT 高压喷淋低泡清洗剂	碱性温和的清洗剂，防锈性好，抗杂油性优异，具有短期防锈性能，适用于黑色金属、有色金属的清洗、低泡性好，可用于从浸泡到高压喷淋等多种清洗系统
东莞市洁泉清洗剂科技有限公司	东莞市洁泉清洗剂科技有限公司，专业从事金属表面处理、工业清洗、水处理等方面应用清洗剂产品的开发和生产	JQ-300 水基金属清洗剂	绿色环保，无腐蚀性，可直接用于碳素钢、纯铜、橡胶等的清洗，无点蚀，不发生氧化作用，对操作人员皮肤无害，优异的水溶性，除油胶、重油垢能力强，清洗后无残留，具有短期防锈性能，适用于研磨清洗或浸泡清洗系统
青岛惠天包装材料有限公司	青岛惠天包装材料有限公司是一家专业从事新型高科技防锈包装材料的研发、生产、销售和技术服务的企业，在金属加工、金属清洗和金属防锈等领域为客户提供全面系统的解决方案，其金属清洗剂主要为水基金属清洗剂	EDC－100 EDC－200 EDC－300 EDC－400	对金属无腐蚀性，属于亲环境水溶性脱脂清洗剂，对金属部件有较强抗腐蚀性能，不含磷酸盐类、亚硝酸盐类等有害物质，使用安全环保。对油脂、油污以及混合污垢的清洗能力较强，适用于黑色金属、有色金属及合金材料的清洗，特别适用于喷淋清洗，也适用于超声波清洗系统
日本 SOMAX 株式会社	日本 SOMAX 株式会社是一家集清洗装置及配套清洗液共同研发的公司，其使用最多的清洗剂为电解模具金属清洗剂	SOMAX 102C 电解模具金属清洗剂	对特异性结构模具表面以及模穴中碳化物、油脂、脱模剂、锈等具有良好的去除作用，同时还具有防锈、光亮作用，不含重金属、磷等有害受控物质，适用于电解超声波清洗系统
大凤工材工业株式会社	公司致力于为客户提供优质的 MRO 工业品配套服务，其金属清洗剂主要针对适用于模具清洗的喷淋型金属清洗剂	0619 KOHZAI 喷淋清洗剂	专为清洗金属模具研发，对切削油/粉、防锈油以及蜡类防锈剂具有优异的去除能力，低毒性、速干性，适用于喷淋清洗系统

（续）

生产公司	品牌介绍	典型产品	产品特点及应用
广州市耐力环保科技有限公司	公司专业从事环保型新产品研发、生产、销售及技术成果转化为一体的生产企业，其金属清洗剂主要为航空航天专用清洗剂	Pankie TZ-1211 航空航天专用清洗剂	不含氟利昂类（包括 CHF 和 HCFC）物质，需在通电情况下使用，能溶解金属部件表面的氧化物、油污，清洗速度快，阻燃性高，主要用于航空航天、卫星通信及精密仪器用金属零部件清洗，适用于电解超声波清洗系统
深圳市能洁化工科技有限公司	公司专业从事化工研究，是致力于环保工业清洗的高科技企业，以环保型清洗剂生产为主，目前产品涵盖了有机溶剂清洗剂、碳氢清洗剂、超声波清洗剂、水基清洗剂四大类	NJ-H016 航空发动机清洗剂 NJ-H120 飞机起落架清洗剂 NJ-H011 飞机零部件清洗剂	均为优异的航空专用环保型金属清洗剂。清洗剂中的助剂具有较高的增溶与渗透作用，对航空零部件表面油污具有较强的清除作用

（二）选用案例

不同的生产领域，清洗剂具有不同的选用指标。下面就三个不同领域内对清洗剂的选用推荐分别进行介绍。

1. 汽车零部件用清洗剂

在汽车制造领域，对于零部件的清洗要求清洗剂具有较快的清洗速度，可在规定的时间内完成表面油污的清洗，无表面残留物，不引入新的污染物质，并要求清洗剂对清洗用设备以及被清洗金属部件无腐蚀作用，具备良好的防锈性能，保证汽车零部件的质量。通常应用喷淋型清洗设备进行清洗，这就同时要求所选用清洗剂具有低泡性能。对于一些特殊部件，如变速器轴承的清洗，还需要考虑到后续的生产加工工序。在这类清洗剂配方中，所选用的表面活性剂应具有较高的浊点和脱脂性能，助剂一般选用无磷助剂。

奎克好富顿公司的 QUAKERCLEAN® 624 CPT 高压喷淋低泡清洗剂，解决了一家大型汽车制造商的铝制缸体在 DURR 清洗设备上清洗后缸体表面的白色残留问题。该清洗剂在高压清洗时具有低泡性，适用于黑色及有色金属汽车零部件的清洗；优异的抗杂油性，干燥后残留少；碱性温和，对操作人员友好。清洗温度温和，在 40 ~ 50℃ 内具有良好的清洗性能。清洗工艺为：喷淋→浸泡→冲洗→干燥。

东莞市洁泉清洗剂科技有限公司的 JQ – 300 采用多种清洗助剂、表面活性剂以及高级防锈剂复配而成。该产品呈中性，适用于清洗导热油系统积炭以及工件、机床上的“黄袍”。对于一般油污清洗 5% ~ 10% 的用量即可，对于重油污使用量 30% ~ 80% 便可达到较优的清洗效果，使用经济性好，并且在 40℃ 下便可清洗掉重油污积炭或已固化的油泥。

青岛惠天的 EDC – 100 水基金属清洗剂，对汽车零部件加工中的切削油、冲压油等具有优异的清洗性能。对汽车金属部件无腐蚀，呈弱碱性，常温下可用于高压喷洒的使用浓度仅为 3% ~ 7%（质量分数）。该公司还提供适用于清洗铝金属部件的 EDC – 300 清洗剂。清洗工艺为：清洗

→漂洗→吹干→烘干→防锈处理。

2. 金属模具用金属清洗剂

对于金属模具的清洗效果直接影响应用该模具所生产零部件的初级结构与性能，对零部件的后续再加工制造具有决定性的影响。通常模具的表面以及模具空穴中所含的污物主要包括防锈油、脱模剂、锈、碳化物以及硫化物等。针对这些污物以及模具的特殊结构，所选用的金属清洗剂应配套电解超声清洗设备。

日本 SOMAX 102C 电解模具金属清洗剂，为碱性液体，且没有磷及亚硝酸盐成分，可生物降解，环保、高效。该清洗剂脱脂率高、易漂洗，对金属模具表面无腐蚀性。使用时需通过电解产生氧气和氢气时产生的搅拌力来电解清洗，要求工作场所应通风，工作人员需做好防碱侵害措施。此外，日本大凤的 0619 KOHZAI 金属清洗剂，对模具上的防锈油及防锈剂具有良好的清洗能力，主要用于去除金属模具存放时表面所用的蜡类防锈剂或者液态防锈油。

3. 航空航天用金属清洗剂

随着航空航天制造产业的发展，所用机械部件逐渐由大型化、结构简单化向小型化、精密化方向转变。特种化结构以及所用金属材料的多样性，使得在加工过程中的清洗过程及清洗效果显得更为重要。所用金属清洗剂为溶剂型金属清洗剂，同时为响应环保的要求，广州市耐力环保科技有限公司研发了 Pankie TZ-1211 金属清洗剂，该清洗剂不含氟利昂类（包括 CHF 和 HCFC）物质，需在通电情况下使用，能溶解金属部件表面的氧化物、油污，清洗速度快，阻燃性高。针对航空发动机的清洗，深圳市能洁化工科技有限公司研发了 NJ-H016 型金属清洗剂，该清洗剂中的助剂具有较高的增溶与渗透作用，对航空零部件表面油污具有较强的清除作用。该清洗剂中不含毒性有机物质，清洗时无需将设备完全拆除，清洗效率≥99.8%，不溶于水，且可直接采用喷淋方式进行清洗作业。

参考文献

[1] 武丽丽．金属清洗剂概述［J］．中国洗涤用品工业，2015（5）：36-39.

[2] 张士福．工业用金属清洗剂［J］．金山油化纤，2004（1）：25-31.

[3] 李茂生．金属清洗技术进展［J］．清洗世界，2009（2）：34-39.

[4] 万晔，严川伟，屈庆，等．钢筋混凝土失效检测及其耐久性研究进展［J］．腐蚀科学与防护技术，2002，14（1）：42-44，48.

[5] 朱玉巧，龚利华．新型酸性介质有机缓蚀剂研究进展［J］．清洗世界，2009，26（6）：15-19，28.

[6] 上海市化学化工学会，上海涂料公司．涂装前处理［M］．北京：机械工业出版社，1991.

[7] 上海兴牧清洁用品有限公司．酸性清洗剂制作标准：Q31/0113000171C002—2016［S］．上海：上海兴牧清洁用品有限公司，2016.

[8] MARTIN AR，BAEYENS M，HUB W，et al. Alkaline cleaning of silicon wafers：additives for the prevention of metal contamination［J］．Microelectronic Engineering，1999（45）：197-208.

[9] 全国食品用洗涤消毒产品标准化技术委员会．食品工具和工业设备用碱性清洗剂：QB/T 4314—2012［S］．北京：中国轻工业出版社，2012.

[10] RONALD L, SHUBKIN. Making a case for ‘normal’ -propyl bromide: metal finishing cleaning agent positioned as high-performing, cost-effective, and environmentally friendly [J]. Metal Finishing, 2005, 103 (9): 22-28.
[11] 中国轻工业联合会. 金属清洗剂: GB/T 35759—2017 [S]. 北京: 中国标准出版社, 2018.
[12] CHEN Y, CHEN M, SHI J, et al. Fabrication of "clean" nano-structured metal materials on ionic liquid/water interface [J]. Materials Letters, 2014 (132): 153-156.
[13] XIE Y, BHUSHAN B. Fundamental wear studies with magnetic particles and head cleaning agents used in magnetic tapes [J]. Wear, 1996 (202): 3-16.
[14] 刘贺. 浅谈非离子表面活性剂的特点与应用 [J]. 皮革与化工, 2012, 29 (2): 20-26, 30.
[15] 王子千. 低泡表面活性剂的种类与应用 [J]. 化工技术与开发, 2013, 42 (4): 28-32.
[16] 刘程, 米裕民. 表面活性剂性质理论与应用 [M]. 北京: 北京工业大学出版社, 2003.
[17] 金玉锦. 防锈型水基金属除蜡剂的研制 [D]. 大连: 辽宁师范大学, 2014.
[18] 李健飞. 表面活性剂的绿色化学 [J]. 石家庄职业技术学院学报, 2005, 17 (2): 56-59.
[19] 梁文平, 唐晋. 当代化学的一个重要前沿——绿色化学 [J]. 化学进展, 2000, 12 (2): 228-230.
[20] 胡小强. 一种环保型水基金属清洗剂的实验研究 [J]. 清洗世界, 2016, 32 (8): 30-33.
[21] 王青宁, 卢勇, 张飞龙, 等. 环保型工业水基金属清洗剂的研制与应用 [J]. 兰州理工大学学报, 2010, 36 (4): 72-75.
[22] 强鹏涛, 于文. 水基金属清洗剂的技术研究进展 [J]. 中国洗涤用品工业, 2016 (3): 44-49.

第八章

其他工业润滑油（脂）

工业润滑油（脂）种类繁多，主要包括液压油、齿轮油、压缩机油、汽轮机油、油膜轴承油、钙基润滑脂和锂基润滑脂等，这些油脂对工业设备的正常运转起着重要的作用，可减轻磨损、防止锈蚀腐蚀、降低摩擦温升及延长设备使用寿命。

工业润滑油（脂）一般由基础油和各类功能添加剂调和而成，基础油包括矿物型基础油和合成型基础油，添加剂包括抗氧剂、极压抗磨剂、抗氧抗腐剂、金属减活剂、防锈剂、清净剂、分散剂、抗泡剂、抗乳化剂、稠化剂和固体填料等。每种油（脂）产品都有相应的国家/行业/企业标准，经检测合格后才能上市销售，且每种油（脂）产品都有适用范围，选用时需要谨慎。本章主要对常用的工业润滑油（脂）进行分别介绍，包括其组成、性能和适用工况等。

一、液压油

液压油的主要作用是能量传递和润滑，在工业润滑油中用量较大，大约占到工业润滑油的40%～50%。对于液压油来说，首先应满足液压装置在工作温度下与起动温度下对其黏度、黏温性能和剪切安定性的要求。另外，液压油需要与液压系统金属材料和密封材料有良好的适应性；应有良好的过滤性、抗腐蚀性、抗乳化性、热稳定性以及抗空气夹带和抗泡性；对于某些特殊用途，还应具有耐燃性和环境友好性。下文首先对液压油的相关性能要求展开详细叙述。

（一）液压油的性能要求

1. 适宜的黏度和高的黏度指数

液压油的黏度是指其在单位速度梯度下流动时单位面积上产生的内摩擦力，是衡量液压油流动性的重要指标。黏度偏大时，液压油在各部件中流动速度较低，系统功率损失增加，且在寒冷气候条件下起动困难。当黏度偏小时，易造成泄漏，同时会使系统压力下降，磨损增加。为此液压油的黏度必须维持在合理的范围。

黏度指数是反映液压油黏度随温度变化的程度。黏度指数越高，液压油黏度受温度的影响越小，黏度对温度越不敏感。在室内工作的液压设备正常运行温度为50～60℃，不要求高的黏度指数。但对于工作温度范围宽的液压系统，液压油必须具有优异的黏度指数，以减轻温度变化对液压设备工作效率的影响。

2. 良好的润滑性能

除了传递能量外，液压油还需要对液压系统进行润滑。为减轻系统各运动部件的磨损，液压油应具有良好的润滑性能。通常条件下，液压系统处于流体润滑状态，只要液压油黏度合适，均能够保证其润滑效果。但是在起动或停车时，液压泵中相对运动表面会处于边界润滑状态，此时若液压油润滑性能差，则可能发生黏着和磨粒磨损，从而影响液压系统的使用寿命。因此，液压油特别是抗磨液压油中常加入油性剂、极压抗磨剂，从而满足边界润滑条件下的润滑需求。

3. 良好的剪切安定性

液压油在使用过程中通过泵、阀件和微孔等部件时，所受剪切速率可达 $10^4 \sim 10^6/s$。如果油品剪切安定性差，其中的黏度指数改进剂就会被剪切成小分子，导致液压油黏度明显降低，使其漏损增加，并且影响其润滑性能。

4. 密封适应性

为防止泄漏，液压系统中有许多橡胶、尼龙、塑料和皮革等密封材料，液压油在使用过程中不可避免地与其接触。为保证密封效果，液压油不能使密封件过度溶胀或收缩，同时不能影响密封件的力学性能。液压油使用的基础油对密封件影响较大，应注意两者间的适应性。矿物油与丁腈橡胶、氟橡胶等适应性较好；双酯与丁腈橡胶、硅橡胶适应性较好；磷酸酯与乙丙橡胶、丁基橡胶适应性较好。

5. 良好的抗泡性和空气释放性

液压油在使用过程中会经历从低压区至高压区的反复循环。在低压区，原来溶解在油中或是分散在油中的细微气泡会聚集，生长成较大的气泡，若不能及时从油中释放出去，会形成气穴现象。气穴出现在管道中会产生气阻，妨碍液压油流动。当气穴被带入高压区时，气穴受到压力的作用，体积急剧缩小甚至破灭，产生碰撞、局部高温和高压。局部压力升高可达数十甚至数百兆帕。如果这种局部液压冲击作用在液压系统零件的表面上，会使材料剥蚀，形成麻点，这种现象称为气蚀。为了减少气穴和气蚀现象，要求液压油产生的泡沫少，并且能迅速消失，即抗泡性好，同时需要溶解和分散在油中的气泡能尽快地从油中释放，即空气释放性好。

6. 良好的抗乳化性和水解安定性

液压油工作过程中可能会混入水分，这些水分会引起金属锈蚀，或者使液压油中的添加剂水解失效。此外，混入水分的液压油在系统循环时容易形成乳化液而使油水分离困难。如果液压油抗乳化性弱，形成的乳化液稳定，水分将不易从油中分离。

7. 良好的氧化安定性

液压油在液压系统工作过程中，会与空气接触，导致液压油变色、腐蚀性变强。氧化产生的沉淀物可能引起过滤器堵塞、泵磨损加剧等。

此外，液压油还需具有一定的清洁性、良好的过滤性和低毒性。

（二）液压油的分类

1. 液压油的分类

GB/T 7631. 2—2003 具体规定了液压油的分类，见表 8-1，其产品符号包括 HM、HL 等 10 余种。

表 8-1 液压油（液）的分类

组别符号	总应用	特殊应用	更具体应用	产品符号 ISO-L	典型应用
H	液压系统	流体静压系统	—	HH	—
				HL	—
				HM	高负荷部件的一般液压系统
				HR	—
				HV	建筑和船舶设备
				HS	—
			用于要求使用环境可接受液压液的场合	HETG	一般液压系统（可移动式）
				HEPG	
				HEES	
				HEPR	
			液压导轨系统	HG	液压和滑动轴承导轨润滑系统合用的机床，在低速下使振动或间断滑动（黏滑）减为最小
			用于使用难燃液压液的场合	HFAE	—

2. 不同类液压油性能指标

（1）矿物油型液压油　分类如下所述。

1）L-HH 液压油。L-HH 液压油中不含添加剂，为精制矿物油。这种油虽列入分类中，但液压系统已不使用，我国也不再生产这类油。

2）L-HL 液压油。L-HL 液压油不含极压抗磨添加剂，一般用于机床的液压箱、主轴箱和齿轮箱以及其他设备的低压液压系统和传动装置，也可用于要求换油周期较长的轻负荷机械的油浴式非循环润滑系统。L-HL 液压油使用的环境温度为 0℃以上，不适用于对润滑性、防爬性要求较高的液压系统、齿轮传动装置和导轨等。L-HL 液压油的主要质量指标见表 8-2。

表 8-2 L-HL 液压油的主要质量指标

项　目	质量指标							试验方法
黏度等级（GB/T 3141—1994）	15	22	32	46	68	100	150	
运动黏度/(mm²/s) 0℃　不大于 40℃	140 13.5～16.5	300 19.8～24.2	420 28.8～35.2	780 41.4～50.6	1400 61.2～74.8	2500 90～110	— 135～165	GB/T 265—1988
黏度指数　不小于	80							GB/T 2541—1981
闪点（开口）/℃　不低于	140	165	175	185	195	205	215	GB/T 3536—2008
倾点/℃　不高于	-12	-9	-6	-6	-6	-6	-6	GB/T 3535—2006
空气释放值（50℃）/min　不大于	5	7	7	10	12	15	25	SH/T 0308—1992

（续）

项目	质量指标							试验方法
黏度等级（GB/T 3141—1994）	15	22	32	46	68	100	150	
密封适应性指数 不大于	14	12	10	9	7	6	报告	SH/T 0305—1993
抗乳化性（乳化液到3mL的时间）/min 54℃ 不大于 82℃ 不大于	 30 —	 30 —	 30 —	 30 —	 40 —	 — 30	 — 30	GB/T 7305—2003
泡沫性/(mL/mL) 24℃ 不大于 93℃ 不大于 后24℃ 不大于	 150/0 75/0 150/0							GB/T 12579—2002
色度（号）	报告							GB/T 6540—1986
密度（20℃）/(kg/m^3)	报告							GB/T 1884—2000
酸值/(mgKOH/g)	报告							GB/T 4945—2002
水分（质量分数,%） 不大于	痕迹							GB/T 260—2016
机械杂质（质量分数,%） 不大于	无							GB/T 511—2010
腐蚀试验（铜片，100℃,3h） 不大于	1级							GB/T 5096—2017
液相锈蚀（蒸馏水）	无锈							GB/T 11143—2008
清洁度	供需双方协商确定，也包括用NAS 1638分级							GB/T 14039—2002
氧化安定性 氧化1000h后酸值/(mgKOH/g) 不大于 油泥	 — —	 2.0 报告						GB/T 12581—2006 SH/T 0565—2008
旋转氧弹（150℃）/min	报告							SH/T 0193—2008
四球磨斑直径（392 N，60min，75℃，1200r/min）	报告							NB/SH/T 0189—2017

3）L-HM液压油。L-HM液压油由深度精制矿物油和抗磨剂、抗氧剂和防锈抗腐蚀剂等调和而成，具有良好的抗磨损性能，是液压油中用量最大的一种，广泛应用于工业设备液压系统的润滑。L-HM液压油主要分为含锌型和无灰型，液压油中含有的锌来自ZDDP（二烷基二硫代磷酸锌）。我国L-HM抗磨液压油产品分为高压和普通两大类，其质量指标见表8-3。

表8-3 L-HM液压油的主要质量指标

项目	质量指标										试验方法
质量等级	高压				普通						
黏度等级（GB/T 3141—1994）	32	46	68	100	22	32	46	68	100	150	
运动黏度/(mm^2/s) 0℃ 不大于 40℃	 — 28.8～35.2	 — 41.4～50.6	 — 61.2～74.8	 — 90～110	 300 19.8～24.2	 420 28.8～35.2	 780 41.4～50.6	 1400 61.2～74.8	 2560 90～110	 — 135～165	GB/T 265—1988

（续）

项　目	质量指标										试验方法
质量等级	高压				普通						
黏度等级（GB/T 3141—1994）	32	46	68	100	22	32	46	68	100	150	
黏度指数　不小于	95				85						GB/T 1995—1998
闪点（开口）/℃ 不低于	175	185	195	205	165	175	185	195	205	215	GB/T 3536—2008
倾点/℃　不高于	-15	-9	-9	-9	-15	-15	-9	-9	-9	-9	GB/T 3535—2006
空气释放值（50℃）/min　不大于	6	10	13	报告	5	6	10	13	报告	报告	SH/T 0308—1992
密封适应性指数不大于	12	10	8	报告	13	12	10	8	报告	报告	SH/T 0305—1993
抗乳化性乳化液到3mL的时间/min											GB/T 7305—2003
54℃　不大于	30	30	30	—	30	30	30	30	—	—	
82℃　不大于	—	—	—	30	—	—	—	—	30	30	
泡沫性/(mL/mL)											GB/T 12579—2002
24℃　不大于	150/0				150/0						
93℃　不大于	75/0				75/0						
后24℃　不大于	150/0				150/0						
色度（号）	报告				报告						GB/T 6540—1986
密度（20℃）/(kg/m³)	报告				报告						GB/T 1884—2000
外观	透明				透明						目测
酸值/(mgKOH/g)	报告				报告						GB/T 4945—2002
水分（质量分数,%）　不大于	痕迹				痕迹						GB/T 260—2016
机械杂质	无				无						GB/T 511—2010
腐蚀试验（铜片100℃，3h）　不大于	1级				1级						GB/T 5096—2017
硫酸盐灰分（质量分数,%）	报告				报告						GB/T 2433—2001
清洁度	供需双方协商确定				供需双方协商确定						GB/T 14039—2002
液相锈蚀（24h）											GB/T 11143—2008
A法	—				无锈						
B法	无锈				—						
氧化安定性											GB/T 12581—2006
氧化1500h后酸值/(mgKOH/g)	2.0				—						
氧化1000h后酸值，不大于	—				2.0						
1000h后油泥	报告				报告						SH/T 0565—2008
旋转氧弹（150℃）/min	报告				报告						SH/T 0193—2008
抗磨性											
齿轮机试验/失效级　不小于	10	10	10	10	—	10	10	10	10	10	NB/SH/T 0306—2013
叶片泵试验（100h总失重）/mg　不大于	—	—	—	—	100	100	100	100	100	100	SH/T 0307—1992

（续）

<table>
<tr><th>项　目</th><th colspan="10">质量指标</th><th rowspan="3">试验方法</th></tr>
<tr><th>质量等级</th><th colspan="4">高压</th><th colspan="6">普通</th></tr>
<tr><th>黏度等级（GB/T 3141—1994）</th><th>32</th><th>46</th><th>68</th><th>100</th><th>22</th><th>32</th><th>46</th><th>68</th><th>100</th><th>150</th></tr>
<tr><td>磨斑直径/mm
双泵（T6H20C）试验
叶片泵和柱销总失重/mg　不大于
柱塞总失重/mg 不大于</td><td colspan="4">报告

15
300</td><td colspan="6">报告

—
—</td><td>NB/SH/T 0189—2017

GB 11118.1—2011</td></tr>
<tr><td>剪切安定性
40℃运动黏度下降率（%）　不大于</td><td colspan="4">1</td><td colspan="6">—</td><td>SH/T 0103—2007</td></tr>
<tr><td>热稳定性（135℃，168h）
铜棒失重/(mg/200mL)　不大于
钢棒失重/(mg/200mL)
总沉渣重/(mg/100mL)　不大于</td><td colspan="4">10
报告
100</td><td colspan="6">—
—
—</td><td>SH/T 0209—1992</td></tr>
</table>

4）L-HG 液压油。L-HG 液压油又称为液压导轨油，具有良好的黏滑性能，可防止出现“爬行”现象，此外还具有良好的抗氧化、抗磨损、防锈抗腐蚀及密封适应性等。表 8-4 列出了L-HG 液压油的主要质量指标。

液压导轨油适用于液压和导轨共用系统的设备润滑，也适用于一般中、低压的液压系统及精密机床导轨的润滑。

表 8-4　L-HG 液压油的主要质量指标

<table>
<tr><th>项　目</th><th colspan="4">质量指标</th><th rowspan="2">试验方法</th></tr>
<tr><th>黏度等级（GB/T 3141—1994）</th><th>32</th><th>46</th><th>68</th><th>100</th></tr>
<tr><td>40℃运动黏度/(mm²/s)</td><td>28.8～35.2</td><td>41.4～50.6</td><td>61.2～74.8</td><td>90～110</td><td>GB/T 265—1988</td></tr>
<tr><td>密度（20℃）/(kg/m³)</td><td colspan="4">报告</td><td>GB/T 1884—2000</td></tr>
<tr><td>外观</td><td colspan="4">透明</td><td>目测</td></tr>
<tr><td>黏度指数　不小于</td><td colspan="4">90</td><td>GB/T 1995—1998</td></tr>
<tr><td>闪点（开口）/℃　不低于</td><td>175</td><td>185</td><td>195</td><td>205</td><td>GB/T 3536—2008</td></tr>
<tr><td>倾点/℃　不高于</td><td colspan="4">-6</td><td>GB/T 3535—2006</td></tr>
<tr><td>密封适应性指数　不大于</td><td colspan="4">报告</td><td>SH/T 0305—1993</td></tr>
<tr><td>抗乳化性（乳化液到 3mL 的时间）/min
54℃　不大于
82℃　不大于</td><td colspan="3">报告
—</td><td>—
报告</td><td>GB/T 7305—2003</td></tr>
<tr><td>泡沫性/(mL/mL)
24℃　不大于
93℃　不大于
后 24℃　不大于</td><td colspan="4">150/0
75/0
150/0</td><td>GB/T 12579—2002</td></tr>
</table>

（续）

项　　目	质量指标				试验方法
黏度等级（GB/T 3141—1994）	32	46	68	100	
色度（号）	报告				GB/T 6540—1986
酸值/(mgKOH/g)	报告				GB/T 4945—2002
水分（质量分数,%）　不大于	痕迹				GB/T 260—2016
机械杂质	无				GB/T 511—2010
清洁度	供需双方协商确定				GB/T 14039—2002
腐蚀试验（铜片，100℃，3h）　不大于	1 级				GB/T 5096—2017
液相锈蚀（24h）	无锈				GB/T 11143—2008（A 法）
皂化值/(mgKOH/g)	报告				GB/T 8021—2003
黏-滑特性（动静摩擦因数差值）　不大于	0.08				SH/T 0361—1998 GB 11118.1—2011
氧化安定性 1000h 后总酸值/(mgKOH/g)　不大于 1000h 后油泥/mg	 2.0 报告				GB/T 12581—2006 SH/T 0565—2008
旋转氧弹（150℃）/min	报告				SH/T 0193—2008
抗磨性 齿轮机试验/失效级　不大于 磨斑直径/mm	 10 报告				 NB/SH/T 0306—2013 NB/SH/T 0189—2017

5）L-HV 和 L-HS 低温液压油。L-HV 低温液压油采用深度精制的高黏度指数基础油和功能添加剂调和而成，L-HS 低温液压油采用合成油（如 PAO、酯类油）、加氢基础油和功能添加剂调和而成。这两类油品均具有良好的低温性、剪切安定性、抗磨损性。表 8-5 和表 8-6 分别列出了两种油的主要质量指标要求。

表 8-5　L-HV 液压油的主要质量指标

项　　目	质量指标							试验方法
黏度等级（GB/T 3141—1994）	10	15	22	32	46	68	100	
40℃运动黏度/(mm²/s)	9.0～11.0	13.5～16.5	19.8～24.2	28.8～35.2	41.4～50.6	61.2～74.8	90.0～110	GB/T 265—1988
运动黏度 1500mm²/s 时的温度/℃　不高于	-33	-30	-24	-18	-12	-6	0	GB/T 265—1988
密度（20℃）/(kg/m³)	报告							GB/T 1884—2000
色度（号）	报告							GB/T 6540—1986
外观	透明							目测
黏度指数　不小于	130	130	140	140	140	140	140	GB/T 1995—1998

（续）

项　　目	质量指标							试验方法
黏度等级（GB/T 3141—1994）	10	15	22	32	46	68	100	
闪点/℃　不低于 开口 闭口	 — 100	 125 —	 175 —	 175 —	 180 —	 180 —	 190 —	 GB/T 3536—2008 GB/T 261—2008
倾点/℃　不高于	-39	-36	-36	-33	-33	-30	-21	GB/T 3535—2006
空气释放值（50℃）/min　不大于	5	5	6	8	10	12	15	SH/T 0308—1992
密封适应性指数　不大于	报告	16	14	13	11	10	10	SH/T 0305—1993
抗乳化性乳化液到3mL的时间/min 54℃　不大于 82℃　不大于	 30 —	 30 —	 30 —	 30 —	 30 —	 30 —	 — 30	GB/T 7305—2003
泡沫性/(mL/mL) 24℃　不大于 93.5℃　不大于 后24℃　不大于	 150/0 75/0 150/0							GB/T 12579—2002
酸值/(mgKOH/g)	报告							GB/T 4945—2002
水分（质量分数,%）　不大于	痕迹							GB/T 260—2016
机械杂质	无							GB/T 511—2010
清洁度	供需双方协商确定							GB/T 14039—2002
腐蚀试验（铜片，100℃，3h）　不大于	1级							GB/T 5096—2017
硫酸盐灰分（质量分数,%）	报告							GB/T 2433—2001
液相锈蚀试验（24h）	无锈							GB/T 11143—2008（B法）
氧化安定性 氧化1500h后酸值/(mgKOH/g)　不大于 1000h后油泥/mg	 — —	 — —	 2.0 报告					 GB/T 12581—2006 SH/T 0565—2008
旋转氧弹（150℃）/min	报告							SH/T 0193—2008
抗磨性 齿轮机试验/失效级不小于 双泵（T6H20C）试验 叶片和柱销总失重/mg　不大于 柱塞总失重/mg　不大于 磨斑直径/mm	 — — — 报告	 — — — 报告	 — — — 报告	 10 15 300 报告	 10 15 300 报告	 10 15 300 报告	 10 15 300 报告	NB/SH/T 0306—2013 GB 11118.1—2011 NB/SH/T 0189—2017

（续）

项　　目	质量指标							试验方法
黏度等级（GB/T 3141—1994）	10	15	22	32	46	68	100	
剪切安定性 40℃运动黏度下降率（%） 不大于	10							SH/T 0103—2007
热稳定性（135℃，168h） 铜棒失重/(mg/200 mL) 不大于 钢棒失重/(mg/200 mL) 总沉渣重/(mg/100 mL) 不大于	 10 报告 100							SH/T 0209—1992

表 8-6　L-HS 液压油的主要质量指标

项　　目	质量指标					试验方法
黏度等级（GB/T 3141—1994）	10	15	22	32	46	
40℃运动黏度/(mm^2/s)	9.0～11.0	13.5～16.5	19.8～24.2	28.8～35.2	41.4～50.6	GB/T 265—1988
运动黏度 1500 mm^2/s 时的温度/℃ 不高于	－39	－36	－30	－24	－18	
密度（20℃）/(kg/m^3)	报告					GB/T 1884—2000
色度（号）	报告					GB/T 6540—1986
外观	透明					目测
黏度指数　不小于	130	130	150	150	150	GB/T 1995—1998
闪点/℃　不低于 开口 闭口	 — 100	 125 —	 175 —	 175 —	 180 —	 GB/T 3536—2008 GB/T 261—2008
倾点/℃　不高于	－45	－45	－45	－45	－39	GB/T 3535—2006
空气释放值（50℃）/min　不大于	5	5	6	8	10	SH/T 0308—1992
密封适应性指数　不大于	报告	16	14	13	11	SH/T 0305—1993
抗乳化性（乳化液到 3mL 的时间）/min 54℃　不大于	30					GB/T 7305—2003
泡沫性（mL/mL） 24℃　不大于 93.5℃　不大于 后 24℃　不大于	 150/0 75/0 150/0					GB/T 12579—2002
酸值（mgKOH/g）	报告					GB/T 4945—2002
水分（质量分数,%）　不大于	痕迹					GB/T 260—2016
机械杂质	无					GB/T 511—2010
清洁度	供需双方协商确定					GB/T 14039—2002
腐蚀试验（铜片，100℃，3h） 不大于	1 级					GB/T 5096—2017
硫酸盐灰分（质量分数,%）	报告					GB/T 2433—2001

（续）

项目	质量指标					试验方法
黏度等级（GB/T 3141—1994）	10	15	22	32	46	
液相锈蚀试验（24h）	无锈					GB/T 11143—2008（B法）
氧化安定性 氧化1500h后酸值/(mgKOH/g) 不大于 1000h后油泥/mg	— —	— —	2.0 报告			GB/T 12581—2006 SH/T 0565—2008
旋转氧弹（150℃）/min	报告					SH/T 0193—2008
抗磨性 齿轮机试验/失效级 不小于 双泵（T6H20C）试验 叶片和柱销总失重/mg 不大于 柱塞总失重/mg 不大于 磨斑直径/mm	— — — 报告	— — — 报告	— — — 报告	10 15 300 报告	10 15 300 报告	NB/SH/T 0306—2013 GB 11118.1—2011 NB/SH/T 0189—2017
剪切安定性 40℃运动黏度下降率（%） 不大于	10					SH/T 0103—2007
热稳定性（135℃，168h） 铜棒失重/(mg/200 mL) 不大于 钢棒失重/(mg/200 mL) 总沉渣重/(mg/100 mL) 不大于	10 报告 100					SH/T 0209—1992

（2）水-乙二醇难燃液压液 水-乙二醇难燃液压液由水、乙二醇或其同系物、抗磨剂、消泡剂等调和而成，适用于高温环境下及对防火要求较高的液压系统中使用。表8-7列出了水-乙二醇难燃液压液的主要质量指标。

表8-7 水-乙二醇难燃液压液的主要质量指标

项目	质量指标				试验方法
黏度等级（GB/T 3141—1994）	22	32	46	68	
运动黏度（40℃）/(mm^2/s)	19.8~24.2	28.8~35.2	41.4~50.6	61.2~74.8	GB/T 265—1988
外观	清澈透明				目测
水分（质量分数,%） 不小于	35				SH/T 0246—1992
倾点/℃	报告				GB/T 3535—2008
泡沫性（泡沫倾向/泡沫稳定性）/(mL/mL) 25℃ 不大于 50℃ 不大于 后25℃ 不大于	 300/10 300/10 300/10				GB/T 12579—2002
空气释放值（50℃）/min 不大于	20	20	25	25	SH/T 0308—1992

（续）

项　　目	质量指标				试验方法
黏度等级（GB/T 3141—1994）	22	32	46	68	
pH（20℃）	8.0～11.0				ISO 20843:2011
密度（20℃）/（kg/m³）	报告				GB/T 1884—2000
抗腐蚀性（35℃±1℃，672h±2h）	通过				SH/T 0752—2005
老化特性 pH 增长 不溶物（%）	 供需双方协商确定 供需双方协商确定				ISO 4263-2：2003
四球机试验 最大无卡咬负荷 P_B 值/N 磨斑直径（1 200r/min，294 N，30min，常温）/mm	 供需双方协商确定 供需双方协商确定				GB/T 3142—2019 NB/SH/T 0189—2017
FZG 齿轮机试验	供需双方协商确定				NB/SH/T 0306—2013

（三）液压油的选用

不同液压油的应用工况大不相同，液压油的合理选用会直接影响装备的运行。L-HL 液压油，最高使用温度 80℃，常用于环境温度在 0℃以上的各类机床的轴承箱、齿轮箱、低压循环系统或类似机械设备循环系统的润滑。L-HM 抗磨液压油，适用于环境温度 0～40℃，工作温度低于 80℃的工况。工作压小于 14MPa 时使用普通 L-HM 液压油，工作压＞14MPa 时使用高压 L-HM 液压油。L-HV 低温液压油，常用于工作温度低于 80℃、工作压＞14MPa 的工况。L-HS 低温液压油常用于环境温度－30～50℃，工作压＞14MPa 的工况。L-HG 液压导轨油，最高工作压 1MPa，适用于液压和导轨共用系统的设备润滑，也适用于一般中、低压的液压系统及精密机床导轨的润滑。水-乙二醇难燃液压液，工作压＜14MPa，适用于环境温度－30～50℃、工作过程易产生明火的工况。根据泵类型的不同，需要选择不同黏度的液压油，具体选择可参见表 8-8。

表 8-8　液压油的黏度选择

泵类型		油品	适用黏度	运动黏度/（mm²/s）	
叶片泵	＞7MPa	L-HM	32、46、68	30～50	40～75
	＜7MPa		46、68、100	50～70	55～90
螺杆泵		L-HL、L-HM	32、46、68	30～50	40～80
齿轮泵			32、46、68、100、150	30～70	95～165
径向柱塞泵				30～50	65～240
轴向柱塞泵				40	70～150

（四）液压油选用推荐

目前市场上主要的液压油品牌有美孚、奎克好富顿、长城、昆仑和龙蟠等。表 8-9 列出了这几个品牌的典型产品、产品特点及应用。

表 8-9　不同品牌液压油推荐

品牌名称	品牌介绍	典型产品	产品特点及应用
美孚	埃克森美孚简称为美孚，拥有 8.6 万名员工，是世界著名石油公司之一，生产销售美孚液压油、齿轮油、内燃机油等产品	美孚 DTE 超凡系列优质液压油采用优质基础油和先进的无灰抗磨复合剂调和而成。该系列产品具有优异的抗氧化及热稳定性、抗磨损性、高油膜强度和良好的抗乳化性	该系列产品应用于高速高压活塞、叶片和齿轮泵，符合或超过以下指标：DIN 51524 -2 2006 -09；ISO 11158 L-HM（1997） 该系列产品通过与主要原设备制造商（OEM）配合开发，能满足使用高压、高输出泵工作在严苛条件下的液压系统的最严格要求，以及处理其他液压系统元件如紧公差伺服阀和高精度数控（NC）机械工具的严格要求。这些产品是设计用于在中等至严重苛刻的条件下工作、需要高抗磨和油膜强度保护的系统，但在通常推荐使用无抗磨性液压油的场合也可以使用这些产品
奎克好富顿	奎克化学公司和好富顿国际公司合并为奎克好富顿。是全球主要金属加工液制造商，拥有 4000 多名员工。公司产品及服务涉及航空航天、铝业、汽车及工业零件制造等	QUINTOLUBRIC® 888 设计用于替代有火灾隐患的矿物油型抗磨液压油，也可以用于需要考虑环境保护的液压设备，不但确保环境友好而且不会影响液压系统的总体运行性能。该产品不含水、矿物油或磷酸酯，是以高质量的合成酯为主要原料，配以精心选择的添加剂，是液压油中的精品，具有极其优异的抗磨、润滑性	QUINTOLUBRIC® 888 可广泛应用于汽车、钢铁、煤矿、海上平台和地铁盾构等大部分液压系统中。具有优势：获得 FM 认证；优异的环境友好性；卓越的氧化安定性；优异的剪切稳定性
长城	长城是世界 500 强中国石化旗下中国石化润滑油有限公司的品牌。该公司生产销售工业润滑油、内燃机润滑油、金属加工液及润滑脂等 21 大类 2000 多个品种的润滑产品	卓力 L-HM 抗磨液压油（高压高清）以优质基础油和复合剂调和而成，黏度牌号包括 32、46、68、100 等，具有优异的抗磨损、过滤、氧化安定性、橡胶适应性、水分离性、空气释放性和抗泡性、清洁度等	产品广泛应用于工业、航运等高压液压系统的润滑。产品符合 GB 11118.1 L-HM（高压）、ISO 11158（L-HM）等规格。产品获得 Parker - Denison HF - 0、Eaton - Vickers 等 OEM 认证
昆仑	昆仑是世界 500 强中国石油旗下中国石油润滑油公司的品牌。该公司能够生产 19 大类 700 多个牌号的润滑油（脂、剂）产品，为军工、汽车、钢铁、设备制造等行业客户提供润滑服务	低温液压油 L-HV 由精炼基础油和添加剂调和而成，黏度牌号包括 32、46、68 等，具有卓越的低温性能、优异的抗磨性及氧化安定性	产品应用于各种液压系统，特别适合于寒区露天作业的工程机械、矿山机械、车辆等环境温度变化较大的中、高压液压系统，不适用于含铜、银零件的液压系统。产品满足 Denison HF - 0/HF - 1/HF - 2、DIN 51524 - 2 等规格要求 产品在鞍山钢铁集团、山东临工工程机械有限公司、福田雷沃工程机械设备有限公司、韶关钢铁集团等企业使用多年，使用效果良好

（续）

品牌名称	品 牌 介 绍	典 型 产 品	产品特点及应用
龙蟠	江苏龙蟠科技股份有限公司是国内知名的民营润滑油企业，生产销售多种润滑油品，如液压油、工业润滑油等	畅动高压 HM 抗磨液压油是由深度精制基础油和优质添加剂调和而成，黏度牌号包括 32、46、68、100 等。产品具有优异的抗磨损、水解安定性、防锈抗腐蚀性、抗泡抗乳化性和过滤性	可广泛应用于工业、移动式液压及传动系统润滑。产品满足 GB 11118.1－2011（L-HM）、Denison HF-0、JCMAS HK 等规格要求

奎克好富顿液压油选用案例如下。某日系压铸企业，主要生产变速器壳体等部件，该客户原使用水-乙二醇型的抗燃液压油，由于模具更换、日常泄漏等情况会存在大量的废液排放，另外水性液压油与水互溶，因此会与其他水基化学品混合后处理。该公司每日的总废水处理能力为 48t，但每日的需处理总废水量为 100t，主要包括水性液压油，脱模剂和水性切削液以及其他废水。因此，超量的废水需要由第三方废水处理公司负责，处理费用为 2500 元/t。在使用了 QUINTOLUBRIC® 888 之后，短时间内可见的最大改善是废水排放的减少超过 50%。工厂有 34 台压铸机，具体废水处理对比如下：切换前废水产生量 100t，切换后废水产生量 <48t；切换前废水处理费用 25 万元，切换后废水处理费用 12 万元。

二、压缩机油

压缩机油是压缩机使用的润滑油，分为空气压缩机油和气体压缩机油，其主要作用包括润滑、密封和冷却。压缩机是一种气体压缩设备，为保证其正常运转，其压缩机油需要满足诸多条件。

（一）压缩机油的性能要求

1. 高质量基础油

压缩机的工作温度高，要求油品具有优异抗氧化性能，需要使用深度精制或加氢矿物油。这类基础油产生的积炭少、抗氧化性好。此外 PAO（聚 α 烯烃）等合成油具有抗氧化性能好、使用寿命长等优点，能够满足苛刻工况下压缩机油的要求。

2. 适宜的黏度和良好的黏温性能

为了减轻磨损，延长压缩机的使用寿命，压缩机油应保持一定的黏度从而形成足够厚的油膜，但黏度也不宜过大，否则会因流动阻力过大造成能量损失。黏温性能越好，油品黏度受温度的影响越小。由于压缩机油工作过程中冷热变化较大，所以要求油品具有良好的黏温性能。

3. 适宜的开口闪点

开口闪点是油品安全使用的指标，通常情况下油品开口闪点高于 200℃即可安全使用。

4. 优异的抗氧化性

压缩机油使用过程中不但吸收摩擦副相对运动产生的热量，还吸收气体压缩时产生的热量，这就导致压缩机油长期工作在较高的温度条件下。如果油品抗氧化性不好，不但使用寿命缩短，而且会因积炭导致压缩机起火爆炸，酿成安全事故。

5. 良好的抗乳化性

空气中含有的水分在压缩过程中附着在机件表面，易与压缩机油混合产生乳化现象，使油品抗磨损性能下降，因此需要油品具有良好的抗乳化性，即良好的分水性能，及时把混入油中的水分离掉。

6. 良好的抗泡性

压缩机油使用过程中常处于搅拌状态，易产生气泡。气泡的存在会导致油品散热、抗磨损等性能下降，因此需要油品具有良好的抗泡性。

7. 良好的防锈抗腐蚀性

空气中含有的水分会在压缩过程中附着在机件表面，产生一定的锈蚀及腐蚀现象，因此需要油品具有良好的防锈抗腐蚀性。

（二）压缩机油的分类

1. 空气压缩机油

目前我国制定了往复式空气压缩机油和喷油回转式空气压缩机油的国家标准，见表 8-10 和表 8-11，可分为 L-DAA、L-DAB、N15、N32 等。其中 L-DAA 和 L-DAB 适用于各类中、高压往复式空气压缩机和变容压缩机的润滑和冷却。N15、N32 等可用于排气温度小于 100℃，有效工作压 < 800kPa 的轻负荷喷油内冷回转式空气压缩机。

表 8-10　往复式空气压缩机油的主要质量指标

项　目		质量指标									试验方法
品种		L-DAA				L-DAB					
黏度等级（GB/T 3141—1994）		32	46	68	100	32	46	68	100	150	
运动黏度/(mm^2/s)	40℃	28.8 ~ 35.2	41.6 ~ 50.6	61.2 ~ 74.8	90.0 ~ 110	28.8 ~ 35.2	41.6 ~ 50.6	61.2 ~ 74.8	90.0 ~ 110	135 ~ 165	GB/T 265—1988
	100℃	报告				报告					
闪点（开口）/℃　不低于		175	185	195	205	175	185	195	205	215	GB/T 3536—2008
倾点/℃　不高于		-9				-9				-3	GB/T 3535—2006
腐蚀试验（铜片,100℃,3h）　不大于		1 级				1 级					GB/T 5096—2017
抗乳化性（乳化液到 3mL 的时间）/min											GB/T 7305—2003
54℃　不大于		—				30			—		
82℃　不大于		—				—			30		
液相锈蚀试验（蒸馏水）		—				无锈					GB/T 11143—2008
硫酸盐灰分（质量分数,%）		—				报告					GBT 2433—2001
酸值/(mgKOH/g)											GB/T 4945—2002
未加剂		报告				报告					
加剂后		报告				报告					
水溶性酸或碱		无				无					GB/T 259—1988
水分（质量分数,%）　不大于		痕迹				痕迹					GB/T 260—2016
机械杂质（质量分数,%）　不大于		0.01				0.01					GB/T 511—2010

表 8-11　喷油回转式空气压缩机油的主要质量指标

项　目	质量指标						试验方法
黏度等级（GB/T 3141—1994）	N15	N22	N32	N46	N68	N100	
运动黏度（40℃）/(mm²/s)	13.5～16.5	19.8～24.2	28.8～35.2	41.4～50.6	61.2～74.8	90.0～110	GB/T 265—1988
黏度指数　不小于	90						GB/T 2541—1981
闪点（开口）/℃　不低于	165	175	190	200	210	220	GB/T 267—1988
倾点/℃　不高于	-9						GB/T 3535—2006
腐蚀试验（铜片，100℃，3h）　不大于	1级						GB/T 5096—2017
起泡性（24℃）/mL 泡沫倾向　不大于 泡沫稳定性　不大于	 100 0						SY 2699
防锈试验（15钢）	无锈						SY 2674（蒸馏水）
氧化安定性/h　不小于	1000						SY 2680
残炭（加剂前）（质量分数，%）	报告						GB 268—1987
水溶性酸或碱	无						GB 259—1988
水分（质量分数，%）　不大于	痕迹						GB/T 260—2016
机械杂质（质量分数，%）　不大于	0.01						GB/T 511—2010

2. 气体压缩机油

除空气压缩机油外，还有气体压缩机油。气体压缩机油应用于压缩空气和制冷剂以外气体压缩机的润滑。气体压缩机油可分为DGA、DGB等五个品种，见表8-12。

表 8-12　气体压缩机油分类

组别符号	应用范围	特殊应用	产品类型和（或）性能要求	品种代号 L-
D	气体压缩机	容积型往复式和回转式压缩机，用于除冷冻循环或热泵循环或空气压缩机以外的所有气体压缩机	深度精制矿物油	DGA
			特定矿物油	DGB
			合成油	DGC
			合成油	DGD
			合成油	DGE

（1）DGA压缩机油　DGA压缩机油使用的基础油是深度精制矿物油。当压缩机压缩酸性气体如硫化氢、二氧化碳、二氧化硫等时，DGA压缩机油的添加剂不能使用碱性添加剂；当压缩机压缩碱性气体如氨气、联氨等时，DGA压缩机油的添加剂不能使用酸性添加剂。

（2）DGB压缩机油　DGB压缩机油使用的基础油是特定矿物油。该油应用的压缩气体与DGA油相同，尤其适用于压缩气体中含有湿气或冷凝物的条件。DGB压缩机油配方中通常会加入动物油脂，用以避免湿气或冷凝物冲击润滑油膜。

（3）DGC 压缩机油　DGC 压缩机油使用的基础油是合成油。该油用于压缩烃类气体时，使用抗烃类稀释性能良好的聚醚作为基础油。该油用于压缩气压大于 10^4 kPa 的氨气时，使用聚 α 烯烃（PAO）作为基础油。

（4）DGD 和 DGE 压缩机油　这两类压缩机油使用的基础油均为合成油，其目的是防止与压缩气体反应。

（三）压缩机油的选用

压缩机油分为空气压缩机油和气体压缩机油两大类。其中 DAA、DAB、DAC 用于润滑往复式空气压缩机；DAG、DAH、DAJ 用于润滑回转式空气压缩机；DGA、DGB、DGC、DGD、DGE 用于润滑气体压缩机。

1. 往复式空气压缩机油的选用

1）连续运转的轻负荷往复式空气压缩机，排气压≤100 kPa，排气温度≤160℃，级压力比<3∶1或者排气压>1000 kPa，排气温度≤140℃，级压力比≤3∶1，选用 DAA 油品；间断运转的轻负荷往复式空气压缩机，选用 DAA 油品。

2）连续运转的中负荷往复式空气压缩机，排气压≤1000 kPa，排气温度>160℃，级压力比>3∶1 或者排气压>1000 kPa，排气温度为 140～160℃，级压力比>3∶1，选用 DAB 油品；间断运转的中负荷往复式空气压缩机，选用 DAB 油品。

3）预期使用 DAB 油品的重负荷往复式空气压缩机（间断运转或连续运转），如果压缩机排气系统出现积炭沉积物，需要使用 DAC 油品。

2. 回转式空气压缩机油的选用

1）轻负荷回转式空气压缩机，空气和空气-油排出温度<90℃，空气排出压<800 kPa，选用 DAG 油品。

2）中负荷回转式空气压缩机，空气和空气-油排出温度<100℃，空气排出压为 800～1500 kPa 或空气和空气-油排出温度为 100～110℃，空气排出压力<800 kPa，选用 DAH 油品。

3）重负荷回转式空气压缩机，空气排出温度>100℃，空气排出压<800 kPa 或空气和空气-油排出温度≥100℃，空气排出压为 800～1500 kPa，或空气排出压>1500 kPa，选用 DAJ 油品。

3. 气体压缩机油的选用

1）氮、氢、二氧化碳、烃类、氨（气压<10MPa）；氩、氦、硫化氢、二氧化硫（任何气压），选用 DGA 油品。

2）与 DGA 油压缩气体相同，但含有湿气或冷凝物，选用 DGB 油品。

3）氨、烃类、二氧化碳（气压>10MPa）。选用 DGC 油品。

4）一氧化碳、二氯化碳、氯化氢（气压>1MPa），含空气的氧气，选用 DGD 油品。

5）氩、氢、氮（润滑困难的场合）、干燥的惰性气、还原气（气压>10MPa，露点<－40℃），选用 DGE 油品。

（四）压缩机油选用推荐

目前市场上主要的压缩机油品牌有壳牌、道达尔、长城、昆仑、统一等。表 8-13 列出了这几个品牌的典型产品、产品特点及应用。

表 8-13 不同品牌压缩机油推荐

品牌名称	品牌介绍	典型产品	产品特点及应用
壳牌	荷兰皇家壳牌集团（壳牌）是国际著名的能源化工企业。目前壳牌在中国拥有4家润滑油脂调和工厂	壳牌确能力（Corena）S4 R采用全合成无灰配方调配而成，黏度等级包括32、46和68。该产品能够保护压缩机免受损害，有助于延长设备使用寿命；拥有12000h的使用寿命，有助于延长换油周期；具有良好抗氧化性、空气释放性和抗泡沫性，有助于提高压缩机工作效率	壳牌确能力（Corena）S4 R是壳牌最高端的螺杆式和叶片式空气压缩机润滑油。产品满足ISO 6743-3A-DAJ标准
道达尔	道达尔是世界上主要润滑油生产商之一。目前在中国拥有近5000名本土员工和逾25家子公司，生产销售汽车润滑油、齿轮油、工业油和润滑脂等产品	道达尔DACNIS系列空气压缩机油，采用优质基础油和添加剂调和而成。该系列空气压缩机油包括矿物型、半合成型、PAO全合成型和高温高压双酯型，具有黏度指数高、抗氧化性好等特点	该系列产品满足ATLAS COPCO、COMPAIR、KAISHAN等压缩机制造商的技术要求以及ISO－3A－DAJ重载标准和DIN 51506 VDL规范，广泛应用于电厂、矿山、钢铁和冶金等行业 往复式空气压缩机油，推荐使用DACNIS 100和DACNIS 150。回转式空气压缩机油，根据排气温度/压力推荐使用DACNIS VS、DACNIS LD、DACNIS SH和DACNIS SE，黏度等级包括32、46、68和100。液化石油气、天然气、烃类气体压缩机油，推荐使用DACNIS LPG 150
长城	—	讯能DAG轻负荷喷油回转式空气压缩机油由矿物油和抗氧、防锈等添加剂调和而成，黏度牌号包括15、22、32、46、68、100等，具有较低的灰分、良好的抗氧化、防锈和油水分离性能	产品符合GB 5904—1986和ISO/DP 65213—1981规格，应用于排气温度小于100℃，有效工作压小于800kPa的回转式空气压缩机的润滑
昆仑	—	空气压缩机油L-DAC由精炼基础油和优质添加剂调和而成，黏度牌号包括46、68、100，具有优异的氧化安定性、极压抗磨性、防锈抗腐蚀性以及密封相容性	产品满足ISO 6743－3规格要求，应用于各种往复（活塞）式空气压缩机的润滑，也可用于轴流式与离心式压缩机。在中国远洋船务公司晋河号远洋船上的日本田边H－273型船用空气压缩机上使用一年，设备运行良好
统一	统一石油化工有限公司创始于1993年，是一家专业润滑油生产企业。产品包括汽车用油、工业用油、润滑脂、汽车护理品等。年生产能力60万t	海倍力高级往复式空气压缩机油由优质基础油和抗氧、防锈、抗磨等添加剂调和而成，黏度牌号包括68、100、150，具有良好的润滑和防锈防腐性、热氧化安定性和抗乳化性能等	产品满足ISO L-DAB、DIN 51506 VDL等规格，应用于往复式空气压缩机和滴油回转式空气压缩机的润滑

壳牌压缩机油选用案例如下。不同行业用户转换使用壳牌确能力（Corena）S4 R 产品后，可以帮助提高产量和降低维护成本。与矿物型压缩机油相比，不仅换油周期延长一倍，还能降低因润滑油增黏导致的妨碍阀高效运行引起的操作温度上升。某水泥厂使用该油品后，设备检修间隔期达到了以前的 3 倍。

三、机床润滑脂

机床是机械工业发展当中最重要的设备，包括车床、铣床、钻床、磨床等，机床的正常工作离不开润滑。除使用润滑油外，机床润滑也会使用润滑脂。润滑脂是黏稠的油脂状半固体，用于润滑油不便使用的工况，起到润滑、密封、防锈和减振等作用。

润滑脂由基础油、稠化剂、添加剂等组成。基础油包括矿物基础油、合成基础油。稠化剂包括皂基稠化剂和非皂基稠化剂。添加剂包括抗氧剂、防锈抗腐蚀剂、极压抗磨减摩剂、结构稳定剂、黏附剂和固体填料等。

（一）机床润滑脂的性能要求

1. 胶体安定性

胶体安定性表示润滑脂在一定条件下的稳定性能。胶体安定性越好，润滑脂使用寿命越长，反之则使用寿命越短。

2. 氧化安定性

氧化安定性表示润滑脂在高温条件下抵抗氧化的能力。氧化安定性差，润滑脂易变色、生成腐蚀性物质、皂油分离等，影响其使用性能。

3. 机械安定性

机械安定性表示润滑脂工作时抵抗稠度变化的能力。机械安定性不好，会导致润滑脂稠度下降，影响脂的润滑效果和使用寿命。

4. 防护性

防护性表示润滑脂对摩擦表面的防锈抗腐蚀能力。防护性越好，摩擦表面越不易生锈和被腐蚀。

5. 极压抗磨性

极压抗磨性表示润滑脂膜承受负荷的能力。极压抗磨性差，导致设备磨损严重，缩短设备使用寿命，甚至造成安全事故。

6. 耐高温性

耐高温性好的脂可在较高使用温度下保持黏附性能，且氧化变质较慢。此外，耐高温性好的脂蒸发损失小，使用寿命长。

7. 泵送性和低温流动性

泵送性和低温流动性表示润滑脂低温条件下工作能力。泵送性和低温流动性越好，润滑脂可以工作的温度越低。通常采用相似黏度和低温转矩来衡量润滑脂的泵送性和低温流动性。

8. 抗水性

抗水性表示润滑脂抵抗水破坏的能力。抗水性差，遇水后会造成稠度降低或发生乳化，从而降低润滑脂的使用性能。

9. 橡胶适应性

橡胶适应性表示润滑脂与橡胶密封件相互作用的程度，其在使用过程中不能引起橡胶密封件的过度膨胀、收缩、硬化，否则会影响橡胶密封件的工作性能。

（二）机床润滑脂的分类

目前适用于机床润滑的脂类主要是无水钙基脂和锂基脂。

1）无水钙基润滑脂由12-羟基硬脂酸、氢氧化钙、基础油、抗氧防锈剂制成，其抗水性、机械安定性、氧化安定性好，具有良好的性价比。

2）锂基润滑脂（通用型）由12-羟基硬脂酸锂皂稠化中等黏度矿物油，并加入抗氧防锈剂等添加剂制成，机械安定性、防锈性以及氧化安定性好。

3）锂基润滑脂（合成型）由合成脂肪酸锂皂稠化中等黏度的矿物油，并加入抗氧防锈剂等添加剂制成，抗水性、耐高温性、化学安定性和极压抗磨防锈性好。

（三）机床润滑脂的选用

为使机床的摩擦副得到良好的润滑，选择合适的润滑脂品种是相当重要的。一般机床用润滑脂主要是根据润滑对象的运动情况、摩擦材料、工作条件、使用环境以及润滑脂的性能等方面的因素来确定。从工作条件来考虑，主要包括速度、负荷、间隙、温度和周围大气环境，包括水汽等介质及设备条件等方面。

主轴是机床最重要的部件之一，加脂需要考虑主轴和轴承之间的间隙，并要考虑工作温度、负荷、轴承表面粗糙度等。间隙小时承载能力和旋转精度较高，轴承容易发热，这是选择润滑脂黏度必须要考虑的。主轴润滑脂的选择还应根据以下几点来具体判断。

1）工作温度不高并在潮湿环境中工作的，可选用耐水性好的钙基脂。

2）工作温度较高并且为低、中转速时，可选用钙基脂或通用锂基脂，若高速时，可采用机床专用锂基脂。

3）工作温度极低时，应该选用合成油润滑脂。

（四）机床润滑脂选用推荐

润滑脂品牌主要有协同、克鲁勃和长城等。表8-14列出了这几个品牌的典型产品、产品特点及应用。

表8-14　不同品牌机床润滑脂推荐

品牌名称	品牌介绍	典型产品	产品特点及应用
协同	协同油脂是一家日本专业润滑剂制造商，在全球有近600名员工，生产销售润滑脂、切削油、磨削油和液压油等多种润滑产品	MULTEMP LRL NO.3 是由合成油、锂皂稠化剂、抗氧剂、防锈剂等研制而成，具有很强的抗高速温升能力，能满足高温长寿命的要求	该产品应用于高速电动机球轴承、纺织行业高速主轴和CNC数控机床主轴等的润滑

（续）

品牌名称	品牌介绍	典型产品	产品特点及应用
克鲁勃	克鲁勃润滑剂公司总部位于慕尼黑，是世界著名特种润滑剂生产商，拥有1800多名员工和近3000种润滑剂产品	KLUBER ISOFLEX NBU15 主要由矿物油、酯类油及复合钡皂组成，具有良好的抗磨损、抗腐蚀、抗老化、抗水和抗氧化性	该产品应用于超高速 CNC 数控机床、磨床主轴等的润滑，使用温度 -40 ~ 130℃
长城	—	长城7008 航空润滑脂，以皂基稠化剂稠化合成油，加入功能添加剂等研制而成，具有优良的高低温性、氧化安定性、机械安定性、胶体稳定性和降噪性	该产品应用于机床主轴轴承的润滑，使用温度 -60 ~ 120℃

机床润滑脂选用案例如下。精密机床主轴翻滚轴承一般用润滑脂润滑，多选用多效锂基润滑脂。选用滚柱轴承的坐标镗床，其主轴与轴承之间为过盈配合，因而要求选用低黏度基础油制备的润滑脂润滑，如低温润滑脂。全能螺纹磨床主轴翻滚轴承结构多为滚珠式，可选用高速磨头轴承润滑脂，也可选用多效锂基润滑脂。齿轮磨床主轴翻滚轴承选用高速磨头轴承润滑脂或多效锂基润滑脂。

四、轴承润滑脂

轴承主要分为滚动轴承和滑动轴承。轴承长期高效的工作需要良好的润滑作为保证，通常轴承的润滑使用润滑脂。轴承润滑脂按照基础油区分，可分为石油基础油润滑脂和合成润滑脂；按照增稠剂区分，可分为皂基脂和非皂基脂；按照用途区分，可分为通用润滑脂和专用润滑脂。

轴承润滑脂使用的基础油包括矿物油、合成烃、酯类油、聚乙二醇、硅油和氟油等；添加剂包括防腐蚀剂、抗氧化剂、极压抗磨剂、摩擦改进剂、金属钝化剂；增稠剂包括非金属皂基和金属皂基（锂、钙、铝、钠、钡等）；填料包括石墨、二硫化钼、炭黑等。

（一）轴承润滑脂的性能要求

1）使用寿命长，降低轴承维修成本，减少轴承摩擦消耗。

2）合适的稠度，具有良好的减振功能，降低轴承工作过程中的噪声。

3）抗氧化性好，长时间使用后，脂的外观颜色、酸碱度变化小，无明显氧化现象。

4）流动性好，使用温度在 -25 ~ 120℃，起动力矩小，运转力矩低，温度变化小。

5）防锈性、防盐雾能力强，抗水性好。

6）绝缘性好。

7）适应性好，具有高低温性能。

8）润滑性、抗磨性好，不甩油、不干涸、不乳化、不流失，脂本身不含有固形物。

（二）轴承润滑脂的分类

1. 钙基润滑脂

钙基润滑脂俗称为“黄油”。按照是否与水结合，其分为水合（普通）钙基润滑脂和无水钙基润滑脂，目前普通钙基润滑脂更为常见。普通钙基润滑脂最主要的问题是热稳定性不够好，不可用于温度较高（>90℃）的工作环境中。普通钙基润滑脂的主要质量指标见表8-15。

表8-15 普通钙基润滑脂的主要质量指标

项目	质量指标				试验方法
	1号	2号	3号	4号	
外观	淡黄色至暗褐色均匀油膏				目测
工作锥入度/0.1mm 滴点/℃ 不低于	310～340 80	265～295 85	220～250 90	175～205 95	GB/T 269—1991 GB/T 4929—1985
腐蚀（T2铜片，室温，24h）	铜片上无绿色或黑色变化				GB/T 7326—1987（乙法）
水分（质量分数,%） 不大于	1.5	2.0	2.5	3.0	GB/T 512—1965
灰分（质量分数,%） 不大于	3.0	3.5	4.0	4.5	SH/T 0327—1992
钢网分油量（60℃，24h）（质量分数,%） 不大于	—	12	8	6	NB/SH/T 0324—2010
延长工作锥入度 1万次与工作锥入度差值/0.1 mm 不大于	—	30	35	40	GB/T 269—1991
水淋流失量（38℃，1h）（质量分数,%） 不大于	—	10	10	10	SH/T 0109—2004

注：水淋后，轴承烘干条件为77℃、16h。

2. 钠基润滑脂

钠基润滑脂耐热性较好，能够在120℃条件下工作较长时间，但其抗水性差。钠基润滑脂的主要质量指标见表8-16。

表8-16 钠基润滑脂的主要质量指标

项目	质量指标		试验方法
	2号	3号	
工作锥入度/0.1 mm 延长工作锥入度/0.1 mm 不大于 滴点/℃ 不低于	265～295 375 160	220～250 375 160	GB/T 269—1991 GB/T 4929—1985
腐蚀（T2铜片，室温，24h）	铜片无绿色或黑色		GB/T 7326—1987（乙法）
水分（质量分数,%） 不大于	痕迹		GB/T 512—1965
蒸发量（99℃，22h）（质量分数,%） 不大于	2.0	2.0	GB 7325—1987

3. 锂基润滑脂

锂基润滑脂性能优异，是一种长寿命脂，具有高的滴点和良好的氧化稳定性、极压抗磨性、结构稳定性和抗水性等，能够替代钙基、钠基润滑脂。通用锂基润滑脂的主要质量指标见表8-17。

表8-17 通用锂基润滑脂的主要质量指标

项目	质量指标			试验方法
	1号	2号	3号	
外观	淡黄至褐色光滑油膏			目测
工作锥入度/0.1 mm 滴点/℃ 不低于	310~340 170	265~295 175	220~250 130	GB/T 269—1991 GB/T 4929—1985
腐蚀（T2铜片，100℃，24h）	铜片无绿色或黑色变化			GB/T 7326—1987（乙法）
蒸发量（99℃，22h）（质量分数,%） 不大于	2			GB 7325—1987
钢网分油（100℃，24h）（质量分数,%） 不大于	10	5		NB/SH/T 0324—2010
氧化安定性（99℃，100h，0.760MPa）压力降/MPa 不大于	0.070			SH/T 0325—1992
相似黏度（-15℃，10/s）/Pa·s 不大于	800	1000	1300	SH/T 0048—1991
延长工作锥入度（100000次）/0.1mm 不大于	380	350	320	GB/T 269—1991
水淋流失量（38℃，1h）（质量分数,%） 不大于	10	8		SH/T 0109—2004
防腐蚀性（52℃，48h）	合格			GB/T 5018—2008

4. 复合钙基润滑脂

复合钙基润滑脂滴点高，氧化安定性、胶体安定性、机械安定性、抗水性、极压抗磨性良好。表8-18列出了复合钙基润滑脂的主要质量指标。

表8-18 复合钙基润滑脂的主要质量指标

项目	质量指标			试验方法
	1号	2号	3号	
工作锥入度（25℃，60次）/0.1 mm 滴点/℃ 不低于	310~340 200	265~295 210	220~250 230	GB/T 269—1991 GB/T 4929—1985
铜片腐蚀（T2，100℃，3h）	铜片无黑色或绿色变化			GB/T 7326—1987（乙法）
蒸发量（99℃，22h）（质量分数,%） 不大于	2	2	2	GB 7325—1987
灰分（质量分数,%） 不大于	3.0	3.5	4.0	SH/T 0327—1992
钢网分油（100℃，24h）（质量分数,%） 不大于	6	5	4	NB/SH/T 0324—2010
氧化安定性（99℃，100h压力降）/MPa 不大于	报告			SH/T 0325—1992
表面硬化（50℃，24h）锥入度差/0.1 mm 不大于	35	30	25	SH/T 0370—1995
剪切安定性（10万次锥入度变化）（%） 不大于	25	25	30	GB/T 269—1991
水淋流失量（38℃，1h）（质量分数,%） 不大于	5	5	5	SH/T 0109—2004

5. 复合锂基润滑脂

复合锂基润滑脂具有优异的耐高温性、胶体安定性、抗水性和抗微动磨损性能。目前，该类润滑脂没有统一的国家标准和行业标准，通常是各企业自己制定的企业标准。

6. 复合磺酸钙基润滑脂

复合磺酸钙基润滑脂具有良好的抗高温、防水、机械安定性和负载性，其使用温度范围较宽，可达到 -20 ~ 160℃。表 8-19 列出了复合磺酸钙基润滑脂的主要质量指标。

表 8-19　复合磺酸钙基润滑脂的主要质量指标

项　目		质量指标		试验方法
		1 号	2 号	
外观		均匀光滑油膏		目测
工作锥入度/0.1 mm		310 ~ 340	265 ~ 295	GB/T 269—1991
滴点/℃	不低于	280	300	GB/T 3498—2008
相似黏度（-10℃，10/s）/Pa · s	不大于	600	1000	SH/T 0048—1991
极压性能 烧结负荷（四球机法）P_D/N	不小于	3 089		SH/T 0202—1992
承载能力 OK 值（梯姆肯法）/N	不小于	200		NB/SH/T 0203—2014
水淋流失量（79℃，1h）（质量分数,%）	不大于	6	4	SH/T 0109—2004
防腐蚀性（52℃，48h，蒸馏水）		合格		GB/T 5018—2008
延长工作锥入度（10 万次）与工作锥入度差值/0.1 mm	不大于	40		GB/T 269—1991
滚筒安定性（80℃，100h） 1/4 工作锥入度变化值/0.1 mm 不加水 加水		 ±15 ±20		SH/T 0122—1992

7. 聚脲润滑脂

聚脲润滑脂具有良好的耐高温性，滴点高达 300℃以上；具有良好的胶体安定性，在大于 100℃条件下分油量较小；抗水性及抗酸碱介质能力强；轴承漏失量小，轴承寿命长；与高速轴承的适应性好。表 8-20 列出了聚脲润滑脂的主要质量指标。

表 8-20　聚脲润滑脂的主要质量指标

项　目		质量指标			试验方法
		0 号	1 号	2 号	
工作锥入度/0.1 mm		355 ~ 385	310 ~ 340	265 ~ 295	GB/T 269—1991
延长工作锥入度（10 万次） 差值变化率（%）	不大于	15	20	25	

（续）

项 目		质量指标			试验方法
		0号	1号	2号	
钢网分油量（100℃，24h）（质量分数,%） 不大于		—	8.0	5.0	NB/SH/T 0324—2010
氧化安定性（99℃，100h，氧分压0.785MPa） 压力降/MPa 不大于		0.050			SH/T 0325—1992
相似黏度（-10℃，$D=10$ s）/Pa·s 不大于		300	500	1000	SH/T 0048—1991
水淋流失量（38℃，1h）（质量分数,%） 不大于		—	7.0	5.0	SH/T 0109—2004
防腐蚀性（52℃，48h）		合格			GB/T 5018—2008
轴承寿命（149℃）/h 不小于		—	—	120	SH/T 0428—2008
极压性能	TIMKEN法/N 不小于	178			NB/SH/T 0203—2014
	四球机法 最大无卡咬负荷 P_B/N 不小于	686			SH/T 0202—1992

8. 氮化硼润滑脂

氮化硼润滑脂最主要的特点是高熔点及高的分解温度，且具有良好的抗水性。目前，该润滑脂没有统一的国家标准和行业标准，通常是各企业自己制定的企业标准。

9. 高温润滑脂

高温润滑脂使用工况温度高，一般高于150℃以上。高温润滑脂使用的基础油为各种合成油，如PAO、酯类油、聚苯醚和氟醚油等。目前只有7014-1高温润滑脂制定了国家标准，其他产品多为企业标准。7014-1高温润滑脂的主要质量指标见表8-21。

表8-21 7014-1高温润滑脂的主要质量指标

项 目	质量指标	试验方法
外观	黄色至浅褐色光滑均匀油膏	目测
1/4工作锥入度/0.1 mm 滴点/℃	62～75 ≥280	GB/T 269—1991 GB/T 3498—2008
腐蚀（45钢，100℃，3h）	合格	SH/T 0331—1992
分油量 压力法 钢网法	 ≤15 ≤15	 GB/T 392—1977 NB/SH/T 0324—2010
氧化安定性（121℃，100h，0.78MPa氧压） 压力降/MPa	≤0.034	SH/T 0325—1992
高温性能（177℃±3℃，10000r/min，轴向负荷22.24 N，径向负荷13.34 N） 轴承寿命/h	报告	SH/T 0428—2008

（三）轴承润滑脂的选用

轴承润滑脂种类较多，选用时需要注意每类润滑脂的应用工况。

1）普通钙基润滑脂适用于工作温度 -10~60℃、转速 3000r/min 以下滚动轴承的润滑。

2）钠基润滑脂适用于振动大、温度高的滚动或滑动轴承的润滑，也适用于高速锭子轴承的润滑。

3）锂基润滑脂适用于各种机械设备上轴承的润滑，在 120℃时可长期使用。

4）复合钙基润滑脂适用于较宽温度范围、较大负荷的密封滚动轴承的润滑，如工作温度 120~150℃的车辆轮毂轴承。

5）复合锂基润滑脂适用于钢厂轧钢机、烧结机等高温轴承的润滑。

6）复合磺酸钙润滑脂适用于钢铁冶金行业连铸、热轧机工作辊轴承的润滑。

7）聚脲润滑脂适用于钢铁工业连铸机轴承的润滑，也可用于密封轴承的润滑。

8）氮化硼润滑脂适用于冶金工业烧结厂各种窑车轴承及台车轴承的润滑。

9）高温润滑脂适用于高温条件下工作的各类滚动轴承的润滑，使用温度为 -40~200℃。

（四）轴承润滑脂选用推荐

轴承润滑脂品牌主要有克鲁勃、长城、昆仑和德润宝等。表 8-22 列出了这几个品牌的典型产品、产品特点及应用。

表 8-22　不同品牌轴承润滑脂推荐

品牌名称	品牌介绍	典型产品	产品特点及应用
克鲁勃	—	克鲁勃 ISOFLEX TOPAS NB 52 由合成基础油、钡基复合皂、功能添加剂研制而成，具有良好的抗水淋、抗腐蚀、抗氧化及抗老化功能	该产品应用于滑动及滚动轴承的润滑
长城	—	长城低噪声轴承润滑脂采用 12-羟基硬脂酸锂皂、矿物油、抗氧防锈剂等研制而成，具有良好的机械安定性、防锈性和降噪性	应用于中小型电动机滚动轴承和其他较低负荷设备滚动轴承的润滑，使用温度为 -20~120℃，满足 Q/SH 3031 0605 规格
昆仑	—	昆仑 7018 高速轴承润滑脂具有优异的抗氧化性、机械安定性、抗水淋和润滑性	应用于高速轻载轴承的润滑，如高速磨头、长寿命陀螺电动机等，DN 值可以达到 100 万。适用温度为 -50~150℃。产品满足 Q/SH 303120—2004 标准
德润宝	杭州德润宝油脂股份有限公司主要从事中高档特种润滑剂研发、生产和销售。产品包括合成基础油、添加剂、润滑脂、润滑油、金属加工液。产品主要用于汽车、钢铁、水泥和机器人等行业。产品性能与克鲁勃、协同、美孚等国外大公司高档昂贵的润滑产品相当	DR 得意长寿命轴承专用润滑脂由合成脲类化合物稠化剂、精制基础油、复合抗磨添加剂、抗氧防锈添加剂等研制而成，具有优异的润滑性、机械安定性和氧化安定性，耐高温高速，使用温度为 -20~200℃	产品应用于各类电动机轴承、各类风机轴承的润滑

轴承润滑脂选用案例如下。江西天鹏轴承共有三条生产线，主要产品有开式轴承和闭式轴承两种，其中闭式轴承出厂要加润滑脂润滑。2017 年以前，该厂使用其他品牌润滑脂，但降噪、润滑方面经常出现问题。经过长城润滑油工程师多次技术拜访，共同查找、分析问题原因，最后使用推荐的长城低噪声润滑脂产品，解决了润滑难题。

五、工业齿轮油

齿轮传动是主要的传动方式之一，也是现代工业应用最为广泛的传动方式，齿轮在传递动力的同时会伴随着摩擦磨损的发生。为了保证齿轮长期高效传递动力，需要对其进行润滑，目前最常用的是工业齿轮油。

齿轮的曲率半径小，形成油膜的条件较差，有滚动也有滑动，其润滑状态包括流体动压润滑、弹性流体动压润滑和边界润滑。齿轮在啮合过程中，油膜将摩擦表面完全隔开，此时称为流体动压润滑。当负荷增大时，润滑油黏度在压力下变大，不会被完全挤出并且能够形成较薄的弹性流体动力膜，将摩擦面完全隔开，此时称为弹性流体动压润滑。上述两种润滑状态一般发生在高速轻载条件下。当负荷继续增大时，仅靠油膜已经不能完全隔开摩擦表面，需要油品中极性添加剂吸附在金属表面改善润滑；当摩擦温度升高时，吸附层容易脱附，需要极压抗磨剂在摩擦表面形成化学反应膜来起润滑作用，此时称为边界润滑。该状态一般发生在高速重载、低速重载或有冲击负荷的条件下。

（一）工业齿轮油的性能要求

1. 合适的黏度及良好的黏温性能

油品黏度大，形成的油膜厚，可增加承载能力，但黏度过大将增加传动阻力，造成功率损失，因此黏度需要在合理的范围之内。黏温性能表示油品黏度随温度的变化情况，黏温性能好，油品黏度随温度变化小，形成的油膜稳定，有利于油品抗磨损性能的发挥。因此需要油品具有良好的黏温性能。

2. 良好的极压抗磨性

减轻齿轮的磨损，延长设备使用寿命是油品的主要作用。在低速重载等不易形成油膜的工况下，需要油品中的极压抗磨剂发挥作用，形成吸附膜或反应膜，有效保护齿轮，因此油品需要具备良好的极压抗磨性。

3. 良好的抗氧化性

为了尽可能地延长油品使用寿命，油品需要具有良好的抗氧化性。如果油品抗氧化性不佳，在使用过程中会产生酸性物质，腐蚀设备表面，产生油泥，消耗油品中的极压抗磨剂，并且由于油泥沉积导致散热变慢，进一步加快油品氧化。

4. 良好的防锈和抗腐蚀性

油品使用过程中，因氧化产生的酸性物质以及空气中凝结的水分会加速设备的腐蚀和锈蚀，为此要求油品具有良好的防锈和抗腐蚀性。

5. 良好的抗泡性

油品工作过程中，由于齿轮的搅拌会将空气带入，并形成气泡。气泡的存在将破坏油膜的完整性，降低油品的润滑效果。此外泡沫导热性差，将降低油品的散热性能，加速油品氧化。为此要求油品具有良好的抗泡沫性。

6. 良好的抗乳化性

油品在使用过程中可能与水接触，油水混合在一起会产生乳化现象，破坏油膜的形成，降低油品润滑效果，因此要求油品具有良好的抗乳化性，及时分离掉混入油品中的水分。

7. 储存稳定性

添加剂是油品发挥作用的重要保证，不能出现析出或添加剂间相互反应的现象。为此油品必须具有良好的储存稳定性，在常温、低温或高温条件下均能保持外观均一透明，不出现沉淀。

（二）工业齿轮油的分类

1. 黏度及产品分类

表 8-23 列出了 GB/T 3141—1994 规定的工业齿轮油黏度分类。表 8-24 列出了 GB/T 7631. 7—1995 对工业齿轮油产品分类。

表 8-23　工业齿轮油黏度分类

黏 度 分 级	40℃运动黏度/(mm^2/s)
68	61. 2 ~ 74. 8
100	90 ~ 110
150	135 ~ 165
220	198 ~ 242
320	288 ~ 325
460	414 ~ 506
680	612 ~ 748

表 8-24　工业齿轮油产品分类

组别序号	应用范围	特殊应用	更具体应用	品种代号 L-
C	齿轮	闭式齿轮	连续润滑（飞溅、循环、喷射）	CKB
				CKC
				CKD
				CKE
				CKS
				CKT
			连续飞溅润滑	CKG①
		装有安全挡板的开式齿轮	间断或浸渍或机械应用	CKH
				CKJ
				CKL①
			间断应用	CKM

① 这些应用可能涉及某些润滑脂，根据 GB/T 7631. 8—1990，由供应者提供合适的润滑脂品种。

2. 主要工业齿轮油性能

目前应用最多的工业齿轮油是 L-CKC 和 L-CKD 工业闭式齿轮油和开式齿轮油。表 8-25 和 8-26 分别列出了工业闭式齿轮油和开式齿轮油的质量指标。

表 8-25 工业闭式齿轮油的质量指标 （GB 5903—2011）

项目	质量指标														试验方法
品种	L-CKC							L-CKD							
黏度等级（GB/T 3141—1994）	68	100	150	220	320	460	680	68	100	150	220	320	460	680	
40℃运动黏度/(mm^2/s)	61.2~74.8	90~110	135~165	198~242	288~352	414~506	612~748	61.2~74.8	90~110	135~165	198~242	288~352	414~506	612~748	GB/T 265—1988
外观	透明							透明							目测
黏度指数 不小于	90							90							GB/T 1995—1998
闪点（开口）/℃ 不低于	180		200					180		200					GB/T 3536—2008
倾点/℃ 不高于	-12	-9					-5	-12	-9					-5	GB/T 3535—2006
水分（质量分数,%） 不大于	痕迹							痕迹							GB/T 260—2016
机械杂质（质量分数,%） 不大于	0.02							0.02							GB/T 511—2010
铜片腐蚀（100℃, 3h） 不大于	1 级							1 级							GB/T 5096—2017
液相锈蚀（B 法, 24h）	无锈							无锈							GB/T 11143—2008
氧化安定性（312,95℃） 100℃运动黏度增长率（%） 不大于 沉淀值/mL 不大于	 6 0.1							 6 0.1							SH/T 0123—1993
泡沫性/(mL/mL) 24℃ 不大于 93.5℃ 不大于 后 24℃ 不大于	 50/0 50/0 50/0							 50/0 50/0 50/0							GB/T 12579—2002
抗乳化性（82℃） 油中水（体积分数,%） 不大于 乳化层/mL 不大于 总分离水/mL 不小于	 2.0 1.0 80.0						 2.0 4.0 50.0	 2.0 1.0 80.0							GB/T 8022—2019

（续）

项　目	质量指标														试验方法
品种	L-CKC							L-CKD							
黏度等级（GB/T 3141—1994）	68	100	150	220	320	460	680	68	100	150	220	320	460	680	
极压性能（Timken 试验机法） OK 负荷值/N 不小于	200							267							GB/T 11144—2007
承载能力（齿轮机试验） 失效级　不小于	12 级						>12级	12 级			>12 级				NB/SH/T 0306—2013
四球机试验 综合磨损指数/N 不小于 烧结负荷 P_D/N 不小于 磨斑直径（1800r/min，196N，60min，54℃）/mm 不大于	— — —							441 2450 0. 35							GB/T 3142—2019 NB/SH/T 0189—2017
剪切安定性（齿轮机法） 剪切后 40℃运动黏度/(mm²/s)	在黏度等级范围内							在黏度等级范围内							SH/T 0200—1992

表 8-26　开式齿轮油的质量指标　（SH/T 0363—1992）

项　目	质量指标					试验方法
黏度等级（按 100℃运动黏度划分）	68	100	150	220	320	
运动黏度（100℃）/(mm^2/s)	60～75	90～110	135～165	200～245	290～350	SH/T 0363—1992
闪点（开口）/℃	≥200	≥200	≥200	≥210	≥210	GB 267—1988
腐蚀试验（45 钢片，100℃，3h）	合格					SH/T 0195—1992
液相锈蚀试验（蒸馏水）	无锈					GB/T 11143—2008
最大无卡咬负荷 P_B/N	≥686					GB/T 3142—2019
清洁性	必须无砂子和磨料					

（三）工业齿轮油的选用

为了设备更好地得到润滑保护，需要合理地选用油品。工业齿轮油选用的一般原则如下。

1）齿面应力 < 1000N/mm^2 的化工、水电、矿山机械等设备的传动齿轮，选用 L-CKC。

2）齿面应力 > 1000N/mm^2，高温、含水、有冲击负荷的冶金、水泥、井下采掘机等设备的传动齿轮，选用 L-CKD。

3）轻负荷、传动平稳无冲击的蜗轮蜗杆，选用 L-CKE。

4）重负荷、传动过程中有振动和冲击的蜗轮蜗杆，选用 L-CKE/P；高温（低温）、高速、重负荷的风电、钢铁等设备的传动齿轮，选用 L-CKS/CKT。

5）重负荷的水泥、电力、有色金属和钢铁等行业风扫煤磨、回转窑、熟料管磨机及烧结混料机等各类开式大小齿轮的润滑，选用 L-CKM。

（四）工业齿轮油选用推荐

工业齿轮油主要品牌包括壳牌、嘉实多、长城、昆仑和卡松等，上述几个品牌的典型产品、产品特点及应用见表 8-27。

表 8-27　不同品牌工业齿轮油推荐

品牌名称	品牌介绍	典型产品	产品特点及应用
壳牌	—	可耐压（Omala）S2 G 齿轮油	可有效防止齿轮损坏，有助于延长设备使用寿命，具有优异的抗氧化性，有助于延长换油周期，具有优异的分水性能，有助于提高齿轮系统工作效率
嘉实多	英国 BP 石油公司旗下的一个品牌，提供汽车/摩托车润滑油及金属加工、一般工业用润滑油	AlpHa SP	黏度牌号从 68 ~ 680，具有优异的热稳定性和承载能力，满足 DIN 51517 - 3（CLP）规格，应用于直齿轮和斜齿轮的润滑
长城	—	得威 L-CKD320 工业闭式齿轮油	产品满足 GB 5903—2011（L-CKD）、US Steel 224 等标准，应用于冶金、水泥等行业中工作条件苛刻的闭式齿轮传动系统润滑，也可用于直齿圆柱齿轮、斜齿轮、螺旋锥齿轮、轴承等共为一体的油浴式或循环式润滑系统
昆仑	—	合成工业齿轮油 KG/S	产品应用于工作温度 - 40 ~ 120℃，短期可达 150℃ 的重负荷苛刻工况的直齿圆柱齿轮、螺旋锥齿轮、人字形齿轮、准双曲面齿轮润滑系统，常用于包含齿轮和轴承的循环及油浴润滑系统
		重负荷工业开式齿轮油，黏度牌号 120、220、320	产品应用于特大型旋转设备开式齿轮，如球磨机、干燥机、回转窑等设备的齿轮。应用于慢速运转的开式齿轮；静止或慢速运转的钢缆
卡松	卡松科技有限公司位于山东济宁，主要从事高端特种润滑油脂研发、生产与销售，产品涵盖 20 多个系列，1000 多个品种	卡松超威系列工业闭式齿轮油	采用优质基础油和添加剂调和而成，具有良好的极压抗微点蚀、抗氧化、防锈抗腐蚀、抗乳化、分水和抗泡等性能，应用于齿面接触应力大于 1100MPa 的工业闭式齿轮润滑

工业齿轮油选用案例如下。柳钢 2032mm 生产线主体设备从英国引进，并进行了大规模的现代化改造，于 2005 年 10 月竣工投产，在当时国内同类工程建设中是时间短、速度快、投资省和回报丰的生产线之一。1450mm 生产线于 2010 年投产，是柳钢自动化程度最高、控制手段齐全、生产工艺先进、装备结构合理的一条生产线，也是国内较先进的一条热轧板带生产线。2012 年开

始在两条生产线使用长城工业齿轮油，柳钢在认证中表示：在多年使用过程中，长城的得威 L-CKD320 齿轮油表现良好，能够为精轧机组的齿轮传动系统和润滑部件提供耐压抗磨的需求和保护，保证齿轮的良好工作状态，设备正常运转。

六、油膜轴承油

油膜轴承是流体动力润滑的滑动轴承，主要用于钢厂高速线材轧机。油膜轴承油是润滑油膜轴承的介质，其使用的工况极其恶劣。一方面高速线材轧机速度和负荷变化大，动压油膜形成难以稳定，易出现干摩擦或边界润滑，造成磨损轴承；另一方面高速线材轧机在生产时轴承高速旋转造成轴承座内形成负压，又因为现场环境相对较差，外部相对正压，空气中灰尘、水分和氧化铁等杂质进入系统造成油品污染，甚至乳化，从而降低了油膜强度，造成轴承非正常磨损。

（一）油膜轴承油的性能要求

1. 较高的黏度指数

油品黏度指数越高，温度变化对油品黏度的大小影响越低，油膜厚度越稳定，一般要求油膜轴承油黏度指数高于 95。

2. 良好的抗乳化性

油中含有水分，会因乳化降低油品抗磨损能力和防锈性，因此油品需具有良好抗乳化性，及时分离油中水分。

3. 良好的剪切安定性

油品抗剪切性能不好，黏度会明显下降，导致油品承载能力不足，引起轴承磨损。

4. 良好的抗氧化性

油品在工作条件十分恶劣的情况下，极易氧化，生成胶质、油泥，从而影响油水分离、正常润滑及散热，还可能堵塞滤网。

5. 良好的防锈抗腐蚀性

为了避免轴承生锈或被腐蚀，油品需具有良好的防锈抗腐蚀性。

6. 良好的极压抗磨性

为减轻冲击负荷下的轴承磨损，油品需具有良好的极压抗磨性。

7. 良好的抗泡性

为保证正常供油及形成完整油膜，防止油品外溢，油品需有良好的抗泡性。

8. 良好的过滤性

为了保持油品清洁，油膜轴承润滑系统中设置有过滤装置，最小滤膜孔径在 10 ~ 20 μm。如果油品的过滤性不好，将会出现堵塞滤膜的现象。

（二）油膜轴承油的分类

我国开发的油膜轴承油基本沿用《美国钢铁公司 136 号规格重型循环油》标准，规定油品在 40℃时的运动黏度值为油品的黏度牌号，油膜轴承油的黏度牌号为 100、150、220、320、460 和 680 等。目前仍没有形成统一的油膜轴承油标准，一般是各个公司自己制定企业标准。油膜轴承油可分为普通型（抗氧防锈型）和极压型。

（三）油膜轴承油的选用

随着轧机速度的不断增加，普通的抗氧防锈型油膜轴承油不能满足其润滑要求，目前主要使用极压型油膜轴承油。根据40℃运动黏度划分，极压型油膜轴承油有多个黏度牌号，具体选用哪一个黏度牌号，需要根据轧机的速度、轧制负荷、轴承尺寸等参数进行计算确定。

（四）油膜轴承油选用推荐

油膜轴承油品牌主要包括美孚、壳牌和长城。表8-28列出了这几个品牌的典型产品、产品特点及应用。

表8-28　不同品牌油膜轴承油推荐

品牌名称	典型产品	产品特点及应用
美孚	美孚威格力500系列油膜轴承油	产品用于无扭线材轧机油膜轴承的润滑，美孚的油膜轴承油市场占有率很高
壳牌	壳牌万利得S2 BA油膜轴承油	产品用于无扭线材轧机油膜轴承润滑，满足DIN 51517－2－CL和摩根公司对无扭线材轧机循环油的技术要求
长城	长城油膜轴承油	产品用于钢厂中高速线材轧机、板材轧机以及薄板冷轧机组润滑，也可用于粗、中连轧机组和轧机支承辊轴承等部位的润滑

油膜轴承油选用案例如下。2017年6月，八一钢铁二高线精轧机组1号主油箱开始使用长城A100油膜轴承油，替代国外某品牌油品，设备运行过程中，长城A100油膜轴承油连续运行50d，分水效果突出，精轧机运行参数正常。在使用过程中，长城润滑油技术人员定期到现场进行服务，检测设备和油品参数，获得用户好评。八一钢铁认为自从油膜轴承油国产化以来，长城油品具有良好的过滤性，容易通过精细滤芯，没有堵塞滤芯现象；油品具有良好的材料相容性，系统没有发生过滤密封件溶胀现象；抗氧化性非常优异，长时间使用后，油品颜色变化较小；同时，抗乳化分水性良好，油水能迅速分离，保护轴承，使设备运行顺畅，具有良好的水质适应性。

七、玻璃制造工业用油

在日常的生产生活中随处可以见到玻璃产品，如玻璃杯、玻璃窗、玻璃门、玻璃建筑等。玻璃被制造成各种产品的过程包括原片选取、玻璃尺寸切割、玻璃磨边倒角、钢化、丝印、清洗检测、包装等。为保证玻璃产品加工过程顺利进行，需要使用润滑油（液）对其加工过程进行润滑，目前使用较多的是玻璃磨削油和切削液（水性）。

（一）磨削油

对磨削油而言，要求其具有如下性能。

1）良好的清洗渗透性，防止工具磨具钝化，对刀具具有良好自锐作用。

2）良好的润滑冷却性，降低切削工件时的噪声，减少研磨划痕，改善加工件表面质量。

3）良好的抗腐蚀性，抑制各种因素对玻璃的腐蚀，提高玻璃切磨成品率。

4）无色透明和无泡沫性，便于生产过程中观察加工件。

5）良好的沉降性，避免碎屑对玻璃加工件的破坏。

6）良好的防锈性和抗腐臭性。

7）良好的操作人员保护性，刺激性低，不易伤害皮肤。

（二）水溶性玻璃切削液

水溶性玻璃切削液一般由矿物油和各种功能添加剂组成，需润滑性和冷却性好，可有效保护刀具；粉末沉淀速度快，可有效避免玻璃刮伤或划伤；外观无色透明，便于加工过程观察加工件；酸值较低，具有良好的防锈作用；无毒、无气味，对玻璃无腐蚀，不伤皮肤。

（三）玻璃制造工业用油推荐

东莞市科泽润滑油有限公司主要生产销售切削液、液压油、玻璃磨削油、工业润滑油等。科泽 DK－736B 玻璃磨削油，由矿物油和不同功能添加剂调和而成，具有良好的润滑性、冷却性、粉末沉降性、抗氧化性和环保安全性，适用于玻璃及陶瓷加工润滑。科泽 DK－760C 水溶性玻璃切削液具有良好的冷却、洗涤、润滑和防锈等性能，适用于光学玻璃的精磨、粗磨及切割。

八、糖加工用油

糖加工属于食品工业，其设备润滑不能使用普通的工业油品，需要使用食品级润滑油。普通工业润滑油使用的基础油为矿物油，其成分复杂，安全风险大，使用的抗氧剂、极压剂、降凝剂等中，含有重金属、无机酸、多环芳烃类化合物等对人体健康有危害的物质。而食品级润滑油一般使用白油或动植物油及合成油作为基础油，危害较小。

（一）白油润滑剂

白油是经过超深度精制的矿物油，无色、无味、无嗅。大部分石油公司都有食品级白油润滑剂，包括齿轮油、液压油、润滑脂和脱模剂等。

（二）合成型润滑剂

合成型润滑剂包括 PAO 型、硅油型、氟聚醚型三类。PAO 是人工合成的饱和烃，不含芳香烃和其他基团，无毒无刺激性，且使用寿命长；硅油是不同聚合度链状结构的聚有机硅氧烷，无毒性，且具有优良的热氧化稳定性；氟聚醚是新型的含氟化合物，具有抗氧、耐高温、低挥发等特点。

目前国际上应用最广泛的食品级润滑油认证是美国的 NSF 认证。H1 级别是可以（与食品药品）偶然接触的润滑剂，即食品级润滑剂；H2 级别是不可（与食品药品）接触的润滑剂；H3 级别是水溶性油；3H 级别是食品级脱模剂。由于食品级润滑油对基础油和添加剂的要求较高，目前国内食品级润滑油市场上占主流的都是国外品牌，如道达尔、克鲁勃、福斯、加拿大石油、阿帕克斯等。国内品牌也有部分食品级润滑油产品，如长城食品级液压油产品获得了 NSF H1 认证。

（三）糖加工用油选用推荐

糖加工用油可以选择壳牌和长城的相关产品，具体见表 8-29。

表 8-29 不同品牌糖加工用油推荐

品牌名称	典型产品	产品特点及应用
壳牌	加适达食品级液压油 FL，黏度牌号包括 15、32、68、100 等	用于食品生产和加工过程中的液压系统、齿轮润滑，满足 ISO 6743-4：2015 HM、HVLP 等规格
长城	长城食品级工业齿轮油（PAO 型）	用于食品、饮料、制药等行业的各类齿轮或轴承润滑。产品符合 NSF H1 和 DIN 51517 CLP 规格

九、其他制造领域用润滑油（脂）

除上述常用工业润滑油（脂）外，其他制造领域也需要适当的润滑剂。下面进行简单介绍。

（一）造纸机油

造纸机的工作环境是潮湿和高温，有时还有冲击负荷，因此其润滑剂需要具有良好的抗乳化性、耐水性、热氧化安定性和极压抗磨性。目前，造纸机循环系统润滑油主要有矿物型和合成型两种。

矿物型油品使用深度精制基础油和多种功能添加剂调和而成。矿物油型造纸机循环系统润滑油的轻工行业标准是 QB/T 2766—2006。

合成型造纸机循环系统润滑油使用 PAO 作为基础油，加入多种功能添加剂调和而成。与矿物型润滑油相比，合成型润滑油使用周期可延长一倍以上。合成型造纸机循环系统润滑油的轻工行业标准是 QB/T 2767—2006。合成型造纸机循环系统润滑油主要适用于装有精细过滤元件的宽幅、高速大型造纸机循环系统轴承和齿轮的润滑。

（二）特殊润滑脂

特殊润滑脂是指应用在特殊场合的一些润滑脂。这些润滑脂用量很小，但对改善润滑条件十分重要，如塑料润滑脂、导电润滑脂等。

1. 塑料润滑脂

塑料润滑脂用于塑料/塑料、塑料/金属间的润滑，对其性能主要有润滑性、相容性、耐久性等要求。润滑性方面，要求润滑脂能够降低摩擦副间的摩擦因数，减轻磨损，延长零部件使用寿命；相容性方面，要求润滑脂不能引起塑料过度膨胀、收缩、腐蚀等；耐久性方面，要求润滑脂具有良好的氧化安定性和化学安定性，以便可以长久使用。

2. 导电润滑脂

导电润滑脂是新型电工材料，能增强电器设备的导电能力，避免电化学腐蚀和灰尘，防止静电危害，其主要性能有导电性、高低温性、防护性和润滑性。导电性方面，能降低导体接触面电阻，节省电能；高低温性方面，要求在高温时不易流失，低温时不易开裂；防护性方面，能有效隔绝灰尘、盐雾、水分等有害物质对电器设备的侵害，延长设备使用寿命；润滑性方面，能有效减少电接触面的磨损。

（三）干涂层

干涂层又称为干膜润滑涂料，是以高聚物为成膜物质，以石墨、二硫化钼、聚四氟乙烯等为润滑剂以及添加其他改性剂等组成的涂料，具有良好的润滑性，兼具有耐高低温、抗氧化、耐蚀、耐特殊介质等性能，可满足各种复杂工况下（如海洋、高温、高真空等条件下）机械正常运转的要求。干膜一般是三层：第一层是 PE 保护层，中间是干膜层，第三层是 PET 保护层。PE 层和 PET 层仅是起到保护作用，真正起润滑作用的是干膜层。

选用不同的黏结剂和润滑剂，能够使构成的干膜润滑涂料具有不同的性能。高聚物干膜可以制作成各种类型用于润滑，以纯热塑性高聚物形式使用的多是聚酰胺、聚甲醛、聚四氟乙烯、聚乙烯、超高分子量聚乙烯等，其中聚酰胺、聚甲醛、聚四氟乙烯应用面较广，超高分子量聚乙烯最具发展潜力。在耐磨高聚物中添加适量减摩剂也是较为常见的干膜润滑涂料，如加入少量石墨、二硫化钼、硅油、四氟乙烯粉末等都可以显著地起到减摩效果。

（四）脱模剂

脱模剂是一类促进模具与模件分离的物质。按照主要原料及性能可分为油类（包括纯油类、加表面活性剂油类和皂化、乳化后产品）、蜡类、树脂类等。其主要性能要求：①脱模性（润滑性）好。②脱模持续性好。③成形物外观表面光滑美观。④二次加工性优越，如脱模剂转移到成形物时，对电镀、热压模、黏合等加工无不良影响。⑤易涂布性。⑥耐热耐污染性好。⑦成形好。⑧稳定性好。⑨不易燃，低气味、低毒性。

（五）其他制造领域用润滑油（脂）选用推荐

奎克好富顿、长城、福斯等品牌有适用于锻造、脱模等功能的产品，具体介绍见表 8-30。

表 8-30　不同品牌其他领域用润滑油（脂）推荐

品牌名称	品牌介绍	典型产品	产品特点及应用
奎克好富顿	—	全合成锻造脱模剂 FENELLA® FLUID F 601	可被用于锻造加工，适合中负荷到重负荷的材料挤压流动，可用于复杂形状零部件的生产。FENELLA® FLUID F 601 不仅提供优良的综合性能，还可防止模具表面毛化，提高模具寿命
长城	—	长城合成型造纸机循环系统润滑油由合成基础油和功能添加剂调和而成，共有 150、220 和 320 三个黏度牌号	具有优异的承载、防锈抗腐蚀、过滤、抗乳化、抗泡性，满足 QB/T 2767—2006 标准要求，应用于装有精细过滤元件的宽幅、高速大型造纸机械设备循环润滑系统轴承和齿轮的润滑，特别应用于在高温条件下工作的造纸机操作系统
福斯	福斯是世界上著名的专业润滑油制造商之一，生产销售车辆润滑油、工业润滑油及特种油脂	热精锻脱模剂 LUBRODAL F 475 C	广泛用于钢件及其他合金的温热锻成型，金属流动性好，脱模性能卓越。该产品石墨颗粒超细，其添加剂复合包系高端技术产品，确保了在使用中能够理想化地覆盖整个模具表面，高温润湿性极佳

奎克好富顿全合成锻造脱模剂 FENELLA® FLUID F 601 选用案例（见图 8-1）如下，位于浙江的一家专业生产轮毂轴承单元的生产厂家，年产量超过 120 万套。随着政府在环保方面的要求越来越严格以及石墨产品在员工健康方面存在隐患，该生产厂家迫切需要使用一款不含石墨的全合成产品替代在用的国产石墨产品。现场原使用国产的水基石墨脱模剂，存在诸多问题，包括：石墨粉末飘散，车间工作环境差，难以满足政府对环保方面的要求；石墨颗粒细小，员工易吸入，有健康隐患；石墨产品在工件表面残留，工件较脏；国产水基石墨产品石墨粒径不均匀，有堵塞喷头问题。

图 8-1　奎克好富顿全合成锻造脱模剂 FENELLA® FLUID F 601 选用案例

在使用奎克好富顿全合成锻造脱模剂 FENELLA® FLUID F 601 之后，满足了政府对环境方面的要求，消除了一线员工的健康隐患；且工件表面干净，解决了石墨产品存放沉降及一级喷口堵塞问题。

福斯热精锻脱模剂 LUBRODAL F 475 C 选用案例（见图8-2）如下。LUBRODAL F 475 C 广泛应用于商用及乘用车曲轴锻造行业，其市场占比 80% 以上。某大型曲轴生产企业使用 LUBRODAL F 475 C 后，对比发现模具寿命提高 10.4%，模具型腔残留物明显减少，降低了产品填充不足及折叠缺陷率，减少了停机修模次数，降低了单件模具成本，提升了生产率和产品质量，受到用户好评。一般曲轴复杂程度在 3 级左右，属较复杂件，LUBRODAL F 475 C 适用钢质复杂件热模锻工艺，为该工艺提供高质量的解决方案。

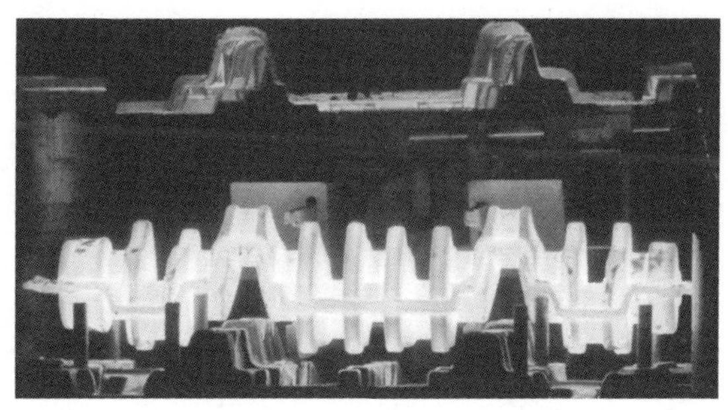

图 8-2　福斯热精锻脱模剂 LUBRODAL F 475 C 选用案例

参考文献

[1] 中国石油化工集团公司．润滑剂、工业用油和相关产品（L 类）的分类 第 2 部分　H 组（液压系统）：GB/T 7631.2—2003 [S]．北京：中国标准出版社，2003.

[2] 全国石油产品和润滑剂标准化技术委员会石油燃料和润滑剂分技术委员会．液压油（L-HL、L-HM、L-HV、L-HS、L-HG）：GB 11118.1—2011 [S]．北京：中国标准出版社，2012.

[3] 全国石油产品和润滑剂标准化技术委员会．水-乙二醇型难燃液压液：GB/T 21449—2008 [S]．北京：中国标准出版社，2008.

[4] 王先会，王广银．润滑油选用手册［M］．北京：机械工业出版社，2016.
[5] 中国石油化工集团公司．空气压缩机油：GB 12691—1990［S］．北京：中国标准出版社，1991.
[6] 石油化工科学研究院．轻负荷喷油回转式空气压缩机油：GB 5904—1986［S］．北京：中国标准出版社，1986.
[7] 全国石油产品和润滑剂标准化技术委员会石油燃料和润滑剂分技术委员会．润滑剂、工业用油和有关产品（L类）的分类 第9部分 D组（压缩机）：GB/T 7631.9—2014［S］．北京：中国标准出版社，2014.
[8] 高锋，刘晖，樊玉光，等．压缩机油性能及合理选用［J］．压缩机技术，2007（4）：64-68.
[9] 中国石油化工集团公司．钙基润滑脂：GB/T 491—2008［S］．北京：中国标准出版社，2008.
[10] 中国石油化工集团公司．钠基润滑脂：GB 492—1989［S］．北京：中国标准出版社，1990.
[11] 全国石油产品和润滑剂标准化技术委员会石油产品和润滑剂分技术委员会．通用锂基润滑脂：GB/T 7324—2010［S］．北京：中国标准出版社，2010.
[12] 石油化工科学研究院．复合钙基润滑脂：SH/T 0370—1995［S］．北京：中国标准出版社，1995.
[13] 全国石油产品和润滑剂标准化技术委员会石油产品和润滑剂分技术委员会．复合磺酸钙基润滑脂：GB/T 33585—2017［S］．北京：中国标准出版社，2017.
[14] 全国石油化工股份有限公司石油化工科学研究院．极压聚脲润滑脂：SH/T 0789—2007［S］．北京：中国石化出版社，2008.
[15] 中国石油化工集团公司．工业液体润滑剂 ISO 黏度分类：GB/T 3141—1994［S］．北京：中国标准出版社，1995.
[16] 中国石油化工集团公司．润滑剂和有关产品（L类）的分类 第7部分 C组（齿轮）：GB/T 7631.7—1995［S］．北京：中国标准出版社，1996.
[17] 全国石油产品和润滑剂标准化技术委员会石油燃料和润滑剂分技术委员会．工业闭式齿轮油：GB 5903—2011［S］．北京：中国标准出版社，2012.
[18] 中国石油化工集团公司．普通开式齿轮油：SH/T 0363—1992［S］．北京：中国标准出版社，1992.
[19] 汤超．高速线材精轧机油膜轴承油研制［J］．传动技术，2006（2）：44-48.
[20] 卫生部食品卫生监督检验所，抚顺石油化工研究院．食品机械专用白油：GB/T 12494—1990［S］．北京：中国标准出版社，1991.

第九章

工业用油服务

随着金属加工和机械制造行业的飞速发展，工业油品在应用领域的重要性也越来越凸显。油品的性能直接影响加工成品的质量好坏。金属加工和机械制造领域的加工工艺以及加工技术在不断地更新，同时人们对环境保护和人类健康等因素也日益关注，这就使得人们对工业用油的性能提出了更高的要求。当然，满足使用商对油品性能的要求不单单依靠产品使用性能的提高，更需要油品供应商对企业提供工艺、选用、产品等多方面的服务，只有这样才能让企业改善工作环境，提高产品质量，实现企业竞争力的进一步提升。

一、化学品管理（CPM）模块化服务

各种元素之间相互作用组成的物质统称为化学品，包括纯净物与混合物，其既可以是天然形成的，也可以是人工合成的。

根据美国化学文摘可知，全世界已有700多万种化学品，其中10万余种已作为商品上市，同时全世界每年以1000多种的增速增加新的化学品。危险化学品按照其危险性可分为8类：①爆炸品。②压缩气体和液化气体。③易燃液体。④易燃固体、自燃物品和遇湿易燃物品。⑤氧化剂和有机过氧化物。⑥有毒品。⑦放射性物品。⑧腐蚀品。

在工业生产中，为了提高工业生产率，降低生产成本，对工业用油的化学品管理实现模块化管理势在必行。工业用油，主要是指工业用润滑油，一般是工业原油与工业添加剂的复配产品，其包含的基础油种类以及添加剂种类庞大。为了实现对庞大的工业用油化学品的有效管理，管理模块化服务模式显得很有必要。

模块化是指为了更好地管理一个复杂的系统，将系统的内部因素按照属性及各因素内部特性的不同，从上至下逐层把系统划分成若干模块的过程。将化学品的管理服务实行模块化管理，实现工业用油化学品的入库信息录入、仓储安全及智能选用出库的全过程智能化管理，可以保证整个工业生产过程的高效性和安全性。

在整个模块化过程中，将模块分为工业用油化学品入库信息录入与分类模块、工业用油化学品智能选用模块和仓储信息及安全监测模块。

（一）工业用油化学品入库信息录入与分类模块

工业用油化学品管理模块化服务主要是基于以下四个方面的原因。

1）工业用油化学品的物化性质不同，其存放方式需要细致化管理。

2）工业用油化学品的储存环境需要实时监测，保证仓储安全。

3）工业用油化学品进出库及库内管理信息化程度低，仓库管理员对化学品（尤其是危险化学品）的进出库及库内盘点操作信息反馈具有一定的滞后性以及错误信息的纠正延迟性。

4）为了提高工业用油及添加剂的智能化选择，通过人员录入需求信息，根据所录入的油品及添加剂的信息，可及时地为工业生产需求智能选择油品及添加剂并提供智能化的配方数据，提高工业生产率。

工业用油化学品管理模块化服务框架如图 9-1 所示。

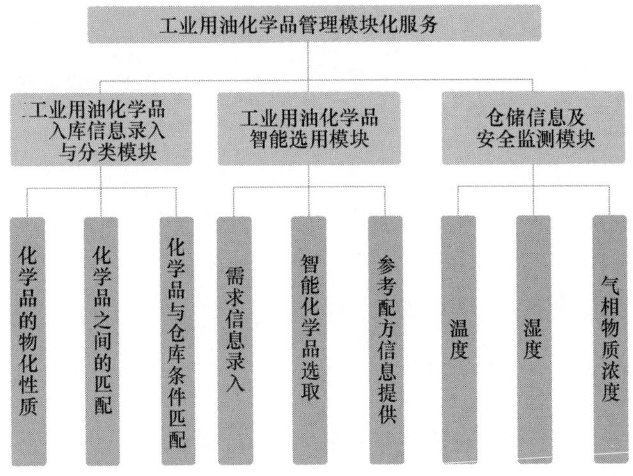

图 9-1　工业用油化学品管理模块化服务框架

目前，对于工业用油化学品入库信息录入与分类还是采取传统的台账方式，这种方式不仅需要大量的人力资源，而且由于人为因素的影响，会导致数据采集速度慢、准确率低以及信息反馈滞后。同时，对工业用油化学品的储存方式与储存环境较为随意，应急处理措施存在缺陷。针对以上管理缺陷，建立工业用油化学品入库信息录入与分类模块，其工作流程如图 9-2 所示。

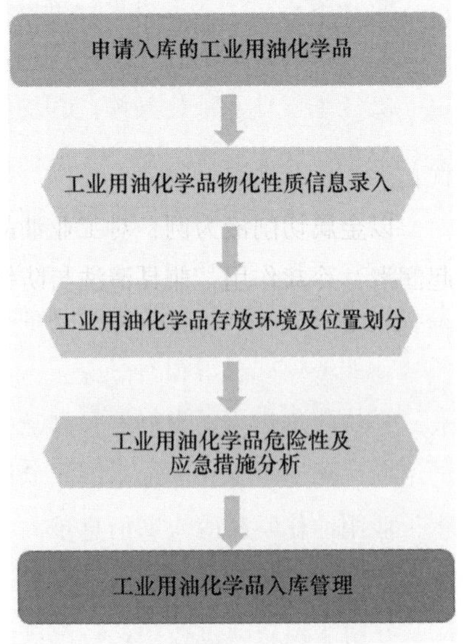

图 9-2　工业用油化学品入库信息录入与分类模块工作流程

该模块管理服务通过在工业用油化学品入库之前，对工业用油化学品的物化性质进行有效识别及准确录入，判断工业用油化学品之间是否可以储存在同一空间中，相互之间常温常压下是否会有危险化学反应的发生，还要针对工业用油化学品的性质禁忌、灭火方法以及仓储条件对工业用油化学品的入库进行严谨分类。

（二）工业用油化学品智能选用模块

工业用油化学品在入库后，其物化性质信息及应用信息已详细录入数据库之中。当工业用油化学品需求信息录入后，该模块可直接进行工业用油化学品智能化选取及智能化提供常用参考配方，既节省了人力，又提高了工业生产率，如图 9-3 所示。

（三）仓储信息及安全监测模块

该模块用以监测工业用油化学品仓储环境变化，保证仓储安全性。通过温度变送器、湿度变送器以及工业用油化学品易挥发出的气体监测变送器组成仓储环境监测模组，与无线通信模组和数据分析模组组成仓储环境信息监测模块。通过该模块对仓库内的环境信息进行实时监测，一旦出现异常，模块会及时警示提醒管理人员对仓库进行巡检并采取相应措施阻止可能事故的发生。

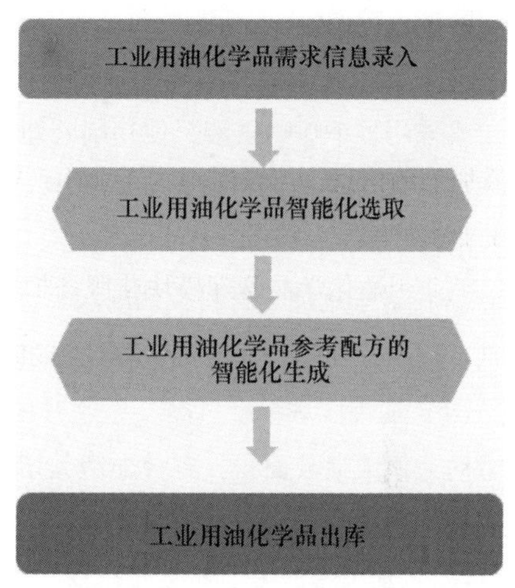

图 9-3　工业用油化学品智能选用模块

通过工业用油化学品的模块化管理，实现从工业用油化学品的入库→选用→出库整个过程的智能化、集成化。在减少人力资源浪费的基础上，提高了工业用油化学品管理信息的准确性、选用的智能化和仓储安全性。对于工业用油化学品管理模块化服务来说，其还可以建立工业用油化学品废液的后处理模块化管理服务体系，将两者进行模块化管理服务整合，构建工业用油化学品管理模块化服务的完整体系，将工业用油化学品管理服务向真正的智能化方向发展。

二、工艺服务

工艺方法与产品的加工方式紧密相连，加工方式不同，所对应的工艺方法也是千差万别。工艺就是成熟的加工方法，借助生产工具，能够将原材料加工成成品或者半成品。工业油品的工艺服务即油品供应商根据油品性能为用户提供合适的油品使用工艺，或对用户现有的加工工艺进行优化。

以金属切削液为例，对工业油品的工艺服务内容进行说明。在切削加工过程中，切削液主要起润滑、冷却作用，兼具清洗与防锈。合理使用切削液，可显著降低工件与刀具间的摩擦，进而控制切削温度，进一步提高产品表面质量和加工精度。一般来说，切削液可以分为水基切削液和油基切削液。根据原液组成中油含量的多少，水基切削液又可以分为乳化液、半合成型和全合成型三种；同时，油基切削液根据具体成分的差异，又可以分为纯矿物油切削液、减磨切削油、活性极压切削油和非活性极压切削油等。不同的切削液，其理化性能、加工性能千差万别。

使用现场的加工工艺与所用切削液的性能密切相关，切削液的性能出现问题，会直接影响工艺流程；同理，如果工艺出现异常，也可以通过调整切削液的状态进行一定程度的改善。切削液的工艺服务，更重要的是在现场加工工艺出现异常时，通过调整切削液的使用工艺进行弥补，并使切削液的使用性能得到最大程度的发挥。

以下列举常见的切削加工工艺问题，从切削液使用管理工艺角度出发，针对加工工艺出现的问题，提出有效的解决方案。

（一）刀具寿命变短

在使用过程中，操作人员发现刀具损耗增加，刀具使用寿命变短，可以从以下几个方面考虑对切削液进行调整。

（1）加工区域供液不足，导致刀具磨损严重　此时应增大供液量和供液压力，同时调整喷嘴方向或采用多个喷嘴供液，使切削液能够更多地进入加工区域，保证加工区域供液充足。

（2）切削液浓度过低，润滑不足　此时应调整切削液浓度至正常范围，保证切削液具有良好的润滑性。

（3）对于难加工材料，切削润滑性不足　此时应适当提升切削液浓度，或加入合适的极压抗磨剂，以提升切削液润滑性，降低加工区域的磨损。

（4）加工区域温度过高，导致刀具熔融、黏结　此时应增大供液量和供液压力，配合调整喷嘴方向或增大喷液面积，有效地增大切削液的冷却能力；也可适当降低切削速度，以降低加工区域温度，也能够显著减小刀具磨损。

（二）加工精度差，加工面粗糙

在使用过程中，操作人员发现加工精度变差，工件已加工表面粗糙，应从以下几个方面考虑可能由切削液带来的影响，并提出解决方案。

（1）切削液润滑性不足　此时应增大供液量和供液压力，也可适当提升切削液浓度或向切削液中添加合适的极压抗磨剂，以改善切削液润滑性，提升加工精度。

（2）切削液冷却性不足，导致加工过程中工件变形　此时应增大供液量和供液压力，配合调整喷嘴方向或增大喷液面积，提高切削液的冷却能力，同时适当降低切削速度，以降低加工区域温度，减小工件变形。

（3）切削液中悬浮杂质划伤工件表面，导致加工面粗糙　此时应向切削液中加入合适的消泡剂和沉降剂，使悬浮杂质沉降，并及时过滤去除，避免其划伤工件表面。

（三）机床或工件产生锈蚀

在使用过程中，操作人员发现机床或工件表面产生锈蚀，应从以下几个方面考虑可能由切削液带来的影响，并提出解决方案。

（1）切削液防锈性不足　此时应适当提升切削液浓度，或向切削液中添加合适的防锈剂。若切削液已腐败变质，应及时换液。

（2）机床、工件的加工、储存环境潮湿、高温、高盐　此时应适当提升切削液浓度，或向切削液中添加合适的防锈剂。

（3）工件与机床间叠放，或工件间叠放发生锈蚀　可选择向切削液中加入合适的电偶腐蚀抑制剂。

（4）铜合金工件变色腐蚀　切削液与铜合金发生反应，导致切削液颜色变绿，铜合金工件变色腐蚀，此时应向切削液中添加合适的铜防锈剂。

（四）切削液在机床和工件表面产生黏附

在使用过程中，操作人员发现切削液在机床和工件表面产生黏附，应从以下几个方面考虑可能由切削液带来的影响，并提出解决方案。

（1）切削液浓度过高　此时应适当降低切削液浓度。

（2）切削液失稳、析油析皂　此时应及时更换切削液。

（3）机床漏油，导致大量杂油进入切削液　此时应该及时去除切削液中的杂油，提高其清洁性。

（4）切削液腐败变质，产生大量黏性物质，黏附在机床和工件表面　此时应及时更换切削液。

（五）车间有大量油雾

在使用过程中，操作人员发现车间有大量油雾，应适当调低供液量和供液压力，或者降低机床主轴转速，并在车间增加油雾收集装置。

（六）车间有腐败臭气

在使用过程中，操作人员发现车间有腐败臭气，应从以下几个方面考虑可能由切削液带来的影响，并提出解决方案。

（1）切削液抗腐败性能不佳　此时应及时更换切削液并定期添加防腐杀菌剂。

（2）漏油、切屑混入过多，导致切削液腐败　此时应及时除去浮油和切屑，保持切削液清洁。

（3）切削液长期不流动，厌氧菌滋生，产生酸败臭气　应定期循环切削液，增加切削液溶氧量，以维持其中的微生物平衡，延长使用寿命。

（4）防腐管理不到位　应加强切削液的日常防腐管理。

通过以上事例说明，现场加工工艺出现异常时，可通过对切削液的使用工艺进行调整，保证现场加工正常进行。切削液对现场加工工艺的影响具有综合性和复杂性的特点，应根据具体问题进行详细分析，以提出切实可行的解决方案。加工现场在选择切削液时，应要求供应商提供切削液使用工艺改进服务，或对现场切削液管理人员进行培训，使其具备切削液使用过程中的工艺调整能力。

工业油品的工艺服务首先指的是根据油品性能为用户提供合适的油品使用工艺，但更为重要的是要求油品供应商能够在加工工艺出现问题时，及时对油品进行针对性调整。通过油品的调整与优化，能够改善加工工艺，保障生产顺利进行。

三、选用服务

工业油品的选用服务指的是根据设备、机组的需求和自身特点，选择匹配性最好的油品。由于不同的设备类型，加工方式存在差异，所以对油品的需求也会有所不同。即使相同的设备，由于操作人员的操作水平、习惯不同，其配套的油品型号也不尽相同；加之环境温度、湿度、水质等因素的影响，油品的黏度、乳化性等也需要进行重点关注。因此油品的正确选用是油品使用前的重要环节。

以润滑油为例，对工业油品的选用进行详细说明。设备安全运行离不开良好的润滑，良好的润滑可以延长设备使用寿命，提高设备效率，改善设备工作状态。例如：在大型高速设备上大多采用油润滑，完整的油膜在微观上凹凸不平的摩擦副表面上形成流体润滑，避免摩擦副之间产生摩擦，造成发热和设备损坏。润滑油的种类很多，对应的牌号也多种多样，由于不同种类、不同牌号的油品性能和质量各有不同，所以润滑油的选用非常关键，如果出现选油不当，设备则会出现故障，甚至发生设备毁坏或人身事故等严重的后果。最新的国家标准 GB/T 7631.1—2008 根据应用场合不同，将润滑剂、工业用油和相关产品进行分类，见表 9-1。

表 9-1　润滑剂、工业用油和相关产品的分类

组　别	应 用 场 合	已制定的国家标准编号
A	全损耗系统	GB/T 7631. 13
B	脱模	—
C	齿轮	GB/T 7631. 7
D	压缩机（包括冷冻机和真空泵）	GB/T 7631. 9
E	内燃机	GB/T 7631. 17
F	主轴、轴承和离合器	GB/T 7631. 4
G	导轨	GB/T 7631. 11
H	液压系统	GB/T 7631. 2
M	金属加工	GB/T 7631. 5
N	电器绝缘	GB/T 7631. 15
P	气动工具	GB/T 7631. 16
Q	热传导液	GB/T 7631. 12
R	暂时保护防腐蚀	GB/T 7631. 6
T	汽轮机	GB/T 7631. 10
U	热处理	GB/T 7631. 14
X	用润滑脂的场合	GB/T 7631. 8
Y	其他应用场合	—
Z	蒸汽气缸	—

例如：L-ESC30，其中“L”代表润滑剂，“E”代表内燃机系列；L-DAH，其中“L”代表润滑剂，“D”代表压缩机系列。

国家标准中对润滑油的使用工况分类较为详细，主要有金属加工类、热处理、汽轮机、热传导液、内燃机和压缩机等。油品使用的工况不同，所需求的性能指标就会有所差异。润滑油的选用一般需要考虑的三个重要因素：工艺特点、环境因素和油品性能。

（一）工艺特点

1. 工作载荷

设备或机组的工作载荷大小，决定着润滑油的黏度和挤压润滑性的选用等级。如果工作载荷较大，那么应该选用黏度偏大、极压润滑性较好的润滑油；相反，如果工作载荷较小，则可选用黏度较低、极压润滑性稍差的润滑油；如果加工过程存在瞬时高冲击力的机械运动，则必须选用黏度大、极压润滑性优良的润滑油。

2. 设备材质

设备的材质不同，其机械强度、塑性、抗氧化性和耐蚀性等都会有所差异，这就对所用润滑油的性能提出了特殊的要求。如果设备材质耐蚀性较差，则润滑油的腐蚀级别就不能太高，油品中需加入一定量的防锈剂，以保护用油设备。

3. 设备运转速度

如果设备用油部件摩擦副运转速度快，则所用润滑油的黏度就不能太高。如果黏度偏高，反而会增大摩擦阻力，影响润滑效果。反之，如果摩擦副运转速度较低，则可以使用黏度较大的润滑油。

（二）环境因素

1. 湿度、水分

如果用油设备所处环境湿度较大，或者摩擦副与水接触较多，则所用润滑油必须具备较强的抗乳化性和水解安定性，这样才能保证润滑油有较长的使用周期和较好的润滑性。同时油品还需具有一定的防锈性，以保证设备和摩擦副的表面质量。

2. 温度

如果环境温度较低，则应该选用黏度低、倾点低的油品；相反，如果环境温度较高，则应该选用油品的黏度和倾点可以稍高一些。另外，如果设备的工作温度高，那么应该选用黏度较大、闪点较高且抗氧化性较好的润滑油，这样既可以保证油品使用过程的安全性，又能保证高的使用温度下油品的性能及寿命。

（三）油品性能

1. 黏度

选用润滑油首先需要考虑其黏度。润滑油的黏度不仅是油品的重要性能指标，也是确定其牌号的依据。目前国际通用，以工业润滑油在40℃的运动黏度值来确定其牌号，如N46全损耗系统用油，其40℃的运动黏度中心值为$46mm^2/s$。润滑油的黏度与设备摩擦副的运转状况息息相关，如果使用的油品黏度太大或太小，都会引起不正常的设备磨损。

2. 倾点

一般来说，建议选用的润滑油倾点值比使用环境的最低温度值低5℃为宜，在南方地区选用的油品倾点值可以稍高，以免造成浪费。

3. 闪点

闪点值一方面是反映油品安全性的重要指标，另一方面也能反映润滑油的馏分范围。如果使用温度较高，则应选择闪点偏高一点的油品。一般来说，润滑油的闪点应比润滑部位的最高工作温度高20%~30%。

另外，设备用润滑油选用时，还可以参考设备厂家的推荐。尤其是进口设备，可以参照设备厂家推荐的油品牌号和指标，选用国内质量相当的润滑油产品。目前来说，国内的油品质量基本能够达到甚至超过国外对应的润滑油产品。进口设备用油立足国产油品，不但能够为国家节省外汇，而且也能降低企业自身的用油成本，增加企业效益。当然，个别特殊的润滑油品种，国内没有对应产品的话，可以考虑进口产品。

四、产品服务

工业油品的产品服务包括产品使用前的调研、产品使用初期的跟踪以及产品稳定使用的维护及培训等工作。虽然说特定的工业油品具有一定的普适性，但由于不同的设备、机组又有一定的特异性，所以在为企业提供工业油品前，必须对用户现场的设备、机组等工况进行前期调研。通过现场调研，建立现场工况的立体化模型，发现设备、机组等的特异性，并针对现场工况对适用的油品进行优化和提高。工业油品使用初期，需要根据设备运转情况以及相关的参数对油品的适用性做出判断，同时密切关注设备加工成品的表面质量、尺寸精度和加工效率等因素。如果出现异常情况，则需要及时对在用油品进行针对性调整。产品稳定应用后，一方面需要对企业相关人员进行针对性培训，使他们初步建立油品使用、维护的规范化理念，保证油品正常的使用周期；另一方面，油品供应商也需要对使用情况进行定期维护，按时检测在用油品的各项性能指标，建立油品全生命周期的性能演变趋势模型，以便更加科学地对在线油品进行管理。

以普通碳素钢冷轧轧制油为例，对工业油品的产品服务进行说明。冷轧轧制油在带材冷轧过程中起到润滑、冷却和清洗等作用，是冷轧加工过程中不可缺少的介质。因碳素钢冷轧轧制油需要加水乳化使用，所以该类产品的使用前调研、使用中的跟踪和维护等产品服务工作尤为重要。

（一）使用前产品服务

冷轧轧制油售前服务规范主要集中在生产流程调研、加工工艺梳理和匹配及优化产品等方面。

1. 生产流程调研

由冷轧轧制油的研发工程师对用户现场的生产流程进行调研，通过对原料、工艺、成品质量的系统调研，建立用户的专属档案，系统化地理清生产流程。

2. 加工工艺梳理

由冷轧轧制油的工艺工程师对生产过程进行长时间、全流程跟踪，获取生产加工工艺的详细参数，建立用户的工艺数据库，与相关理论相结合，对工艺参数进行深入分析。

3. 匹配及优化产品

通过对现场生产流程的调研以及加工工艺的梳理，结合用户的实际要求，匹配出最适宜冷轧轧制油；如有必要，可依据现场情况及需求，对现有产品进行升级优化。

（二）使用初期产品服务

冷轧轧制油在进行产品切换之前，需要对现场的设备进行系统的清理和检查，以避免原轧制油对后续的使用造成影响。

1. 轧机的检查和清洗

检查轧机各设备状况，重点检查各液压缸的动作是否正常，油管和液压缸是否存在漏油；更换工作辊；将轧机乳化液循环管路及箱体内的乳化液全部排放干净；热水冲洗机架、管道和箱体；清理乳化液箱和机架的淤泥；清理完毕后，在乳化液箱中加入最低循环液位的脱盐水，开机循环，循环时间按照实际需求确定，清理所有管道和附属设备；循环完毕后，排放清洗水；在乳化液箱中加入最低循环液位的脱盐水，循环升温，配制目标浓度的乳化液，循环清理所有管道和设备；循环完成后，排放所有乳化液。

2. 乳化液的配制和生产

（1）配液过程　现场检查轧制油的种类和批号，确保使用的轧制油正确；有条件的情况下，可以使用脱盐水配置乳化液。步骤：①向乳化液箱中加入脱盐水，添加至最低循环液位，循环升温，一定时间后，从系统中取水样检测（电导率、pH），保证水达到了配制要求。②根据添加的脱盐水量，加入轧制油（制备浓度根据实际需求确定），然后根据实际需求循环一定时间，从取样处取样测试乳化液浓度。③根据测试的浓度结果，在乳化液箱中添加轧制油或脱盐水，保证浓度达到要求。④开始轧制，并逐步补水、补油至正常工作液位。

上述步骤可根据实际情况或现场工程师的要求做出相应调整。

（2）轧制参数和产品质量监测　开始轧制后，注意观察并记录轧制参数和带钢的板形，与之前生产的参数进行对比和分析。将轧制力和张力等参数与之前的数据进行平行对比，反馈乳化液使用过程中的润滑状况，观察并分析成品钢卷的板形。

钢卷下线后，观察板面状态，重点测量并统计板面表面粗糙度和清洁度。板面清洁度反映了轧后板面残油、残铁的含量，可依据清洁度对轧制工艺或乳化液状态进行适当调整。

表 9-2 列出了带钢轧制工艺记录表格，相关生产参数以及产品的质量检查均可记录在此表中。

表 9-2　带钢轧制工艺记录

日期____年____月____日____点		轧制速度________m/min
轧制规格__________	卷温________℃	轧制力______N
卷号____________	乳化液浓度____%	乳化液温度____℃
上板面（粘贴胶带）：		反射率：____%
下板面（粘贴胶带）：		反射率：____%
备注：		
日期____年____月____日____点		轧制速度________m/min
轧制规格__________	卷温________℃	轧制力______N
卷号____________	乳化液浓度____%	乳化液温度____℃
上板面（粘贴胶带）：		反射率：____%
下板面（粘贴胶带）：		反射率：____%
备注：		

（3）乳化液性能检测　使用初期，需要对乳化液性能进行高频次检测，以便适时对乳化液进行针对性调整，保证轧制过程的顺利进行。使用后期，各项性能稳定后，可适当降低检测频次。乳化液检测指标以及各项指标管控范围与相关技术人员协商后确定。

取样时，使用干净的容器，首先用乳化液润洗一下取样容器。排放足够多的乳化液之后，再用润洗过的容器进行取样，取样完毕后，立即进行检测。表 9-3 列出了乳化液性能记录表，取样的乳化液测试完成后，将测试结果记录在表格内。

表 9-3　冷轧乳化液性能记录

	取样时间	外观	浓度（质量分数,%）	pH	电导率/(μS/cm)	ESI（%）
样品 1						
样品 2						

（三）稳定使用后产品服务

冷轧轧制油在机组稳定使用后，配套的产品服务主要包括产品定期维护、产品优化升级以及人员培训等。

1. 产品定期维护

在产品切换完成且现场生产顺利的情况下，可适当延长产品的检测周期。正常的产品售后检测周期应为 1 次/月或 2 次/月（根据实际需求确定），每次应对产品的所有相关性能进行检测和记录，并将检测结果告知用户。若产品性能指标出现异常，应与用户共同排查问题来源并及时调整，以免对生产过程造成影响。

2. 产品优化升级

冷轧轧制油上线之后，应持续与用户保持沟通，了解用户对产品的建议和意见；同时，当用户对生产设备或工艺进行调整时，应及时确定在用产品的适用性，做好配套升级工作。

3. 人员培训

由油品供应商对使用企业的相关人员进行专业培训，重点是为企业人员提供专业的产品使用和维护知识，能够使企业人员以规范化、科学化的方法和流程对油品进行管理和维护。这样不仅能够保证产品的正常使用寿命，也能够提高企业的科学管理水平，降低企业成本。

五、工业用油服务案例推荐

（一）奎克好富顿化学品管理服务

奎克好富顿化学品管理服务 QH FLUIDCARE®是目前世界上最为成熟的管理模块化服务，其不止于采购和管理化学品，还致力于化学品使用的优化，节约化学品的消耗和化学废物处置的成本。

除化学品管理外，该模块化管理系统还会参与到设备的日常运行与维修，保障设备的正常运行。同时，针对该模块化服务体系，奎克好富顿还会为用户提供智能化的服务设备，如化学品的自动测量、分析和自动监控设备、高精度过滤设备、油品净化设备、废水处理设备等，解决一直困扰用户的问题。奎克好富顿提供的配套解决方案如图 9-4 所示。

存储、混配与发放

流体状态检测与控制

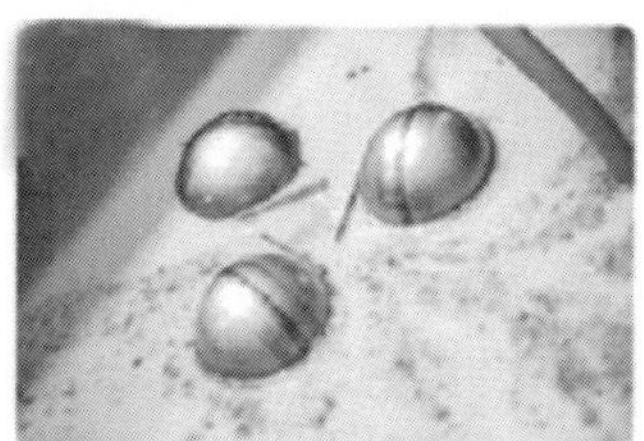
流体维护与优化

环保、健康与安全

回收利用

纯水与废水处理

图 9-4　奎克好富顿提供的配套解决方案

奎克好富顿化学品管理服务 QH FLUIDCARE®始于数据收集。从进入工厂车间的第一步，就开始对每种化学品类别、每道工序和每个部门的各种指标进行数据收集。该系统由奎克好富顿基于一个定制的云服务的软件进行开发以支持用户有效地管理运营。它可与智能检测与控制设备、计算机、手持终端和手机实现数据实时传输，可以随时了解设备与化学品的状态、工作计划及其完成情况、异常报警和化学品的详细消耗与库存，与用户分享完全透明的成本管理数据和报告，真正实现无纸化工作。通过对项目数据、行业数据及历史数据进行大数据分析，精确了解数据的差异与来源，采用针对性的解决方案，提高化学品的使用效率，可持续、显著地节约同比成本。该模块化管理系统已在世界各地超过 300 家金属加工和钢铁生产基地得到实践。

（二）汉高冷轧轧制油产品服务

汉高冷轧轧制油进入中国市场已经有几十年的时间了，其产品质量和配套的产品服务一直得到用户的高度认可。其产品种类高度细分，针对不同轧机类型、不同带钢材质、不同工艺都会提供合适的冷轧轧制油产品。

汉高产品配套与使用都以现场调研为基础，在了解生产现场工艺特点之后，进行深入分析和研判，推荐最为合适的轧制油产品。汉高已有较为成熟的轧制油现场维护及测试流程和规范。在冷轧轧制油产品使用过程中，现场工作人员会定时定量抽取乳化液进行规范测试，相关技术人员根据测试结果进行针对性调整。同时，汉高技术人员会对用户工作人员进行长期培训和沟通，及时对产品的相关信息及维护手段进行交流，保障产品的使用顺利，为用户提供最为完善、系统的服务。

参 考 文 献

[1] 赖重颖，等．工业油品厂商的服务之道［J］．现代制造，2004（7）：14-19.
[2] 林一．浅谈切削液对金属加工的影响［J］．装备制造技术，2017（7）：92-94.

[3] 顾永其. 切削液的选择、维护及应用案例 [J]. 石油商技，2010（1）：40-42.
[4] 王暄. 浅谈设备润滑应用管理 [J]. 石化技术，2019，26（9）：308，311.
[5] 王顺顺，赵笑天，李光萍. 浅谈如何正确管理工业润滑油延长设备使用寿命 [J]. 石油商技，2019，37（3）：76-78.
[6] 中国石油化工集团公司. 润滑剂、工业用油和有关产品（L类）的分类 第1部分 总分组：GB/T 7631.1—2008 [S]. 北京：中国标准出版社，2008.
[7] 刘长城，姜旭峰，宗营. 润滑油的分类及选用 [J]. 广东化工，2017，44（1）：55-56.
[8] 熊星，王靖宇，谢任远. 乳化稳定型普碳钢冷轧轧制液的研制及应用 [J]. 石油商技，2019，37（2）：17-19.
[9] 张文豪，王冬，赵月峰. 板带轧制油的组成及性能要求 [J]. 润滑与密封，2005，30（3）：185-186.
[10] 唐水清，陆聪. 冷轧乳化液系统维护管理实践 [J]. 柳钢科技，2018（1）：45-49.
[11] 姚立国. 浅谈乳化液的维护管理 [J]. 科技创新与应用，2017（28）：138，140.

第十章

工业油品（剂）评定分析

工业油品是工业机械设备正常运转不可缺少的液体，为了保证工业油品的质量，除了进行产品设计、原材料控制和生产过程监控外，还有一个很重要的步骤是对工业油品进行评定分析，以确保其质量满足设计要求。工业油品的评定分析主要分为三部分：理化性能分析、摩擦性能分析和台架评定。除了润滑油（剂）生产、研发单位可以进行工业油品的评定分析外，大量的第三方检测机构也能提供上述服务。

一、理化性能分析

工业油品的理化性能主要包括黏温性能、安全性能、清洁性能、防锈抗腐蚀性能、抗氧化性能、抗泡沫和抗乳化性能、水解安定性和其他性能等。

（一）黏温性能

1. 运动黏度

运动黏度是表征工业油品流动性能的指标。运动黏度大，表明油品内阻力大，流动缓慢；运动黏度小，表明油品内阻力小，流动顺畅。此外，流体动压润滑膜和弹性流体润滑膜的形成与油品的运动黏度密不可分，为了确保工业设备得到良好的润滑，油品必须具有合适的黏度，以形成足够的润滑油膜。

运动黏度一般按照 GB/T 265—1988《石油产品运动黏度测定法和动力黏度计算法》进行检测。

2. 黏度指数

黏度指数是表征工业油品运动黏度随温度变化程度大小的指标。黏度指数高，油品运动黏度大小随温度变化小；黏度指数低，油品运动黏度大小随温度变化大。对于工作温度变化较大的工业油品，要求其具有较高的黏度指数。

黏度指数一般按照 GB/T 1995—1998《石油产品黏度指数计算法》进行计算得出。

3. 倾点和凝点

倾点和凝点是表征工业油品低温流动性的指标。倾点和凝点越低，油品低温流动性越好，能够使用的温度下限越低；反之，油品低温流动性越差，能够使用的温度下限越高。

倾点一般按照 GB/T 3535—2006《石油产品倾点测定法》进行检测；凝点一般按照 GB/T 510—2018《石油产品凝点测定法》进行检测。

（二）安全性能

1. 开口闪点

开口闪点是表征工业油品使用安全性的指标。开口闪点越高，油品可以使用的温度上限越高；反之，油品可以使用的温度上限越低。同时开口闪点也是油品挥发性大小的指标，即油品开口闪点越高，挥发性越小。

开口闪点一般按照 GB/T 3536—2008《石油产品闪点和燃点的测定 克利夫兰开口杯法》进行检测。

2. 密封适应性指数

工业油品在使用过程中，有时会与不同的密封件接触，如果油品导致密封件过度膨胀或缩小，会产生油品泄漏现象，造成设备干摩擦。因此油品与密封件之间需要良好的适应性。密封适应性指数是表征油品与密封件适应性的指标。

密封适应性指数按照 SH/T 0305—1993《石油产品密封适应性指数测定法》进行检测。

（三）清洁性能

1. 水分

水分是表征工业油品纯净度的指标。油品中混入水分，不但影响外观，还容易导致乳化、锈蚀等不利于油品长期使用的问题。因此油品生产过程中也需要严格控制水分含量。

水分一般按照 GB/T 260—2016《石油产品水含量的测定 蒸馏法》进行检测。

2. 机械杂质

机械杂质是表征工业油品纯净度的指标。油品的机械杂质含量高，不但影响外观，还会增加磨损。因此油品的机械杂质含量需要尽量低。

机械杂质一般按照 GB/T 511—2010《石油和石油产品及添加剂机械杂质测定法》进行检测。

3. 清洁度

清洁度是表征工业油品（液压油等）纯净度的指标。液压油等油品在使用过程中需要经过过滤装置，如果油品清洁度较差，将会造成滤芯堵塞，影响油品正常使用，因此需要油品清洁度保持在合理等级之内。

清洁度采用 GB/T 14039—2002《液压传动 油液固体颗粒污染等级代号》方法进行检测，也可以使用 NAS 1638 分级方法进行检测。

4. 过滤性

过滤性可以直观评价工业油品的清洁性能。在各类工业液压系统中使用的油品，如果过滤性差，将会引起过滤器堵塞，特别是液压系统混入少量水时过滤器堵塞更为严重，从而引起液压传递失灵、液压泵及其他元件的磨损。过滤性试验在无水和含水两种条件下进行，要求过滤一定量油品的时间不大于某个数值。

过滤性试验按照 SH/T 0210—1992《液压油过滤性试验法》进行检测。

5. 硫酸盐灰分

硫酸盐灰分是指在规定条件下油品被炭化后的残留物经硫酸处理转化为硫酸盐后的灼烧残留物，以质量百分数表示。该指标反映油品使用有灰添加剂的情况，硫酸盐灰分越大，表明油品使用的有灰添加剂越多，反之越少。

硫酸盐灰分按照 GB/T 2433—2001《添加剂和含添加剂润滑油硫酸盐灰分测定法》进行检测。

（四）防锈抗腐蚀性能

1. 酸值

酸值是表征工业油品使用的基础油精制深度和添加剂酸性大小的指标。油品酸值大，易对润滑表面产生腐蚀、锈蚀，因此油品的酸值应尽量低。

酸值一般按照 GB/T 4945—2002《石油产品和润滑剂酸值和碱值测定法（颜色指示剂法）》进行检测。

2. 铜片腐蚀

铜片腐蚀是表征工业油品抗腐蚀性能的指标。工业设备中含有铜部件，如果油品腐蚀性强（过多使用活性高的添加剂），将会造成腐蚀现象，缩短设备使用寿命。因此需要检测油品在100℃条件下的抗腐蚀能力。

铜片腐蚀一般按照 GB/T 5096—2017《石油产品铜片腐蚀试验法》进行检测。

3. 液相锈蚀

液相锈蚀是表征工业油品防锈性能的指标。油品使用过程中可能混入水分，导致润滑表面出现锈蚀现象，破坏润滑油膜的完整性。为此，油品需要具有较好的防锈性能。

液相锈蚀一般按照 GB/T 11143—2008《加抑制剂矿物油在水存在下防锈性能试验法》进行检测。

（五）抗氧化性能

氧化过程就是氧气与工业油品中的自由基结合产生酸性物质等，这些酸性物质会腐蚀金属、形成聚合物、产生油泥等。同时，氧化不仅会使油品的黏度增加，而且氧化在温度升高和催化剂（如铁、铜、水或其他物质）存在下还会加剧。油品氧化变质后会失去原有性能，因此要求油品具有较好的抗氧化性能，以保证油品有长的使用寿命。

1. 旋转氧弹

旋转氧弹是表征工业油品（如合成型工业齿轮油、液压油等）抗氧化性能的指标。旋转氧弹时间越短，表明油品抗氧化性能越差，反之表示油品抗氧化性能越好。

旋转氧弹按照 SH/T 0193—2008《润滑油氧化安定性的测定法 旋转氧弹法》进行检测。

2. 氧化安定性（工业齿轮油）

氧化安定性是表征工业油品（工业齿轮油等）抗氧化性能的指标，主要包括运动黏度增长率和沉淀值两个检测项目。油品运动黏度增长率越低、沉淀值越小，表明油品氧化安定性越好。

氧化安定性按照 SH/T 0123—1993《极压润滑油氧化性能测定法》进行检测。

3. 热稳定性

热稳定性是表征工业油品（液压油等）抗氧化性能的指标，主要包括运动黏度变化率、酸值变化率、钢/铜棒失重、总沉渣质量、钢/铜棒外观等。该方法条件苛刻，能够有效区分油品的抗氧化性能。

热稳定性按照 SH/T 0209—1992《液压油热稳定性测定法》进行检测。

4. 氧化安定性（液压油）

氧化安定性是表征工业油品（液压油等）抗氧化性能的指标，主要包括氧化 1500h/1000h 后酸值、氧化 1000h 后油泥等。

氧化安定性按照 GB/T 12581—2006《加抑制剂矿物油氧化特性测定法》进行检测，其中油泥需要按照 SH/T 0565—2008《加抑制剂矿物油的油泥和腐蚀趋势测定法》进行检测。

（六）抗泡沫和抗乳化性能

1. 抗泡沫性能

抗泡沫性能是表征工业油品在空气混入的条件下消泡能力的指标。泡沫如大量存在于油品中，会破坏油膜的完整性，易造成润滑失效。同时，不断产生的泡沫会溢出油箱引起意外事故。

抗泡沫性能按照 GB/T 12579—2002《润滑油泡沫特性测定法》进行检测。

2. 抗乳化性能

抗乳化性能是表征工业油品水分离性能的指标。油品工作过程中经常不可避免地与水接触，如果油品的水分离性能差，循环搅拌过程中油与水混合在一起，油品乳化变质，严重影响油膜的形成，将会加剧设备磨损。

抗乳化性能按照 GB/T 7305—2003《石油和合成液水分离性测定法》进行检测，工业齿轮油的抗乳化性能按照 GB/T 8022—2019《润滑油抗乳化性能测定法》进行检测。

（七）水解安定性

水解安定性主要用来评价工业油品在水和金属（尤其是铜）存在下的稳定性。如果油品酸值过高，或者含有易水解添加剂时，会出现水解安定性不合格的问题。评价指标有水层总酸度、铜片失重和铜片外观。

水解安定性按照 SH/T 0301—1993《液压液水解安定性测定法（玻璃瓶法）》进行评价。

（八）其他性能

1. 外观

工业油品要求外观均一透明、无沉淀。如果油品外观浑浊，说明油品中混入了水分或添加剂有析出现象，影响油品的实际使用性能。

外观用目测法检测。将一定量的油品倒入干净的试管中，在光线良好的条件下观察油品外观。

2. 色度

色度是表示油品外观的指标。色度号越小，油品外观颜色越浅，反之，颜色越深。颜色深表示油品调和使用的基础油偏向于 I 类，使用的复合剂颜色较深。

色度按照 GB 6540—1986《石油产品颜色测定法》进行检测。

3. 密度

密度主要用来评价油品使用的基础油黏度和成分变化情况。油品密度越大，表明油品使用的基础油黏度越大，且基础油越偏向于Ⅰ类矿物油。

密度按照 GB/T 1884—2000《原油和液体石油产品密度实验室测定法（密度计法）》进行检测。

4. 元素含量

工业油品中的元素含量主要是指硫、磷、氮、钙和锌等的含量。通过元素含量可以判断油品使用添加剂的类型、大概的添加量等。

元素含量的检测方法较多，这里列出较为常用的方法。硫、磷、钙、锌按照 NB/SH/T 0822—2010《润滑油中磷、硫、钙和锌含量的测定　能量色散 X 射线荧光光谱法》进行检测，氮按照 NB/SH/T 0656—2017《石油产品及润滑剂中碳、氢、氮的测定法　元素分析仪法》进行检测。

二、摩擦性能分析

工业油品的摩擦性能分析主要包括四球摩擦机试验、梯姆肯试验和 SRV 试验等。通过这些试验考察油品的承载、抗磨损和抗擦伤性能，保证油品具有良好的摩擦性能。

（一）四球摩擦机试验

四球摩擦机试验的主要目的是考察油品的承载和抗磨损性能。为了有效保护设备，油品需要具备良好的承载和抗磨损能力。最大无卡咬负荷 P_B表示油品的承载能力，其数值越大，表明油品形成的油膜强度越大，承载能力越强。烧结负荷 P_D表示油品的极压能力，其数值越大，表明油品承受的最大负荷越大。综合磨损指数 ZMZ 表示油品的极压抗磨能力，其数值越大，油品的极压抗磨能力越强。磨斑直径 d 表示油品的抗磨损能力，其数值越小，表明油品抗磨损能力越强。

P_B、P_D、ZMZ 按照 GB/T 3142—2019《润滑剂承载能力的测定　四球法》进行检测；磨斑直径 d 按照 NB/SH/T 0189—2017《润滑油抗磨损性能的测定　四球法》进行检测。

（二）梯姆肯试验

梯姆肯试验的主要目的是考察油品的抗擦伤性能。试验结果以 OK 值表示。OK 值越大，表明油品抗擦伤能力越强。

梯姆肯 OK 值按照 GB/T 11144—2007《润滑液极压性能测定法　梯姆肯法》进行检测。

（三）其他试验

SRV 试验的主要目的是考察油品在滑动摩擦条件下抗磨损和减摩性能。SRV 摩擦磨损试验在德国 OPTIMOL 公司的 SRV 型摩擦磨损试验机上进行。仪器参数：加载范围（0～1200N），振幅范围（0～4mm），频率范围（10～200Hz），运动形式（往复式），温度范围（室温～500℃，500～900℃）。

通常试验条件如下：负荷 200N，温度 60℃，频率 50Hz，振幅 2mm，时间 1h。

MPR 模拟微点蚀试验的主要目的是考察油品或添加剂的抗微点蚀性能。该试验在英国 PCS 公司生产的 MPR 试验机上进行。试验条件如下：温度 90℃，负荷 1.7GPa（395N），滑滚比 0.2。

三、台架评定

台架评定是接近于实际工况的一种检测手段。工业油品的台架试验主要有 FZG 试验、FVA54 抗微点蚀试验、FAGFE-8 轴承磨损试验和液压油台架试验等。

（一）FZG 试验

FZG 试验主要用于评价工业齿轮油、液压油等油品的承载能力，试验结果以失效级表示，失效级越高，表明油品承载能力越大。

FZG 试验按照 NB/SH/T 0306—2013《润滑油承载能力的评定 FZG 目测法》进行评定。

（二）FVA54 抗微点蚀试验

FVA54 台架试验主要评价油品的抗微点蚀性能，该台架由德国慕尼黑工业大学齿轮研究中心（FZG）开发，试验标准是 FVA54/I-IV。

FVA54/I-IV 试验程序如下。

负荷级试验：5、6、7、8、9、10 级，试验时间 16h/级。

耐久性试验：8 和 10 级，试验时间 80h/级，10 级条件下最多运转 5 ×80h。

FVA54/I-IV 抗微点蚀试验条件和参数见表 10-1。

表 10-1　FVA54/I-IV 抗微点蚀试验条件和参数

项　　目	试验条件和参数
齿轮类型	C-GF
测试温度（油入口温度）/℃	90 ± 2
润滑形式	喷雾润滑
小齿轮线速度/(m/s)	8. 3
电动机速度/(r/min)	1440
电动机转数/r	每负荷级旋转：1382400（负荷级试验）/6912000（耐久性试验）
在每个负荷级运行时间/h	16（负荷级试验）/80（耐久性试验）
转矩	5 到 10 级（负荷级试验）/8 和 10 级（耐久性试验）
杠杆臂/m	0. 35

试验结果报告失效负荷及耐久性能。

试验通过标准如下所述。

负荷级试验：平均齿面轮廓偏差≤7. 5μm。

耐久性试验：平均齿面轮廓偏差≤20μm。

（三）FAGFE-8 轴承磨损试验

FAGFE-8 轴承磨损试验台架由德国 FAG 轴承公司开发，主要应用于润滑油、润滑脂及其添加剂对磨损性能的评价，也可以用于轴承材料的磨损性能的考察。该试验方法现属于德国国家标准，方法号为 DIN 51819。通过更换不同的测试头可以进行润滑油和润滑脂磨损性能试验。测试头类型有 J 型、K 型、V 型三种，分别用于不同种类的试验轴承。J 型、K 型测试头用于润滑脂试验，V 型测试头用于润滑油试验。

J 型：FAG536050. TP（DIN 628-7312B. TP）角接触球轴承。

K 型：FAG536048（DIN 720-31312）锥形滚柱轴承。

V 型：FAG81212MPB（DIN 722-81212. MPB）单向止推圆柱形滚柱轴承。

（四）液压油台架试验

液压泵是液压系统的核心部件，为了有效保护液压泵，延长其使用寿命，液压油需要具备良好的抗磨损能力。对液压油进行台架试验，能够有效地评定油品的抗磨损性能。

目前液压油台架试验采用 Denison 公司的 T6H20C 双联泵试验台，方法号 A-TP-30533。参照此方法，国内制定了 NB/SH/T 0878—2014 标准。

四、工业油品（剂）评定分析单位

通常，工业油品（剂）评定分析单位主要包括 SGS 通标标准技术服务有限公司、润英蓝地计量检测（上海）有限公司、中国石油兰州石油产品和润滑剂检测站等，其具体介绍见表 10-2。

表 10-2　工业油品(剂)评定分析单位

单位名称	单位介绍	主要检测项目
SGS 通标标准技术服务有限公司	SGS 通标标准技术服务有限公司是中外合资公司，有 50 多个分支机构，100 多间实验室，13000 多名员工，检测服务覆盖汽车、石化和电子电气等行业，通过 CNAS、CMA 等认证	在天津、上海等地的实验室可以进行工业润滑油（剂）常规理化性能评价和部分摩擦性能评价，如水分、锈蚀、黏度和四球试验等
润英蓝地计量检测（上海）有限公司	润英蓝地计量检测（上海）有限公司拥有仪器计量、校准和检测；油液和能源检测两个专业实验室，员工具有专业的技术水平，技术人员均有中、高级职称，检测人员均具有专业的高级工证书，通过 CNAS、CMA 等认证	可对主要工业用油、润滑脂进行常规理化和摩擦性能评价，如水分、酸值、密度、密封适应性指数、铜片腐蚀、润滑脂氧化安定性、磨斑直径、梯姆肯、FZG 等
中国石油兰州石油产品和润滑剂检测站	中国石油兰州石油产品和润滑剂检测站是国内专业的润滑产品检测机构，拥有分析评定人员近百人，通过 CNAS 和 CMA 等认证	可以对工业润滑油/脂、添加剂等进行理化、摩擦和台架评定，如水分、黏度、密度、酸值、开口闪点、梯姆肯、四球、SRV、FZG、FVA54、轴承腐蚀、轴承磨损等

参考文献

[1] 张继平，孙喆，淮文娟，等．齿轮油和极压抗磨剂对齿轮抗微点蚀性能的影响［J］．石油商技，2018（3）：16-22.